● 張慶龍

Cortex-M3
在 RTOS
之應用與實作

使用 PTK 系統平台

東華書局

國家圖書館出版品預行編目資料

Cortex-M3 在 RTOS 之應用與實作：使用 PTK 系統平臺 / 張慶龍著. -- 1 版. -- 臺北市：臺灣東華，2015.09

280 面；19x26 公分.

ISBN 978-957-483-836-3（平裝附光碟片）

1. 微處理機 2. 電腦結構

312.116   10401734

Cortex-M3 在 RTOS 之應用與實作—使用 PTK 系統平台

著　　者	張慶龍
發 行 人	卓劉慶弟
出 版 者	臺灣東華書局股份有限公司
地　　址	臺北市重慶南路一段一四七號三樓
電　　話	(02) 2311-4027
傳　　眞	(02) 2311-6615
劃撥帳號	00064813
網　　址	www.tunghua.com.tw
讀者服務	service@tunghua.com.tw
直營門市	臺北市重慶南路一段一四七號一樓
電　　話	(02) 2382-1762
出版日期	2015 年 9 月 1 版 1 刷

ISBN	978-957-483-836-3

版權所有 ・ 翻印必究

序言

　　於後 PC 時代，幾乎所有的資訊家電設備都可看成完整獨立的系統，此種結合控制、計算與通訊能力之嵌入式系統 (Embedded System) 正逐漸廣泛應用於家庭、工作與休閒環境。

　　當嵌入式系統應用於較單純環境，設計上基於成本考量，大都採用 8- 位元微控制器平台、無作業系統 (non-Operating System) 輔助環境下，開發系統功能。對學生而言，這方面之設計學習主要是仰賴如 8051 為主題之「微控制器」課程；當嵌入式系統應用於較複雜環境，如手機、車載通訊、音訊 / 視訊傳輸等，於設計上，大都會採用功能較強大、記憶體容量較大之 32- 位元微控制器平台，配合即時作業系統 (Real Time Operating Systems, RTOS) 輔助資源管理，以多工程式設計 (Multi-Task Programming) 方式，完成系統功能。對學校而言，學生對這方面的設計訓練主要是以「嵌入式系統設計」相關課程來培養。

　　由於 8- 位元微控制發展歷史較久遠，市面上，不乏適合「微控制器」課程之學習書籍，內容豐富且多面向。反觀，目前坊間雖然也有不少關於以 32- 位元平台之嵌入式系統設計書籍，但大多延用 8- 位元微控制器之教材設計方式，著重於無作業系統下，相關 I/O 周邊之控制學習，或是著重於作業系統的移植 (porting) 學習，但針對即時作業系統下之軟體撰寫，著重多工程式設計之技巧與考量的書籍卻付之闕如。

　　就多年觀察，學生對程式設計方面，仍習慣於 X86 環境之單工程式撰寫，多工程式設計之觀念相對薄弱，有鑑於此，本書乃致力於多工程式架構之介紹，以 uC/OS-II 即時作業系統為例，介紹如何創建 Task、Task 間如何做同步、溝通與訊息傳遞、何為臨界區 (critical section)、臨界區如何保護等議題，配合新華電腦股份有限公司所設計之 PTK Cortex M3 學習平台（又稱為 PTK-STM32F207 平台），以不同的範例介紹無作業系統環境下相關 I/O 控制與於 uC/OS-II 環境下，依據不同功能需求，創建多個 Tasks，瞭解如何彼此分工合作，完成系統功能，希冀藉由本書內容，讓讀者對嵌入式系統之多工程式撰寫有更清楚的設計概念，滿足業界在此方面之軟體人才需求。

本書雖以 uC/OS-II 即時作業系統配合新華電腦之 PTK Cortex M3 平台為學習環境，其重點在於多工程式撰寫觀念的建立，此設計觀念乃能輕易應用到其他即時作業系統與嵌入式平台。

　　一件事情的成辦，背後定有很多因緣和合而成；此書能順利付梓，除了新華電腦(股)公司的支持與技術支援外，首要感謝的嵌入式網路系統實驗室成員的多方配合，尤其是陳建中君對本書籍內相關整合範例之多工程式設計與驗證，最後僅將此書獻給我的父母與內人，感謝他們在本書撰寫期間給予的支持。本書之校編雖力求完美，但個人才疏學淺，漏誤之處在所難免，懇切盼望先進惠予指正是幸。

張慶龍

謹誌於雲林 斗六 雲山農場

目錄

Chapter 1　ARM Cortex-M3 簡介　1

1.1　背景觀念　1
1.2　ARM 微控制器　5
1.3　ARM Cortex-M3 特性　8
1.4　ARM Cortex-M3　11

Chapter 2　學習板與開發環境　15

2.1　PTK 學習板　15
　2.1.1　PTK-Base 平台　15
　2.1.2　PTK-MCU 模組　16
　2.1.3　PTK-MEMS-DACC-1 模組　19
　2.1.4　PTK-PER-TFT 模組　19
2.2　ePBB 軟體架構　20
2.3　IAR 開發環境　24
　2.3.1　J-Link Lite ARM 安裝　25
2.4　IAR 專案建立　27
　2.4.1　Non-OS 環境之專案建立　27
　2.4.2　uC/OS-II 環境之專案建立　43

Chapter 3　I/O 與傳輸介面　49

3.1　介面技術　50
　3.1.1　I/O 定址　52
　3.1.2　輪詢 (Polling) I/O 與中斷 (Interrupt)I/O　53
　3.1.3　直接記憶體存取 (DMA)　55
3.2　周邊裝置　57
　3.2.1　類比數位轉換器 (ADC)　57
　3.2.2　計時／計數器 (Timer/Counter)　59
　3.2.3　看門狗　62
　3.2.4　脈波寬度調變控制　63

3.3	傳輸介面	64
	3.3.1　RS-232 介面	66
	3.3.2　SPI 介面	72
	3.3.3　I^{2}C 介面	76
	3.3.4　紅外線介面	81
	3.3.5　Ethernet 介面	84

Chapter 4　Non-OS 之介面控制　　91

4.1	LED 顯示控制	92
4.2	按鍵輸入控制	96
4.3	指撥開關輸入控制	102
4.4	七段顯示器顯示控制	104
4.5	蜂鳴器輸出控制	105
4.6	分壓計 (AVR)-ADC 測試	107
4.7	搖桿 (Joystick)	109
4.8	光感測器	113
4.9	溫度感測	116
4.10	UART/RS-232	121
4.11	EEPROM	125
4.12	LCD 顯示器	132
4.13	觸控面板 (Touch Panel)	138

Chapter 5　uC/OS-II 即時作業系統　　143

5.1	即時性作業系統簡介	144
	5.1.1　單工程式架構	145
	5.1.2　RTOS 之 Task	147
	5.1.3　RTOS 之排程	151
	5.1.4　Task Mutual Exclusion	153
	5.1.5　Task 同步／溝通	157
5.2	uC/OS-II 即時作業系統	161
	5.2.1　Critical Section 保護	161

	5.2.2　uC/OS-II 排程技巧	162
	5.2.2　uC/OS-II 所提供之服務	164
5.3	PTK 平台之 uC/OS-II 多工程式	205

Chapter 6　uC/OS-II 應用範例　　209

6.1	LED ／按鍵／七段顯示	210
6.2	SD 卡檔案系統	212
6.3	UART 傳輸介面	215
6.4	搖桿輸入介面	218
6.5	分壓計輸入介面	221
6.6	麥克風與喇叭	223
6.7	紅外線之發射與接收	235

Chapter 7　整合應用範例　　243

7.1	中斷觸發	243
7.2	3D 飛機模擬控制	246
7.3	訊息佇列：Multi-source Display	253
7.4	Event Flags 應用：AVR 電壓與溫度監控	258
7.5	音訊串流	262

Date: August 10th, 2015

Authorization Letter

We hereby authorize Chang Ching-Lung(張慶龍), Professor (Department of Computer Science and Information Engineering, National Yunlin University of Science and Technology) to quote the texts and diagrams from the user guides and software operation of IAR EWARM product to complete a Chinese textbook "Application and Hands-on of Embedded System Cortex-M3 in RTOS (based on PTK)" (嵌入式系統 Cortex-M3 在 RTOS 之應用與實作).

And we also approve the publisher, who cooperates with Professor Chang Ching-Lung to duplicate and enclose a Kick-start version of IAR EWARM (e.g. EWARM-KS or EWARM-EV) in each book for the purpose of promotion right after it's published.

Attention: Chang Ching-Lung(張慶龍), Professor (National Yunlin University of Science and Technology, Department of Computer Science and Information Engineering)
123 University Road, Section 3, Douliou, Yunlin 64002, Taiwan

Authorized by: IAR SYSTEMS
Kiyofumi Uemura, APAC Director
C-5 Bldg. 5F , 1-21-5 Kandasuda-cho, Chiyoda-ku
Tokyo 101-0041 , Japan

Signature: _____
(Kiyofumi Uemura)

IAR Systems AB, P.O. Box 23051, 750 23 Uppsala, Sweden
www.iar.com

CHAPTER 1

ARM Cortex-M3 簡介

1.1 背景觀念

　　隨著 VLSI 與通訊科技的進步，結合控制、計算與通訊之嵌入式系統 (Embedded System) 正逐漸廣泛地應用於家庭、工作與休閒環境。有鑑於嵌入式系統需求龐大，而嵌入式系統所需之計算／控制能力主要是仰賴微控制器，因而市面上相關**微控制器** (Micro-controller) 或**微處理器** (Microprocessor) 產品越來越多。在文章開始前，先對微控制器、微處理器的相關基本觀念作個介紹。

　　根據微處理器內部架構設計的不同，可將微處理器分類為：

- **哈佛架構** (Harvard architecture)：指令記憶體與資料記憶體是獨立分開的，有各自獨立的匯流排，即在讀取指令的同時，亦可讀取資料記憶體的內容，擁有較高的執行效率。
- **汎紐曼架構** (von Neumann architecture)：存放指令的記憶體與存放資料的記憶體是共用同一匯流排、同一記憶體，即同一時間只能做資料或指令之讀取。

　　圖 1.1 為哈佛架構與汎紐曼架構的比較。

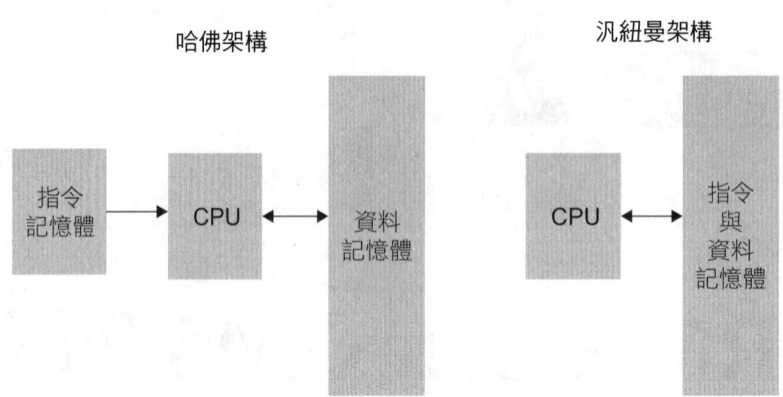

圖 1.1 哈佛架構與汎紐曼架構之比較

以微處理機指令集的特性來區分,則可分為:

- **複雜指令集電腦** (Complex Instructions Set Computer,簡稱 CISC):擁有較多的指令,且提供功能較強大之指令 (如除法／乘法指令),不同類型之指令其執行時間變化較大。
- **精簡指令集電腦** (Reduced Instructions Set Computer,簡稱 RISC):僅提供較基本之指令,不同類型之指令所需執行時間差不多,CPU 可擁有較高的工作頻率。

以記憶體與 I/O 之定址空間來區分,則可分為:

- **Memory mapped I/O**:記憶體空間與 I/O 空間是使用同一定址空間。即,記憶體定址空間 + I/O 定址空間 ≦ 系統最大定址空間。

  當 CPU 之位址線為 N 條時,此處所說之系統最大定址空間即為 2^N。對 memory mapped I/O CPU 而言,CPU 存取記憶體所用的指令與存取 I/O 介面內容的指令是相同的,如:指令 **MOV AX, 位址 i**,代表將**位址 i** 之內容搬至**暫存器 AX**,其中若**位址 i** 是屬於記憶體的位址範圍,則表示將**位址 i** 的記憶體內容給 **AX**,反之則是將**位址 i** 之 I/O 內容給 **AX**。Motorola CPU 即是屬於 memory mapped I/O。

- **I/O mapped I/O**:I/O 有其獨立的定址空間,並不會佔用記憶體定址空間。即,記憶體定址空間可以等於系統最大定址空間,此定址類別之 CPU 對記憶

體操作與對 I/O 操作的指令是不同的，即有獨立之 I/O 指令。如：指令 **MOV AX, 位址 i** 代表是將**位址 i** 的記憶體內容搬給 **AX** 暫存器，而指令 **IN AX, 位址 i** 或 **OUT AX, 位址 i**，則是對 I/O 作操作。X86 CPU 即是屬於 I/O mapped I/O 的一種。

若由 CPU 將資料寫入記憶體時之寫入順序，則可將 CPU 分為：

- **Big-endian CPU**：當 CPU 寫一筆資料到某一記憶體位址時，是先將高位元組資料 (high-byte) 寫到記憶體之低位址。例如 Big-endian CPU 要將 0 × 1234 這兩個位元組資料寫至記憶體位址 1000 H，則是將 0 × 12 值 (高位元組) 寫至記憶體位址 1000 H (低位址)，0 × 34 值則寫至記憶體位址 1001 H，如圖 1.2(a) 所示。

- **Little-endian CPU**：當 CPU 要寫一筆資料到某一記憶體位址時，是將低位元組資料 (low-byte) 先寫到記憶體之低位址。例如 little-endian CPU 要將 0 × 1234 這兩個位元組資料寫至記憶體位址 1000H 時，是將 0 × 34 值 (低位元組) 寫至記憶體位址 1000 H(低位址)，0 × 12 值寫至記憶體位址 1001 H，如圖 1.2(b) 所示。

就我們所熟悉的個人電腦而言，可將其看成是由下列五大單元所組成：記憶單元 (Memory Unit)、算術邏輯單元 (Arithmetic Logic Unit, ALU)、控制單元 (Control Unit, CU)、輸入單元 (Input Unit) 與輸出單元 (Output Unit)，其中算術邏輯單元與控制單元又可合併稱為中央處理器（Central Processing Unit，簡稱 CPU）或稱為微處理器 (microprocessor)，其架構如圖 1.3 所示。

CPU: 0x1234 → Mem[1000 H]

1000H	0x12		1000H	0x34
1001H	0x34		1001H	0x12
1002H			1002H	

(a) Big-endian   (b) Little-endian

圖 1.2 Big-endian 與 Little-endian CPU

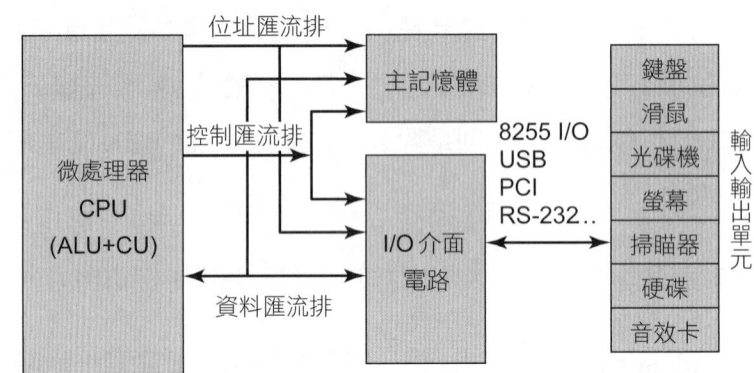

圖 1.3
電腦內部架構

　　如圖 1.3 所示，一部電腦的組成除了需要微處理器做相關的算數運算、邏輯判斷與控制外，亦需記憶體來存放程式指令、資料與相關運算之結果，I/O 介面電路則用來提供與外部周邊元件與使用者操作介面之連接，微處理器、記憶體與 I/O 介面電路是仰賴一些實體電路做連接，這些電路稱為**匯流排** (bus)。匯流排依其功能可區分為**位址匯流排** (address bus)、**資料匯流排** (data bus) 與**控制匯流排** (control bus)。當 CPU 要和外部元件（如：記憶體或 I/O 介面）溝通時，CPU 會先產生該元件之位址於位址匯流排，並利用控制匯流排決定是對該元件做資料讀取或寫入動作，而實際所要寫入或讀取的資料則是靠資料匯流排來做傳遞。一般而言，依據匯流排位元數的不同，可將 CPU 分成 8-bit、16-bit、32-bit 或 64-bit 等類別，例如對一個 32-bit 微處理器而言，其內部資料匯流排與暫存器組皆為 32-bit。

　　「微控制器」與「微處理器」最主要之差別在於微控制器內部除了有運算能力之微處理器外，亦會將記憶體單元與 I/O 介面等元件，利用 VLSI 技術，整合設計於同一顆晶片，除此，微控制器亦會因不同功能需求，將相關額外功能之電路（如：計時／計數器、中斷電路、串／並列傳輸等）整合於晶片上，如同將整部個人電腦的能力精簡化後整合於單一顆晶片上，其概念如圖 1.4 所示，因其將大部分功能皆整合至同一顆晶片，所以又將微控制器簡稱為「單晶片 (single chip)」。近年來，VLSI 技術愈來愈進步，整合至微控制器之功能亦加強大，所以又有人將微控制器稱為「系統晶片 (System on Chip, SoC)」。

　　本書主要是以 32-bit ARM Cortex-M3 微控制器為基礎，介紹如何於無作業

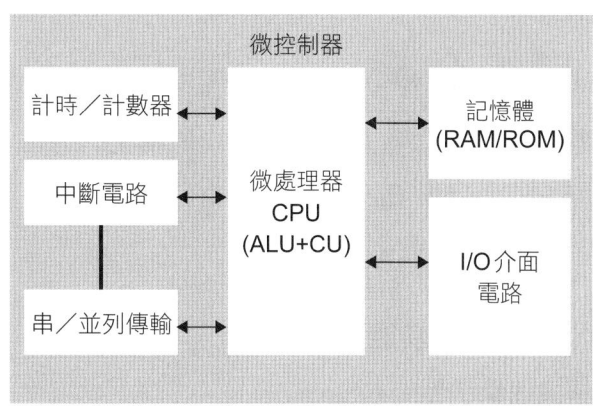

圖 1.4
微控制器之功能示意圖

系統 (non-Operating System, non-OS) 環境與於 uC/OS-II 即時性作業系統 (Real-Time Operating System, RTOS) 多工程式設計環境下，對周邊感測元件讀取與相關控制。

1.2　ARM 微控制器

　　ARM 公司成立於 1990 年，其全名為 Advanced RISC Machine。有別於一般微處理器公司，ARM 並不直接製造處理器或販售處理器，而是將所設計的 ARM 處理器核心授權給其他半導體公司合作伙伴，依其半導體技術，整合不同的周邊裝置、通訊介面等，生產自己微控制器。此種商業模式亦常被稱為**智財權** (Intellectual Property, IP) 授權。本書所採用之 ARM Cortex-M3 晶片即是 ST 半導體公司採用 ARM Cortex-M3 核心，整合設計的微控制器，稱為 STM32F207，再由國內廠商—新華電腦股份有限公司開發其學習板：稱為 PTK-STM32F207 平台。

　　ARM 自從公司成立以來，專注於處理器與開發環境設計，藉由系統層級的智財與各式軟體智財之授權，幫助合作伙伴，於各式應用環境，開發各式產品，目前，以 ARM 核心所發展之晶片，於行動裝置具有最大之佔有率，其應用包含行動電話、智慧型手機、平板電腦、家庭娛樂系統等等消費性電子產

品。

　　於1991年ARM發表ARM6處理器系列後，持續開發新的處理器與系統架構，而這些處理器之命名方式採取了一個編號的方法：即使用後綴字來顯示處理器的功能，以廣受採用的ARM7TDMI處理器為例：

T：意指Thumb指令的支援
D：是指具JTAG除錯功能
M：意指具快速乘法器(Multiplier)
I：是指具嵌入式ICE模組

　　由於TDMI為嵌入式系統開發之最主要功能，日後，ARM所開發之處理器皆支援這些功能，所以TDMI這些後綴字就不再加到新的處理器系列之名稱裡，取而代之的是以26、36、46等數字來代表不同的記憶體介面、快取與緊密耦合記憶體(Tightly Coupled Memory)等功能，如：

26與36：代表具有快取與MMU (Memory Management Units)之功能，例如：
　　　　　ARM926EJ-S
46：代表具有記憶體保護單元(Memory Protection Units, MPUs)，例如：
　　　ARM946E-S
S：表Synthesizable
J：表Jazelle技術

　　圖1.5為ARM處理器架構的演變與主要代表之處理器晶片編號。對於最初廣受使用之ARM7處理器是以ARMv4T架構為基礎所開發出來的，其中，T代表支援Thumb指令模式；而ARMv5E則是於ARM9E處理器所導入之核心架構，此架構新增了應用於多媒體應用的**增強版 (enhanced) 數位信號處理**(Digital Signal Processing, DSP)指令；而ARMv6核心架構則產生了ARM11系列之處理器，此架構新增了記憶體系統功能和**單指令多重資料**(Single Instruction Multiple Data, SIMD)之指令，以ARMv6核心架構所開發之處理器包括了ARM1136J-S、ARM1156T2-S與ARM1176JZ-S等。

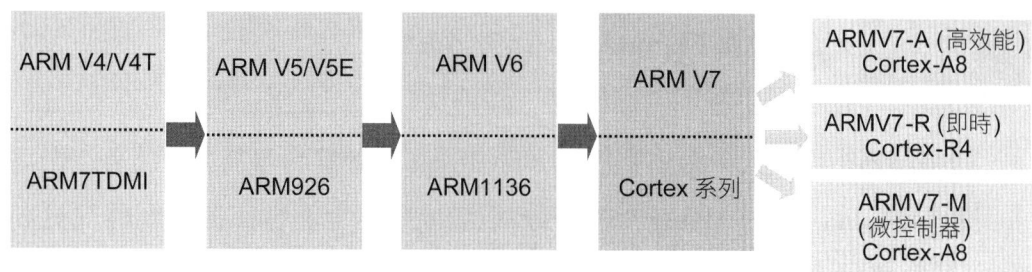

圖 1.5 ARM 處理器架構的演變

於 ARM11 系列處理器後，ARM 的處理器設計技術更加純熟，因此決定將一些更新的設計理念和功能，除了導入高效能的處理器市場外，也思考將其導入較低階的微控制器市場，試圖以 32-bit 高效能處理器提供傳統 8-bit 微控制器之低成本市場應用環境，而催生 ARMv7 架構，以此核心架構，將處理器設計區分為三大類型：

- **ARMv7-A 型**：針對高效能開放平台而設計，提供需執行複雜處理之應用環境，其使用的作業系統較為高階，如：Linux、Symbian 或 Windows 等嵌入式作業環境，此環境之應用通常需較高處理能力、虛擬記憶體系統支援及可能的 Java 支援能加，如智慧型手機、平板等行動裝置。
- **ARMv7-R 型**：針對高效能且高即時性需求之環境而設計，如應用於高階煞車系統與硬碟控制器等環境，其對效能、可靠度與低延遲要求極其嚴格。
- **ARMv7-M 型**：針對嵌入式微控制器應用環境而設計，其以低成本應用及工業控制系統之應用，與傳統 8-bit/16-bit 微控制器市場重疊，重點除具備處理效能外，對成本、功率消耗、中斷延遲、易於使用等有其一定之要求。

ARMv7 核心架構之處理器以 Cortex 為其命名，而 Cortex-M3 是採用 ARMv7-M 型架構設計之微控器 (microcontroller)，本書主要是針對此微控制器加以介紹，著重於 non-OS 與 uC/OS-II RTOS 環境之感測周邊資料讀取與控制之多工程式設計為主。

1.3　ARM Cortex-M3 特性

微控制器市場龐大，過去主要以 8-bit/16-bit 的微控制器為主，隨著工業需求與物聯網 (Internet of Things, IoT) 的大環境成熟，全面驅使微控制器往更高效能發展，在不增加消耗功率下，可處理更多工作，並能提供通用串列匯流排 (Universal Serial Bus, USB)、乙太網路 (Ethernet) 或無線傳輸介面，使彼此互連的狀況更加頻繁，因而成為下一波微控制器主要發展方向。

ARM Cortex-M3 微控制器即是鎖定微控制器之龐大市場，以 32-bit 為運算核心，以低閘數但高效能之表現，提高其競爭力，具有如下之特性：

- **高效率／高效能表現：** 當工作頻率增加後，相對地會增加其設計的複雜度與功率消耗；相反地，如果由效率上加以提升，雖然工作於較低之頻率，仍可完成工作之效能需求。Cortex-M3 微控制器即是以此為設計觀點，以 3-stage 管線 (pipeline) 為核心，採用哈佛 (Harvard) 架構，輔以分支預測 (branch speculation) 技術、單週期之硬體乘法器與除法器、支援 Thumb-2 指令集架構，使 Cortex-M3 在效能／效率上皆有傑出之表現。

- **易於使用與開發：** 如何縮減 Time-to-market 時間與系統開發成本，為選擇微控制器之重要考量。Cortex-M3 提供最佳化之開發環境、Stack-based 程式設計模型與硬體支援之中斷系統，讓使用者在開發程式與中斷服務**副程式** (Interrupt service routine, ISR) 時，無需瞭解相關暫存器設定與撰寫組合語言程式，僅需採用 C 語言即可完成相關程式開發。Thumb-2 之指令集架構 (Instruction Set Architecture, ISA) 指令編譯執行之效率更高，更便利於 8-bit/16-bit 微控制開發者轉換至 32-bit ARM Cortex-M3 之開發環境。

- **低開發成本與低功耗表現：** 成本一直是產品開發之重要考量，Cortex-M3 採用先進之 VLSI 製程、設計技術與高整合技術，可有效將 Gate count 與晶片大小限制於一定範圍，降低成本，提高其競爭力。同時為了滿足嵌入式系統之低功耗要求，Cortex-M3 支援 extensive clock gating 與整合睡眠模式 (integrated sleep modes)，使其在低功耗部分也有非常傑出之表現。

- **整合除錯開發環境：** 嵌入式系統，基於成本考量，一般並沒有圖形化顯示介面，系統開發過程通常需配合 PC 電腦與 ICE (In-circuit Emulator) 做程式設計之錯誤偵測 (debug) 環境。Cortex-M3 以硬體實現整合多種偵錯技巧，可設定中斷點、程式追蹤、變數動態觀察等功能，配合 JTAG 介面即可提供除錯開發環境。

表 1.1 為 ARM7TDMI-S 與 Cortex-M3 之架構比較，可明顯看出，Cortex-M3 在指令集之效能表現、即時性與功耗上皆優於 ARM7TDMI-S。

Cortex-M3 是以 ARMv7-M 核心架構為基礎，採用階層式設計，整合以哈佛架構之中央處理核心，稱為 CM3Core，配合先進系統周邊介面以整合中斷控制器、記憶體保護電路與系統除錯／追蹤電路，如圖 1.6 所示。

圖 1.6 之 Cortex-M3 處理器，為微控制器之中央處理單元 (CPU)，也是微控制器之中樞，其依指令內容來執行算數或邏輯運算。各晶片設計廠商取得 ARM 公司之 Cortex-M3 Core 授權整合記憶體、周邊介面、輸入／輸出介面與通訊介面等元件，建構出自己的微控制器，如圖 1.7 所示，不同的晶片設計商，依其規劃，除了使用相同的 Cortex-M3 Core 外，可能具有不同記憶體大小、種類、周邊與通訊介面等。本書主要是以 ST 半導體公司所設計之 STM32F207ST 微控

表 1.1 ARM7TDMI-S 與 Cortex-M3 之架構比較

特性	ARM7TDMI-S	Cortex-M3
Architecture	ARMv4T(von Neumann)	ARMv7-M(Harvard)
ISA Support	Thumb/ARM	Thumb/Thumb-2
Pipeline	3-stage	3-stage+branch speculation
Interrupts	FIQ/IRQ	NMI+1~240 Physical Interrupts
Interrupt Latency	24-42 cycles	12 cycles
Sleep Modes	None	Integrated
Memory Protection	None	8 region memory protection unit
Power Consumption	0.28mW/MHz	0.19mW/MHz

制器為主，其是採用 ARM Cortex-M3 核心，整合不同周邊介面之微控制器。

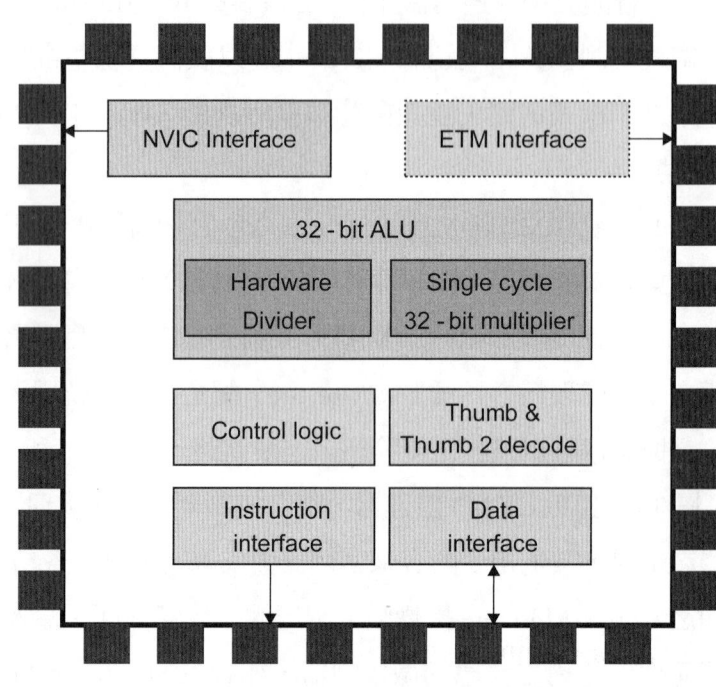

圖 1.6
Cortex-M3 處理器
(Cortex-M3 Core)

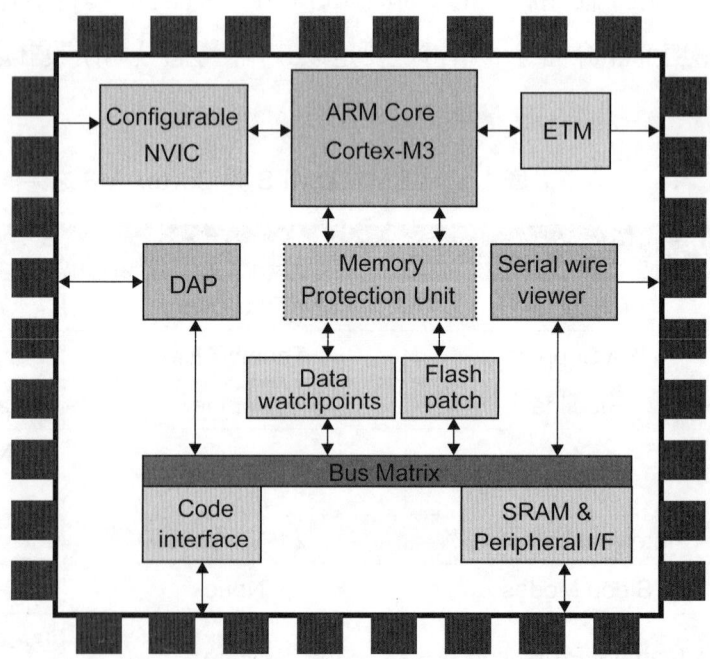

圖 1.7
以 Cortex-M3 處理器為核心之微控制器

1.4　ARM Cortex-M3

Cortex-M3 為 32-bit 微處理器，表示其內部不管是資料匯流排、暫存器或記憶體介面皆為 32-bit。為了加快執行效率，採用將指令匯流排與資料匯流排分開之哈佛微處理器架構，以允許指令與資料同時存取。而資料存取過程，Cortex-M3 處理器可設定以支援 little-endian 或 big-endian 之記憶體操作。同時，處理器內部設計了除錯硬體功能，可提供中斷點 (breakpoints) 或觀察點 (watchpoints) 等除錯功能。

操作模式

接下來將針對 Cortex-M3 的操作模式與存取權限摘要介紹。M3 支援兩種操作模式：

1. **執行緒模式** (Thread Mode)：當系統 reset 後或是由 exception 返回即進入執行緒模式。
2. **特殊處理模式** (Handler Mode)：當系統發生 exception 時，即進入特殊處理模式，此處的 exception 包含中斷或系統之特殊例外狀況。

而程式碼的執行權限則可分為特權權限 (privileged) 或一般權限 (unprivileged)。對於一般權限下的程式碼執行，其可存取的資源是有限制的，同時一些較重要的指令執行也遭到限制，以限制一些重要的記憶體區塊的存取權限，確保系統基本的安全需求，增加系統穩定性；相反地，特權權限則可存取整個記憶體範圍與所有指令。

圖 1.8 為 Cortex-M3 處理器操作模式轉換狀態圖，如圖所示，當系統 reset 後，系統即進入具*特權權限之執行緒模式*，可存取所有記憶體與指令之執行，此時，可藉由軟體設定控制暫存器切換至*一般權限之執行緒模式*。當於*特權權限之執行緒模式*下，若發生例外狀況時，則系統將自動切換至*特權權限之特殊處理模式*執行。

於*一般權限之執行緒模式*下若發生例外狀況時，則系統將自動切換至*特權*

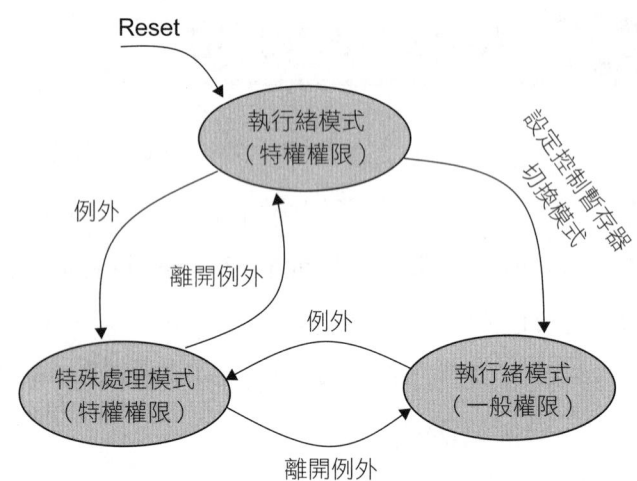

圖 1.8
Cortex-M3 處理器
操作模式轉換

權限之特殊處理模式執行。

系統於特殊處理模式時，其定為特權權限，當完成例外後，返回時，則回至發生例外前之狀態，其可能為*一般權限之執行緒模式*或*特權權限之執行緒模式*。

暫存器

圖 1.9 為 Cortex-M3 之內部暫存器，其擁有 R0~R15 等 16 個內部暫存器，

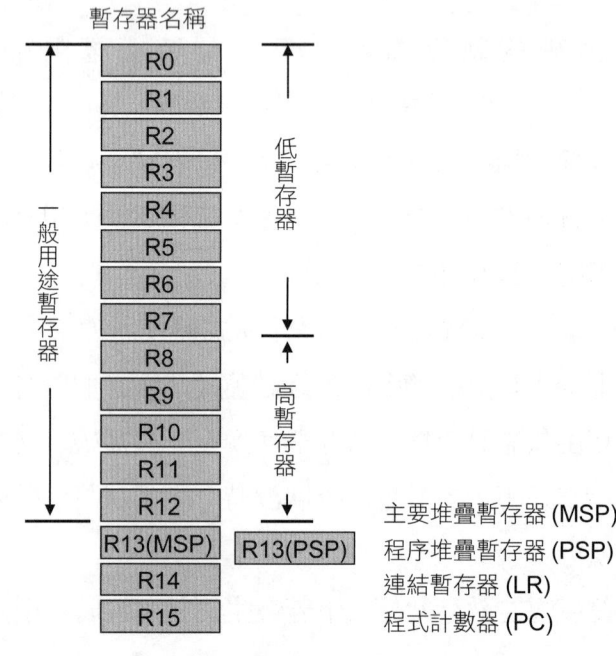

圖 1.9
Cortex-M3 內部暫存器

其中 R0~R12 為一般功能暫存器，供程式碼執行過程中使用；R13~R15 為特殊功能暫存器，於系統運作過程中使用。因某些 16-bit 之 Thumb 指令只能存取 R0~R7 暫存器，所以將一般功能暫存器又進一步區分為低暫存器 (R0~R7) 與高暫存器 (R8~R12)。

R13 堆疊指標 (stack pointer) 暫存器：M3 有兩個堆疊指標暫存器，分別為：

1. **主要堆疊指標暫存器** (Main Stack Pointer, MSP)：為特權存取權限下之堆疊指標，即 reset 後 (作業系統核心程式碼) 與特殊處理模式 (Handler 程式碼) 之堆疊指標。
2. **程序堆疊指標暫存器** (Process Stack Pointer, PSP)：一般存取權限所使用之堆疊指標，供應用程式碼使用。

R14 連結 (link) 暫存器：當呼叫副程式時，其返回位址將自動存於此連結暫存器。

R15 程式計數器 (program counter)：存放目前執行程式 (指令) 的位址。當寫入資料至此暫存器時，即代表跳躍 (jump) 動作，改變程式執行流程。

巢狀向量中斷

Cortex-M3 處理器設計了巢狀中斷向量控制器 (Nested Vector Interrupt Controller, NVIC)，可支援不同優先權的巢狀中斷，即所有的外部中斷、內部中斷與例外中斷可設定為不同之優先權，當有一中斷發生時，NVIC 依目前中斷的優先權與正在執行的中斷服務副程式 (Interrupt Service Routine, ISR) 之優先權做比較，當新的中斷優先權高於正在執行中的 ISR 優先權，則取代正在執行的 ISR 工作而優先執行新中斷的 ISR 程式。Cortex-M3 並無像 ARM 7/9/10/11 等具有 FIQ (快速中斷) 之設計，但其巢狀之優先權中斷功能等同於 FIQ 之行為。

指令集

Cortex-M3 之重要特性為同時支援 16-bit 之 Thumb 指令與 32-bit Thumb-2 指令，如此，可得到更高的程式碼密度與執行效率。

ARM 7/9/10/11 處理器其主要有兩種運算狀態：32-bit ARM 狀態與 16-bit Thumb 狀態。32-bit ARM 狀態可執行所有 32-bit 之高效能指令；而 16-bit Thumb 狀態則僅能執行具高密度之 16-bit 指令。當一個系統為了追求高效率與高程式碼密度時，常常需混合 32-bit ARM 指令與 16-bit Thumb 指令，但兩種類型指令之執行則必須先經由兩種狀態之切換方可正常運作，但此兩種狀態之切換需付出額外之狀態切換負擔，消耗 CPU 的執行效能。

　　Cortex-M3 可於同一執行狀態下，同時支援 16-bit 之 Thumb 指令與 32-bit Thumb-2 指令，無需任何系統狀態切換，可有效的提高執行效率與程式碼密度，減少程式設計的複雜度與程式開發編譯的麻煩。

CHAPTER 2

學習板與開發環境

2.1 PTK 學習板

　　PTK 學習平台（又稱為 PTK-STM32F207 平台）是由新華電腦自行研發的可重組式 Cortex-M3+RTOS 創新系統，整合多種傳輸介面與 I/O 感測元件，讓使用者可於此 PTK 平台，學習如何於即時性作業系統 (RTOS) 環境，撰寫多工程式 (Multi-Task programming)，輕易地建置所需的感測與網路傳輸。PTK 學習平台主要包含下列模組：

- **PTK-Base**：為 PTK 系統之基礎平台。
- **PTK-MCU**：PTK 系統之 MCU 模組，提供所需之計算能力。
- **PTK-MEMS**：感測模組，提供不同的感測介面。
- **PTK-RF**：為 RF 通訊模組。
- **PTK-PER**：周邊擴充模組。

2.1.1 PTK-Base 平台

　　PTK-Base 平台為 PTK 系統之核心基本平台，其他相關模組皆需仰賴 PTK-Base 平台方可動作，其具有 MCU-EXT-1 與 MCU-EXT-2 匯流排，可連接 PTK-MCU 模組；MEMs-1 與 MEMs-2 匯流排可連接 PTK-MEMS 模

組；Peripheral 匯流排可連接 PTK-PER 模組，讓使用者更有彈性的使用此系統。除了這些模組介面外，PTK-Base 本身亦整合多個 I/O 周邊介面，圖 2.1 為 PTK-Base 平台實體圖，說明如下：

- **通訊介面**：包含有 USB 介面、乙太網路 (Ethernet) 介面、RS-232 介面、RS-485 介面與 CAN bus 介面。
- **GPIO**：LED、按鍵、指撥開關、七段顯示器與蜂鳴器。
- **感測介面**：溫度感測器、光線感測器、電壓感測器與紅外線發射／接收器。
- **儲存介面**：SD 記憶卡介面與串列式 EEPROM。

2.1.2　PTK-MCU 模組

PTK 系統主要採用模組化設計，以 PTK-Base 為平台，讓使用者根據需求，使用不同的 PTK-MCU 模組，滿足不同的 MCU 學習。本書著重於 Cortex-M3

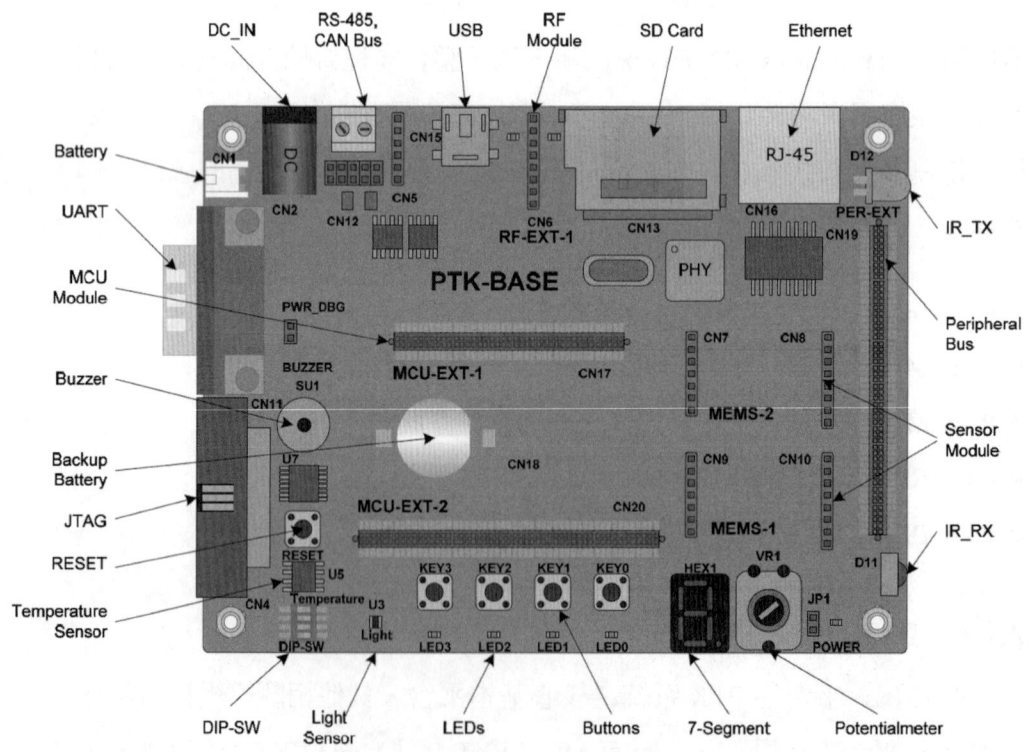

圖 2.1　PTK-Base 平台實體圖
資料來源：PTK-Base user Guide.pdf

晶片的學習，PTK-MCU-STM32F207 模組為 PTK 系統之控制模組，該模組是使用 ST 之 STM32F207 為 MCU 晶片，其內部主要是整合一個高效能之 ARM Cortex-M3 32-bit RISC 核心，工作頻率可高達 120 MHz。圖 2.2(a) 為 PTK-MCU-STM32F207 模組，圖 2.2(b) 為將該 MCU 模組整合至 PTK-Base 平台之示意圖。

STM32F207 為一功能強大的 32-bit MCU，接下來，僅針對其和程式開發者較有關連之觀念加以簡要說明，以利後面相關章節之學習。

General-purpose I/Os (GPIO)

PTK 系統相關周邊大都經由 STM32F207 MCU 之 GPIO 加以控制，若要啟用周邊元件使其正常動作，其相對之 GPIOs 腳需做正確設定方可達到目的。而 GPIO 的基本設定包含有如下：

1. 是輸入接腳或輸出接腳。
2. 若為輸入接腳，則是 floating（浮接輸入）、pull-up（具提升電阻輸入）或 pull-down（具接地電阻輸入）。
3. 若為輸出接腳，則是 open-drain 輸出或一般輸出接腳 (output push-pull)。
4. 若為 open-drain 輸出腳，則是 pull-up 或 pull-down 之 open-drain 輸出接腳。

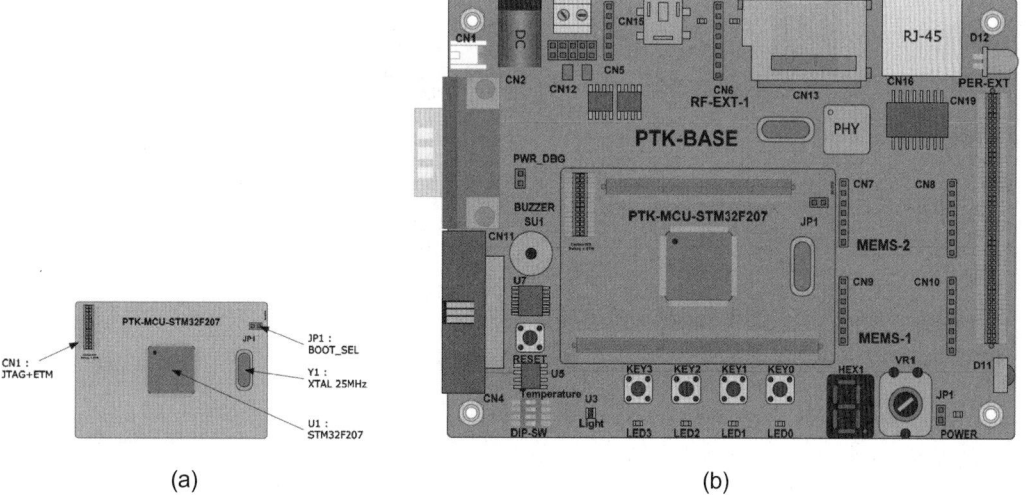

(a)　　　　　　　　　　　　(b)

圖 2.2　(a) PTK-MCU-STM32F207 模組 (b) PTK-Base+MCU 示意圖。

5. 若為一般輸出接腳,則是否具有 pull-up 或 pull-down 之輸出。

GPIO 與周邊元件

除了上述基本 GPIO 設定外,GPIO 亦可設定為某些周邊元件的輸入或輸出接腳 (Alternate Function, AF);每個 GPIO 接腳可利用 AF 功能,設定內部多工器,決定與 16 個周邊元件中之哪一個元件接在一起。圖 2.3 為 AF 功能設定示意圖,圖 2.3(a) 是指 GPIOx 之第 0~7 接腳可利用 GPIOx_AFRL[31:0] 暫存器的設定決定與何周邊元件相接;而圖 2.3(b) 是指 GPIOx 之第 8~15 接腳可利用 GPIOx_AFRH[31:0] 暫存器的設定決定與何周邊元件相接。

GPIO 與外部中斷

STM32F207 MCU 內有一外部中斷／事件控制器 (External Interrupt/Event Controller),其可管理 23 個中斷／事件要求,這 23 個中斷／事件可個別設定其觸發型態(正緣觸發／負緣觸發)與遮斷 (mask) 控制,其外部中斷觸發源可設定為軟體觸發或 GPIO 外部接腳觸發,如此,使外部中斷的使用更有彈性。圖 2.4 為如何利用控制暫存器設定外部中斷與 GPIO 接腳關係。由圖 2.4 可知,其是利用 SYSCFG_EXTICR 控制暫存器設定對應的位元值,以決定哪一個 GPIO 接腳成為哪一個外部中斷觸發源。

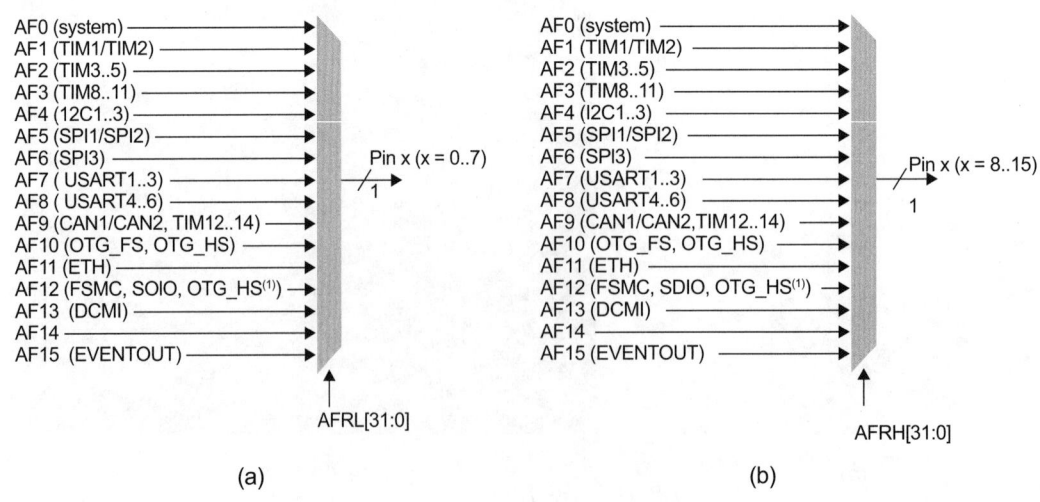

圖 2.3 AF 功能設定示意圖

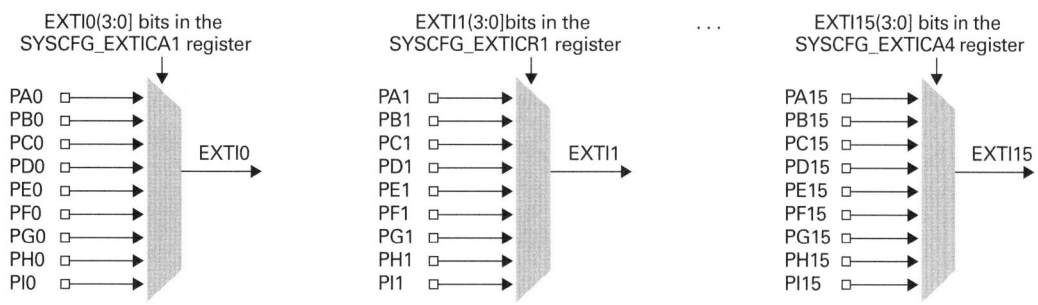

圖 2.4　外部中斷與 GPIO 接腳關係

2.1.3　PTK-MEMS-DACC-1 模組

PTK-MEMS-3DCC-1 模組是利用 MEMS-1 匯流排連接於 PTK-Base 平台。此模組主要是使用 ST-LIS3DH 數位 3-軸加速器晶片，提供 3-軸加速度感測訊號，利用 I^{2}C 介面將感測訊號回傳給 CPU，圖 2.5 為 PTK-MEMS-DACC-1 模組經由 MEMS-1 連結至 PTK-Base 平台之示意圖。

2.1.4　PTK-PER-TFT 模組

PTK-PER-TFT 模組為 PTK 系統之周邊設備模組，此模組提供之周邊設備有：

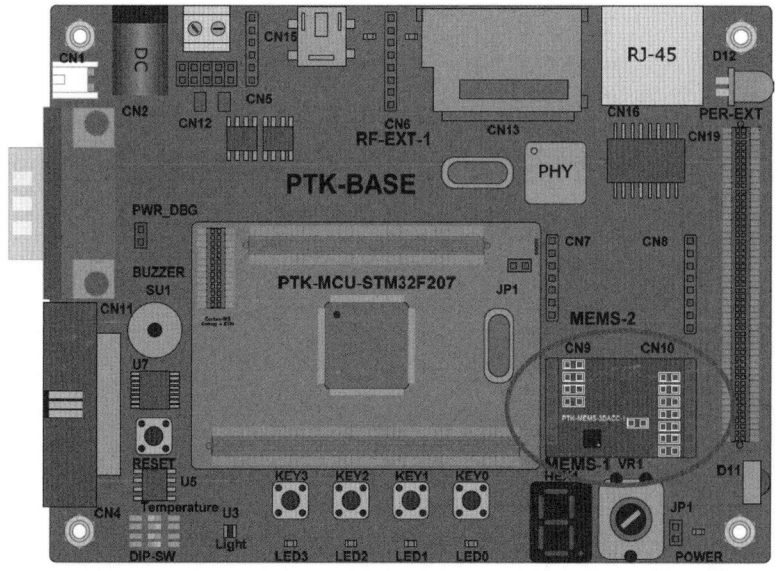

圖 2.5　PTK-MEMS-DACC-1 模組經由 MEMS-1 連結至 PTK-Base 平台
資料來源：PTK-Base user Guide.pdf

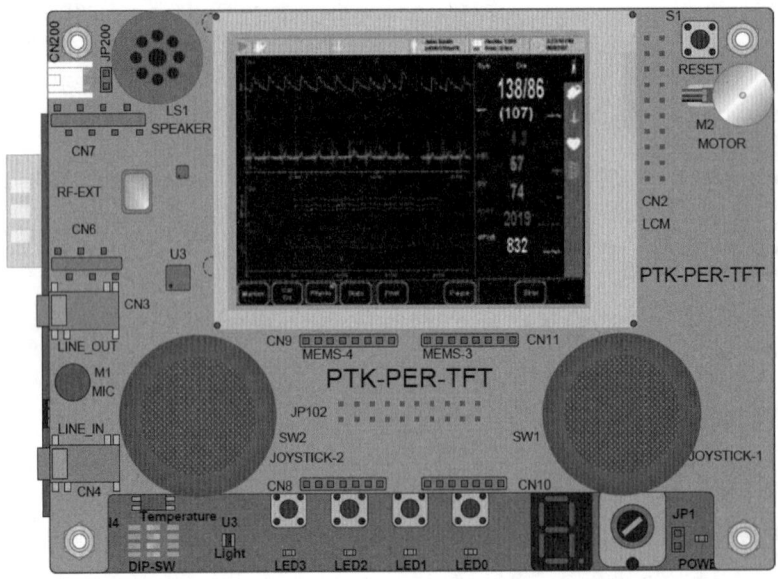

圖 2.6 PTK-PER-TFT 模組整合至 PTK-Base 平台

- 2.8 吋 240×320 RGB 之 TFT LCD 螢幕，具有觸控面板功能
- 16-bit 音訊編／解碼器 (Codec)
- 具播音與錄音功能之喇叭與麥克風
- 振動馬達
- 2 個搖桿介面

除了上述周邊設備外，亦提供 MEMS-3 匯流排、MEMS-4 匯流排與 RF 通訊模組擴充匯流排，讓整個 PTK 系統更加完善。圖 2.6 為 PTK-PER-TFT 模組整合至 PTK-Base 平台之示意圖。

2.2　ePBB 軟體架構

　　ePBB (Embedded Programmer's Building Blocks) 為新華電腦針對 PTK 系統所設計的軟體平台，提供使用者於 non-OS 或具 OS 環境下，一個便利的軟體開發

環境。於 ePBB 架構下，使用者無需清楚瞭解 MCU 的運作方式與相關周邊設備之驅動程式，僅需瞭解如何使用 ePBB 環境所提供的功能函式 (function calls)，以啟動與使用相關周邊設備，可大大節省使用者系統開發之複雜度與時間。

圖 2.7 為 ePBB 軟體架構，其中硬體平台 (Hardware Platform) 即為新華電腦所開發之 PTK 系統，韌體 (Firmwares) 模組主要是 MCU 業者提供，讓系統開發者可經由韌體介面方便且高效能的使用 MCU 相關功能，減去瞭解相關複雜的控制暫存器設定。

由於各個 MCU 業者提供之韌體方式各不相同，當使用者之應用程式（Application 模組）直接呼叫韌體服務 (function call)，驅動硬體平台時，當往後硬體平台改變後，則上層之應用程式必須重新撰寫方可正常運作。為了解決上述問題，因而有 BSP(Board Support Packages) 模組與 Driver/Porting 模組的產生，其提供一標準介面給即時作業系統 (Real-Time Operating System, RTOS) 與應用

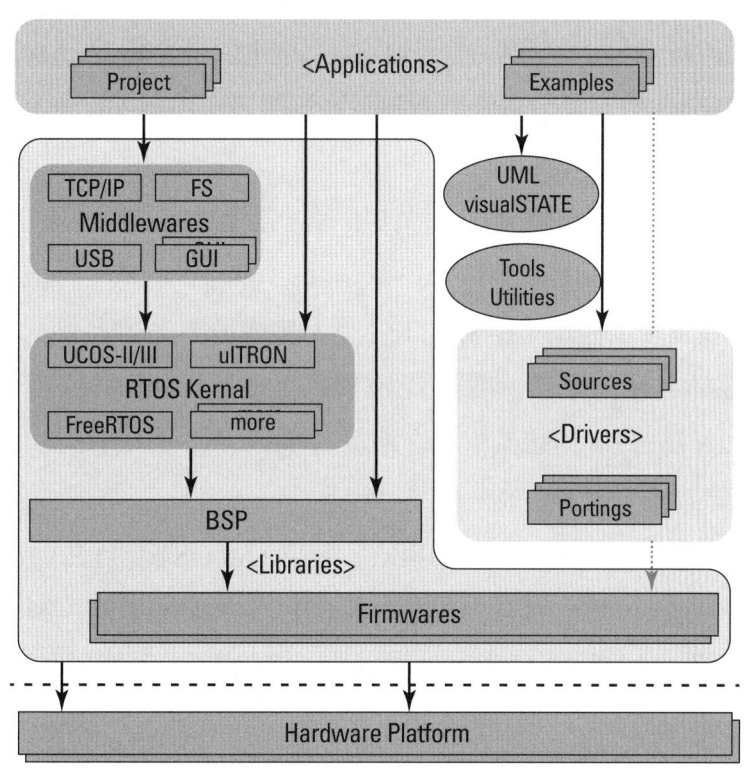

圖 2.7 ePBB 軟體架構

資料來源：epBB Devel opment Gulde.pdr

軟體 (Application) 使用，當下層之硬體平台轉換時，不至於需重新改寫應用程式。

　　BSP (Board Support Packages) 模組為 RTOS 業者所提供的服務介面，用以服務 RTOS 環境或 non-OS 環境之應用程式撰寫。BSP 模組主要是提供標準使用者介面以呼叫硬體周邊的驅動程式與相關設定檔，讓系統開發者於即時性作業系統下，簡單／容易的控制下層的硬體平台。

　　即時作業系統 (RTOS) 模組提供相關的資源控制 (resources control) 與程式排程 (task scheduling)，提供系統開發者一個多工 (multi-tasking)、即時 (real time) 的程式執行環境。

　　中介軟體 (Middlewares) 模組則於 RTOS 環境下提供相關額外的服務，如：TCP/IP 通訊協定模組、檔案系統 (File System, FS) 管理、USB 介面控制與使用者介面 (Graph User Interface, GUI)，提供系統開發者一個友善的開發環境。

　　由圖 2.7 可知，於 ePBB 架構下，系統開發者可於 RTOS 環境下開發自己的程式或於 non-OS 環境下開發程式。本書第三章主要是介紹於 non-OS 環境下，如何驅動相關的硬體周邊，讓使用者熟悉系統開發環境與如何簡易的驅動 PTK 系統平台。

　　ePBB 架構下可提供多種 RTOS 供使用者開發程式，本書著重介紹由新華電腦公司所開發之 uC/OS-II RTOS (http://www.microtime.com.tw)，以及如何於 uC/OS-II 環境下撰寫多工程式、控制 PTK 平台和完成所要之功能。

　　讀者可由本書所附光碟適度安裝 PTK 系統後，所有相關軟體皆存於 ePBB 目錄內，圖 2.8 為 ePBB 目錄架構下之相關內容。

　　ePBB 目錄架構下主要分成三個子目錄：

- **Applications**：提供所有相關範例程式，包含 non-OS 範例程式與於 RTOS 環境下之範例程式，使用者可先由這些範例程式，瞭解如何控制 PTK 平台之相關周邊元件。如圖 2.8 所示，Applications 目錄下有兩個子目錄：Projects 與 Examples。

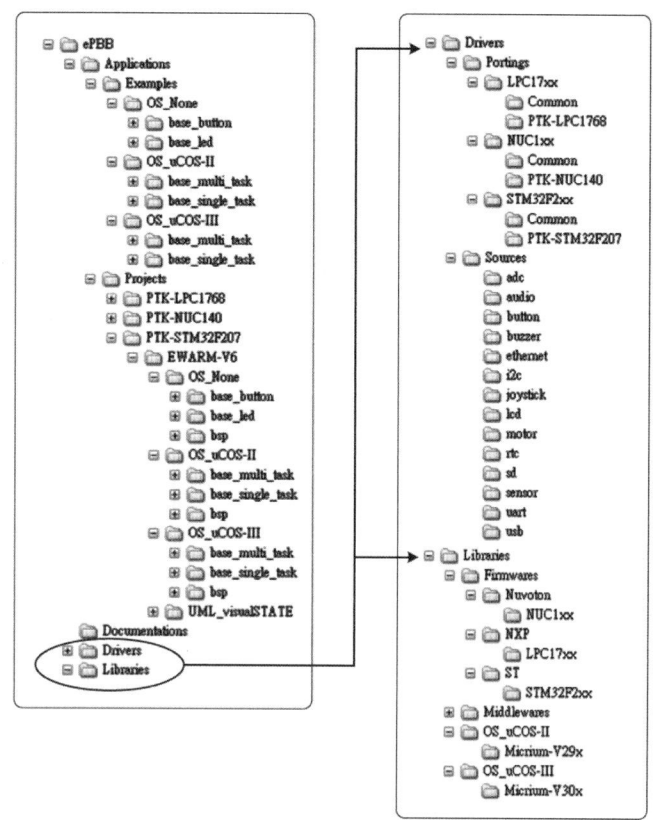

圖 2.8
ePBB 目錄架構

　　Projects 主要是針對不同的發展平台與不同的編譯環境而提供其對應之學習範例，本書是針對 PTK-STM32F207 學習平台配合 IAR 公司之 EWARM 編譯環境學習 non-OS 與 uC/OS-II 環境之相關感測／控制程式撰寫。

- **Drivers：**包含所有周邊元件之驅動程式，其下有兩個子目錄：Sources 與 Portings。Sources 子目錄內主要是存放相關硬體周邊之驅動程式介面，供上層應用程式呼叫使用；而 Portings 子目錄內是存放各個硬體相關之驅動程式，讓 Sources 所定義之驅動介面可正確驅動對應之硬體周邊。
- **Libraries：**由 RTOS 與 MCU 業者所提供的程式庫，主要為實際設定相關 MCU 暫存器之韌體 (Firmwares) 程式。

2.3　IAR 開發環境

本 PTK 系統平台是採用 IAR 開發環境，讀者需由本書所附光碟或 IAR 官方網站安裝 IAR 軟體開發環境，圖 2.9 則為 PTK 系統開發之硬體環境，整個硬體開發環境主要包含下列設備：

1. **PTK-Base (PTK-STM32F207) 學習平台**：包含 PTK-MCU-STM32F207 之 CPU 模組、PTK-MEMS-3DCC-1 感測模組與 PTK-PER-TFT 周邊設備模組。

2. **J-Link Lite ARM**：為開發環境之 ICE，藉由 JTAG Cable 與 PTK-Base 平台之 CN4 連接，經由 USB 接頭與 PC-Host 連結。

3. **PC-Host**：主要為程式開發平台，提供程式撰寫、編譯與將編譯之結果經由 J 軟體編譯／偵錯平台 -Link Lite ARM 下載至 PTK-STM32F207 學習平台驗證與偵錯 IAR EWARM，而 PTK-STM32F207 學習平台之軟體架構是 ePBB，需經由所附之光碟安裝於 PC-Host 端。

4. **Power Adaptor**：提供 PTK-STM32F207 學習平台所需之電源。

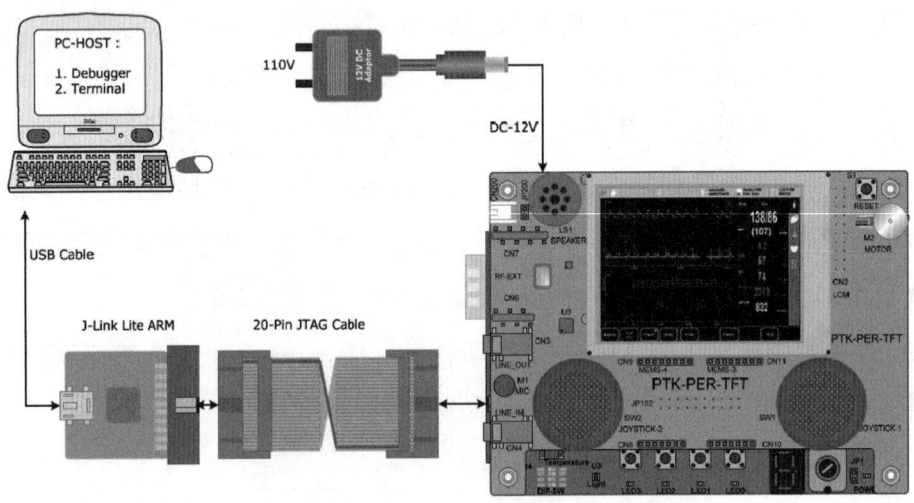

圖 2.9　PTK 系統之硬體連接圖

2.3.1　J-Link Lite ARM 安裝

圖 2.10 為 J-Link Lite ARM ICE，其藉由 USR 介面與 PC Host 連接，當第一次將其連上 PC-Host 時，需安裝其驅動程式方可正常操作。

當將 J-Link Lite ARM 接上 PC-Host 時，請選擇手動安裝驅動程式，如圖 2.11 所示。

圖 2.10

J-Link Lite ARM ICE

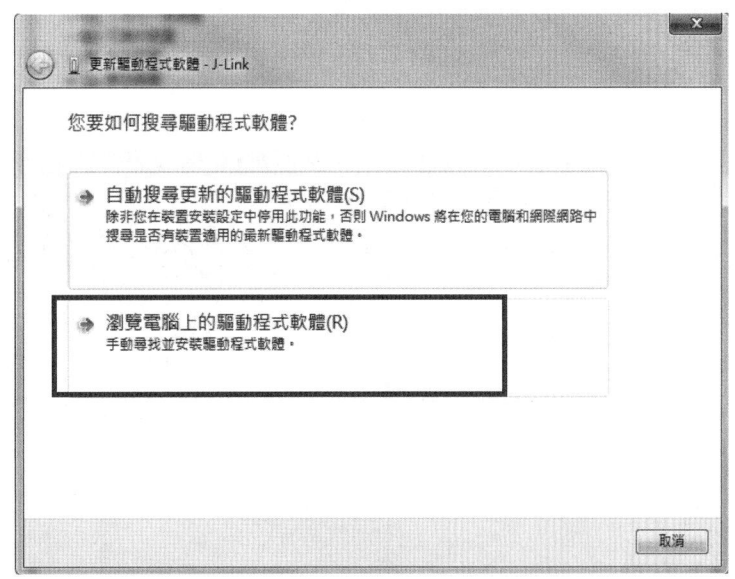

圖 2.11

安裝 J-Link Lite ARM 驅動程式

J-Link Lite ARM 驅動程式存於如下之目錄路徑：

C:\Program FilesIAR Systems\Embedded Workbench 6.4 Kickstart\arm\drivers

開啟 IAR 軟體，開啟一範例專案，以驗證 J-Link Lite ARM 是否正確安裝。當 IAR 專案開啟後，可以透過 IAR 的「Download and Debug」選項，燒錄並於 Debug 模式執行此專案，如圖 2.12 所示。

可利用中斷點做相關 debug 動作，如圖 2.13。

最後，可藉由圖 2.14 之粗黑框內的快速鍵，執行程式或 reset 程式等操作。

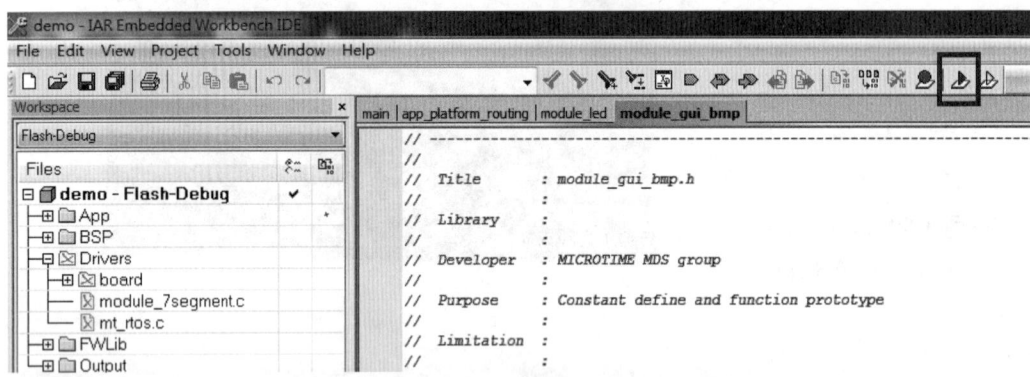

圖 2.12　執行 Download and Debug

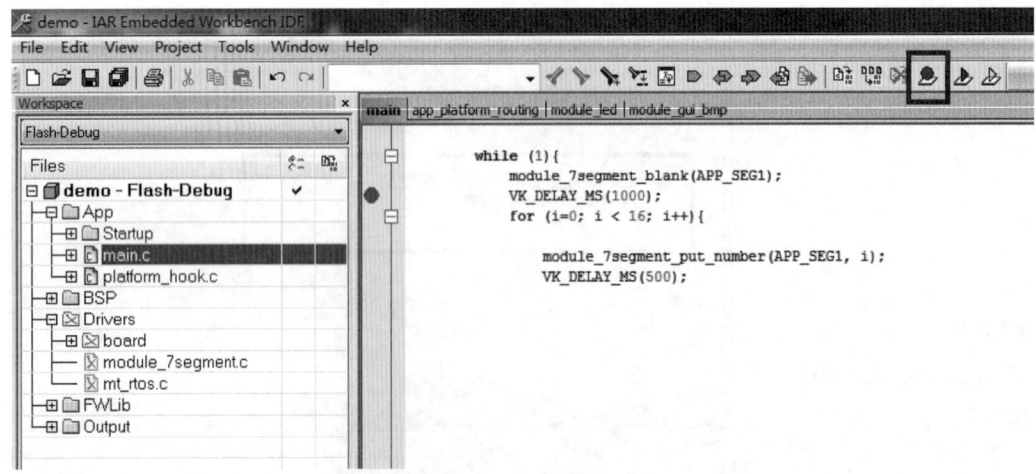

圖 2.13　設中斷點

第二章　學習板與開發環境

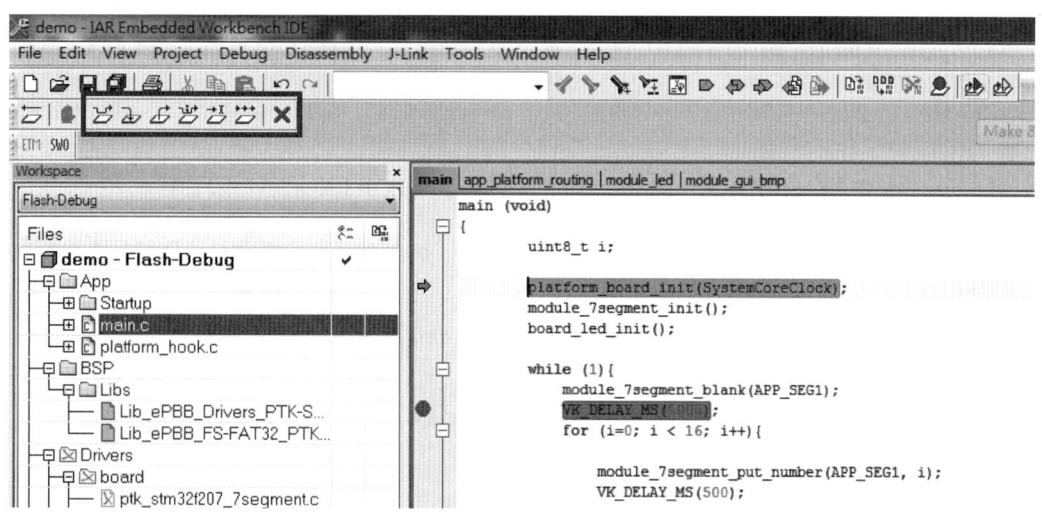

圖 2.14　Debug 模式之相關操作快速鍵

2.4　IAR 專案建立

本節主要是介紹如何於 IAR 開發環境下建立新專案，此處的專案分為 non-OS 之專案與 uC/OS-II 環境之專案。

2.4.1　Non-OS 環境之專案建立

本小節將介紹如何於 IAR 編譯環境下，建立 non-OS 之專案。在建立專案前，假設讀者已將書本所附光碟內之 ePBB 軟體架構程式正確安裝，其內容包含範例程式、DRIVER、LIB 等程式，相關程式路徑如下：

C:\Microtime\PTK\ePBB\Libraries\Firmwares\ST\STM32F2xx\STM32F2xx_StdPeriph_Driver\inc

C:\Microtime\PTK\ePBB\Libraries\Firmwares\ST\STM32F2xx\CMSIS\CM3\DeviceSupport\ST\STM32F2xx

C:\Microtime\PTK\ePBB\Applications\Projects\PTK-STM32F207\EWARM-V6\OS_uCOS-II

C:\Microtime\PTK\ePBB\Drivers\Portings\STM32F2xx\PTK-STM32F207

C:\Microtime\PTK\ePBB\Drivers\Sources

C:\Microtime\PTK\ePBB\Libraries\OS_uCOS-II\Micrium-V29x\Software\

C:\Microtime\PTK\ePBB\Applications\Projects\PTK-STM32F207\EWARM-V6\OS_uCOS-II\bsp

接下來，請依下列兩步驟，建立完整的專案。

步驟一：於 IAR 環境下開新專案

① **建立新專案**：由 IAR 工具列 → Project → Create New Project，如圖 2.15 所示，以建立新專案。

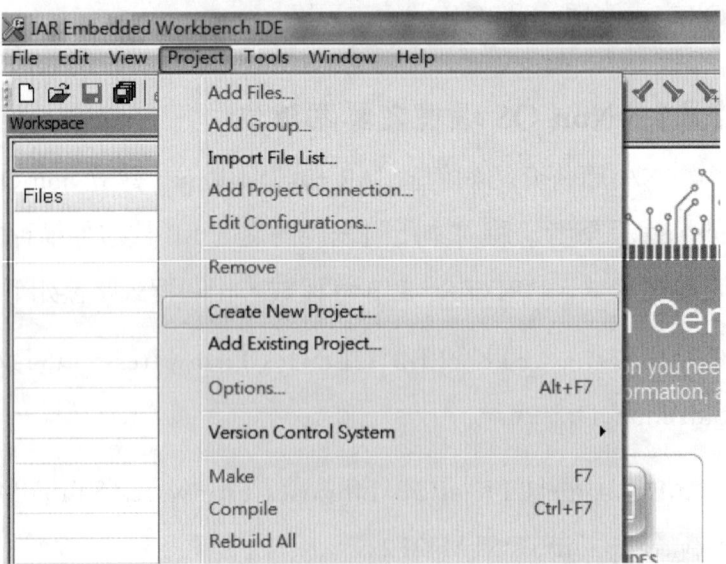

圖 2.15
建立新專案

② **選擇專案的啟始程式**：ARM → C → main，如圖 2.16 所示。

③ **選取專案工作目錄**：以 C:\cortex\test\ 為工作目錄為例，如圖 2.17 所示，而圖 2.18 為成功建立專案之畫面，左邊為專案視窗，右邊為編輯視窗。

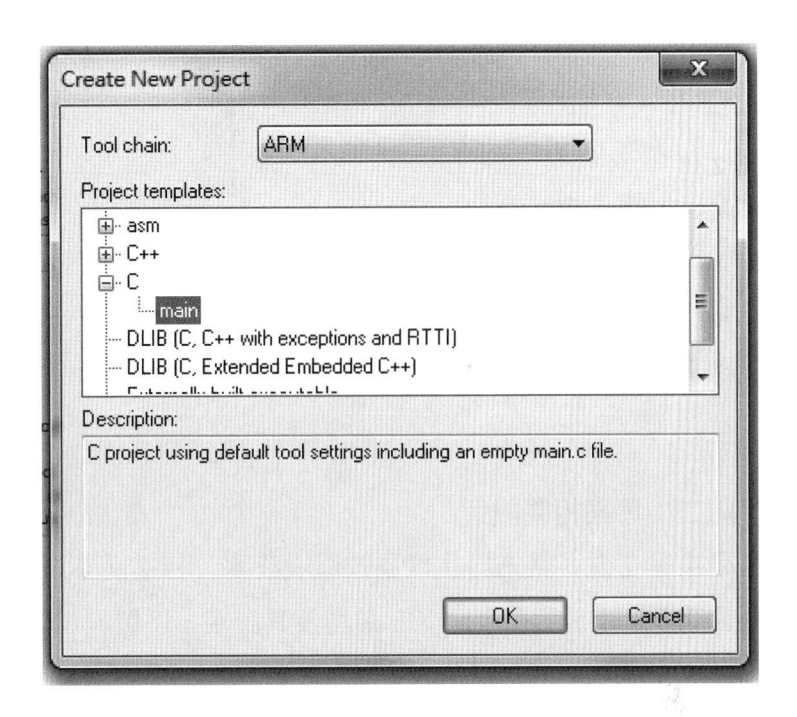

圖 2.16
選擇專案的啟始程式

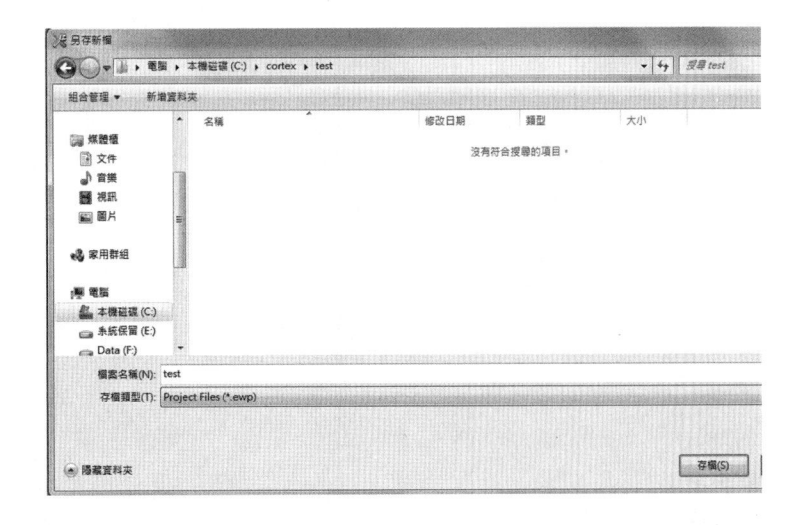

圖 2.17
選取專案工作目錄

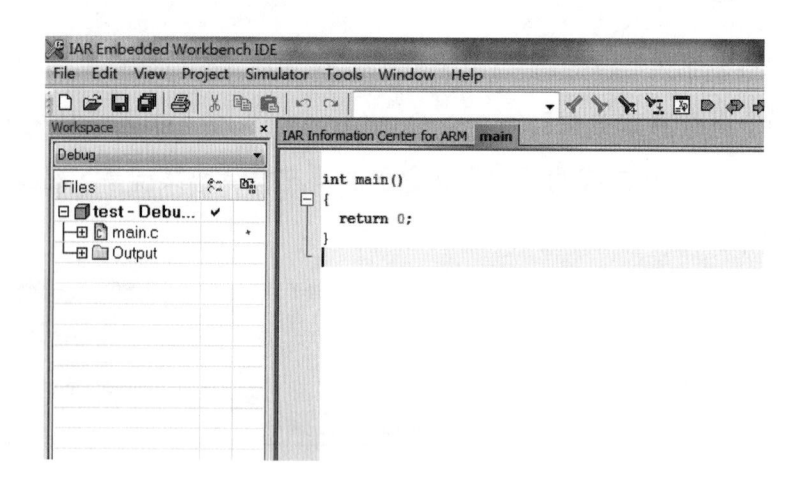

圖 2.18
成功建立專案之畫面

此時，可按下 F7，對此專案做 Make 編譯，在開始編譯之前，IAR 軟體會要求提供存放此新建專案的檔案名稱，在此，我們以 test 命名，如圖 2.19 所示。

步驟二：專案相關設定

在專案建立後，需先對此專案做環境設定，包括此專案所使用之 MCU 編號、編譯環境設定、所選用之 ICE 類型及其設定、下載與燒錄設定等。

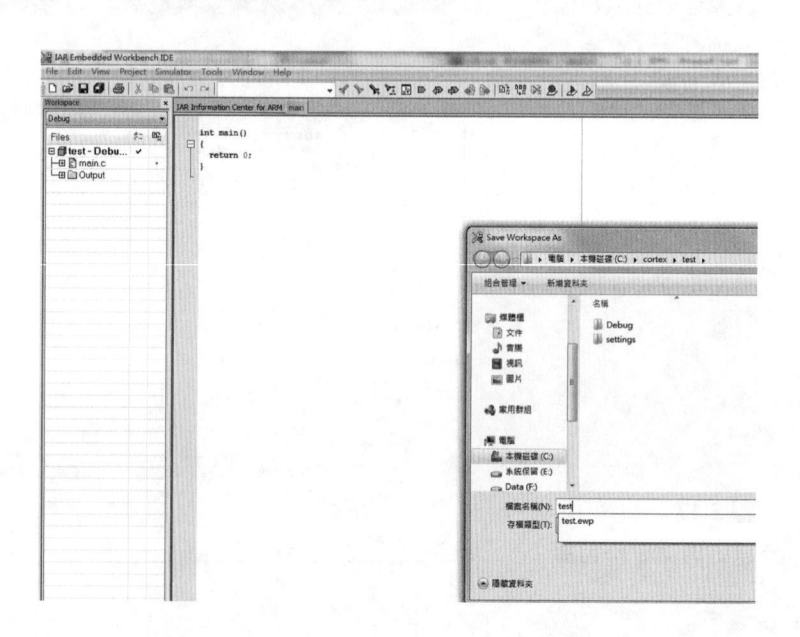

圖 2.19
專案儲存名稱設定

① **專案環境設定**：如圖 2.20 所示，點選專案視窗 → 專案名稱 → 右鍵 → Options 選項，即會產生圖 2.21。

② **MCU 類型設定**：由圖 2.21 畫面，點選圖示 → 選擇：ST → ST32F207 → ST STM32F207VC，將得到圖 2.22 之設定結果。

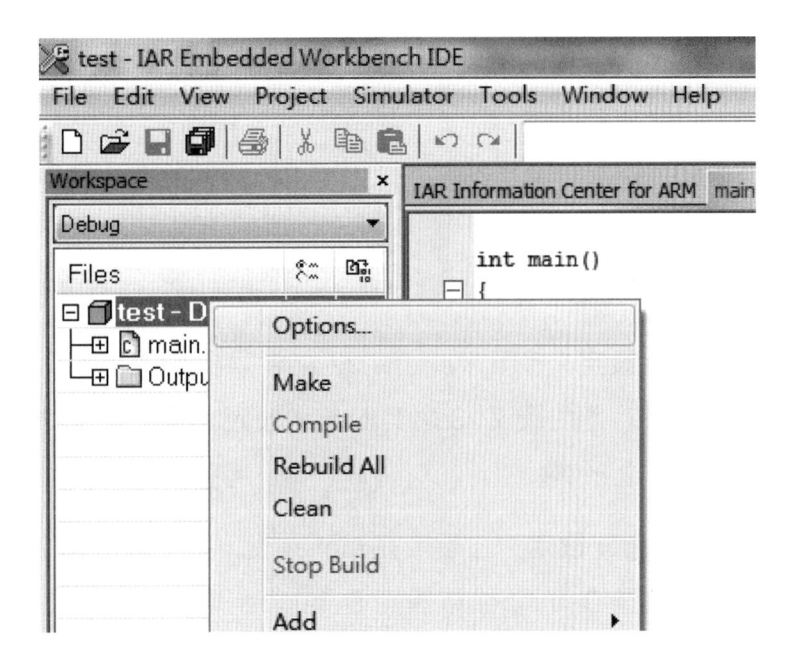

圖 2.20
專案環境設定

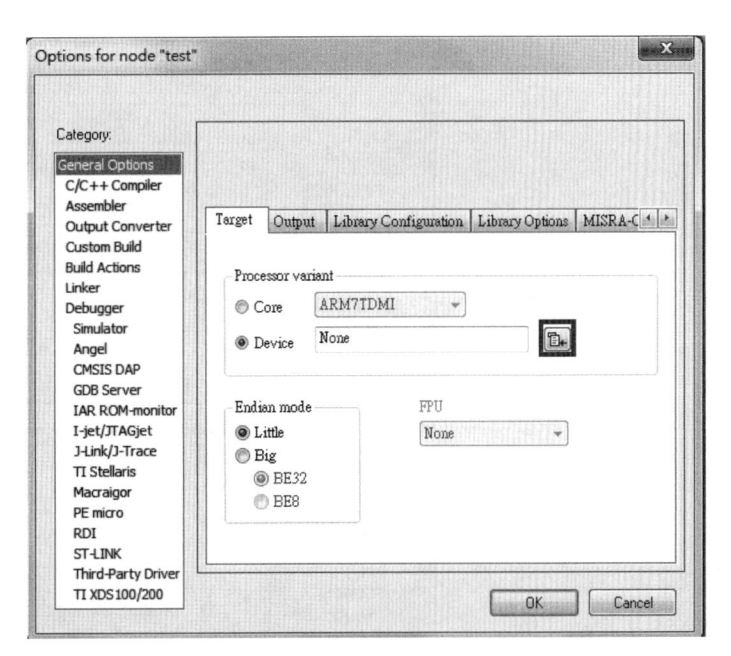

圖 2.21
MCU 類型設定

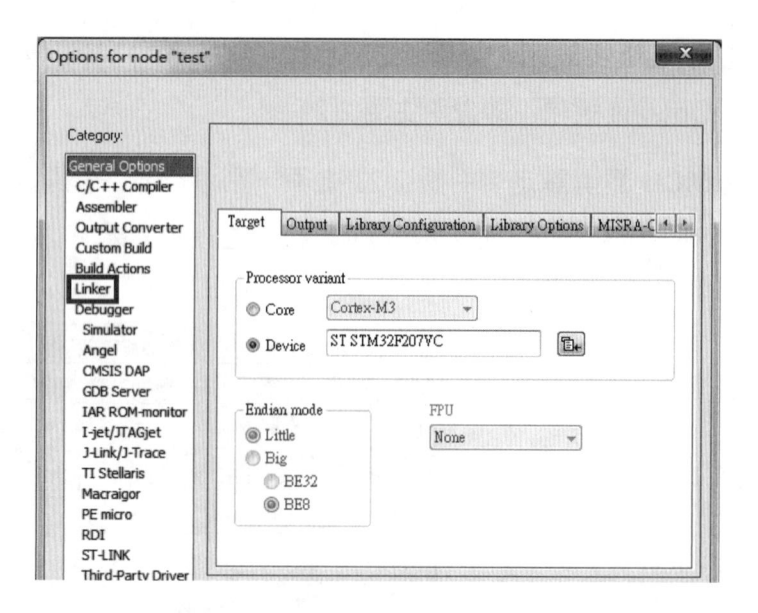

圖 2.22
Linker 選擇畫面

③ **Linker 設定**：接下來於圖 2.22 之專案視窗中，點選 Linker，做 Linker 相關設定，將產生圖 2.23 之其 Linker 設定畫面，依圖 2.23 之粗黑框內，設定 Linker 之 inf 檔。

④ **Debugger 設定**：在設定完 Linker 後，接下來依圖 2.24 所示，於專案視窗中，點選 Debugger 以設定 Debugger 環境，其 Driver 設定為 J-Link 之 ICE 介面。

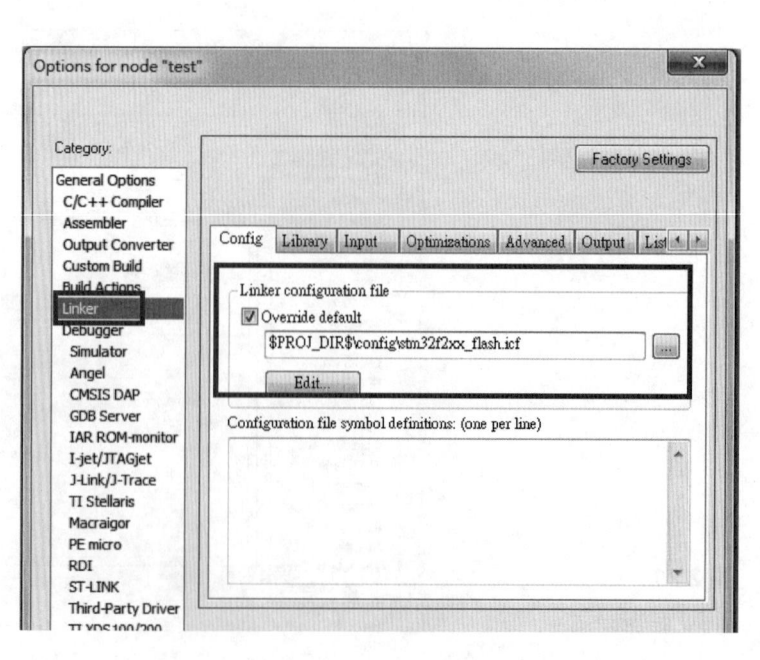

圖 2.23
Linker 設定

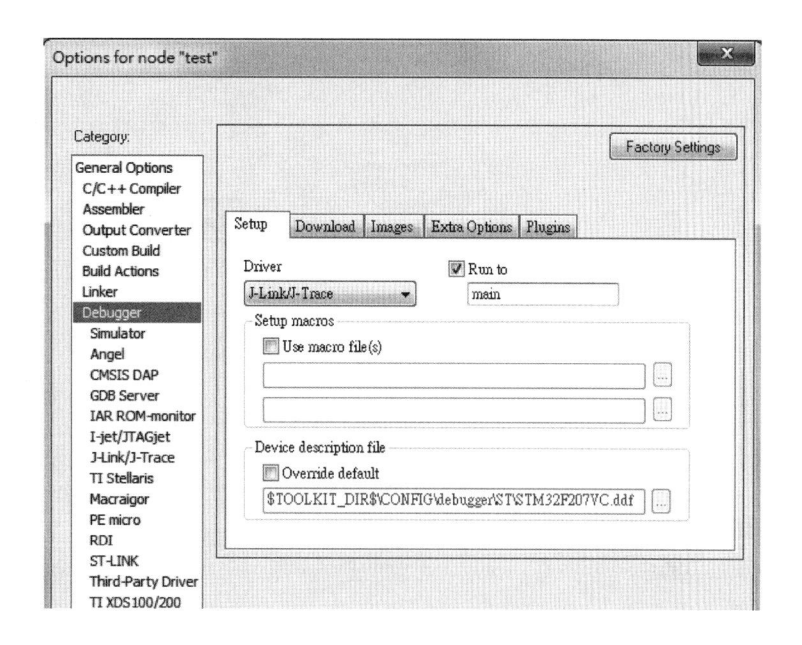

圖 2.24
Debugger 設定

⑤ **Download 設定**：如圖 2.25 點選右方 Download 標籤，做 download 設定。

⑥ **J-Link 設定**：接下來於圖 2.25 之專案設定視窗內，點選 J-Link/J-Trace 選項產生圖 2.26 之 J-Link 設定視窗。

⑦ **Clock 設定**：請依圖 2.26，對 Clock setup 做設定。

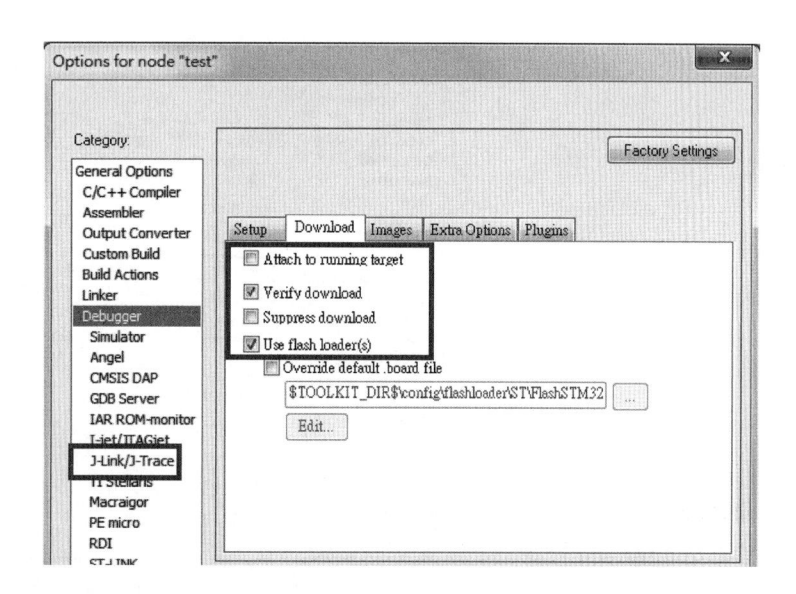

圖 2.25
Download 設定

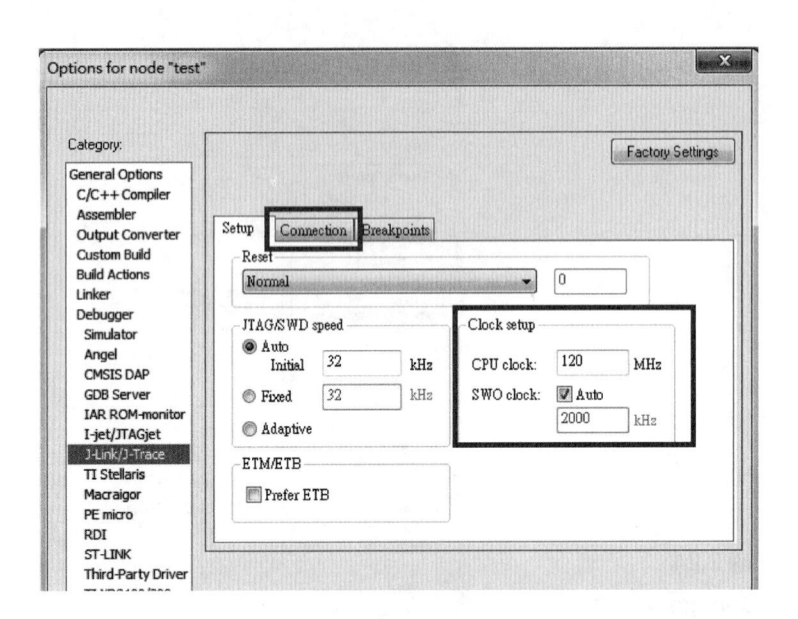

圖 2.26
Clock 設定

⑧ **Interface 設定**：接下來，於圖 2.26 中點選 Connection 選項，產生圖 2.27 做 J-Link 之連線參數設定，設定方式如圖 2.27 之粗黑框內所示。

到目前為止，我們已完成「空」專案的相關設定，接下來可以試著將所寫的程式碼編譯／燒錄之學習板，其編譯／燒錄之方式如圖 2.28 所示，按下

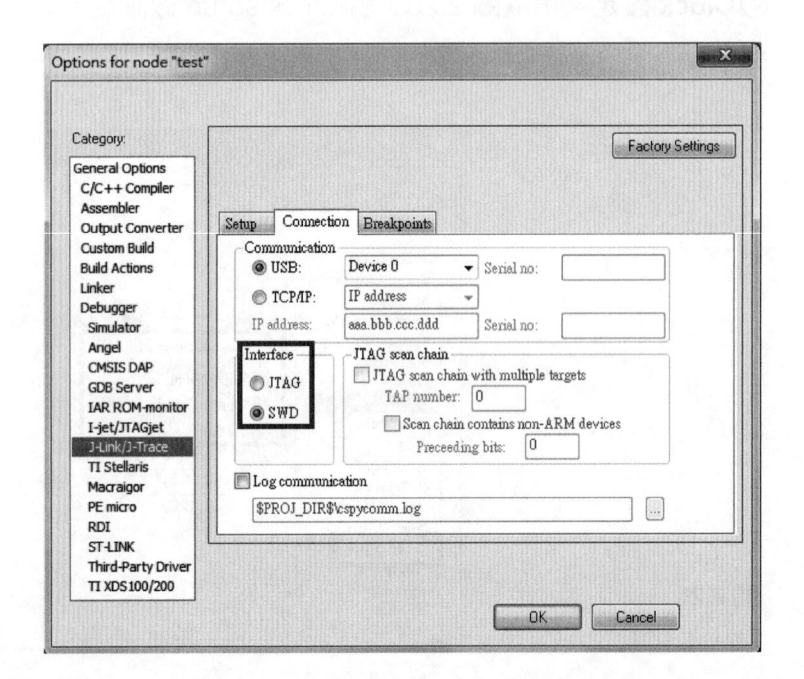

圖 2.27
連線之 Interface 設定

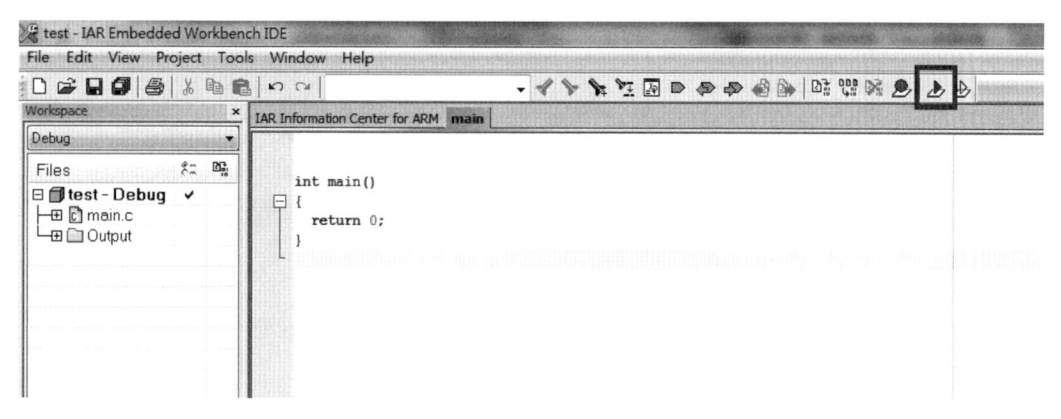

圖 2.28　編譯／燒錄

Download and Debug，即可開始燒錄並進入 Debug 模式。

通常第一次編譯都會出現如下錯誤訊息：

```
Building configuration: test - Debug
Updating build tree...
Linking
Fatal Error[Lc002]: could not open file "C:\cortex\test\config\stm32f2xx_flash.icf"
Error while running Linker
```

此錯誤主要是找不到所選擇晶片之 configure 檔，解決方法有兩種，擇一即可：

1. 至 ePBB 軟體架構所提供的範例專案底下的 config 資料夾內，如圖 2.29 所示，將檔案 stm32f2xx_flash.icf 複製到新專案底下的 config 資料夾內（資料夾需自行建立），如圖 2.30 所示。

圖 2.29　configure 檔之位置

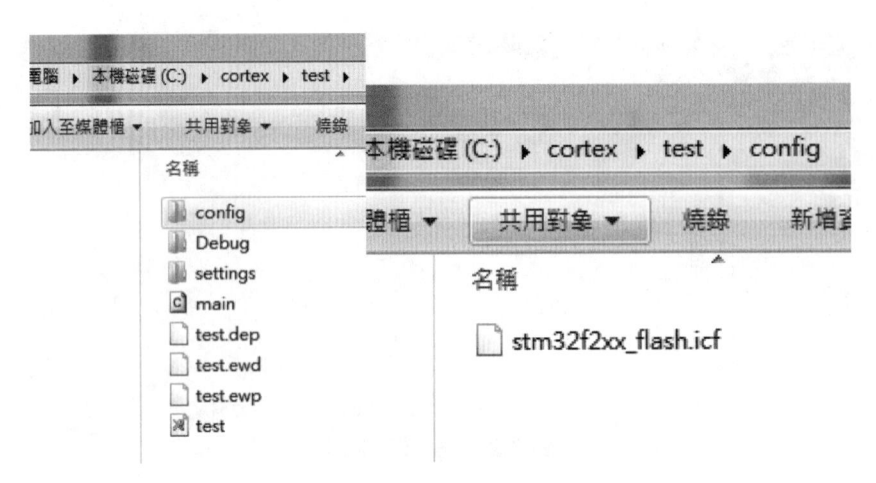

圖 2.30　複製 stm32f2xx_flash.icf 至新專案底下的 config 資料夾

2. 至 IAR 提供的原始檔案內複製 stm32f207xCicf，IAR 提供的原始檔案於目錄 C:\Program Files (x86)\IAR Systems\Embedded Workbench 6.5\arm\config\linker\ST\stm32f207xC.icf，如圖 2.31 所示。將此 stm32f207xC.icf 檔案複製到新專案底下的 config 資料夾內（資料夾需自行建立），並將其更名為 stm32f2xx_flash.icf，如圖 2.32 所示。

當完成 stm32f2xx_flash.icf 檔案之複製後，接下來以文字編輯軟體，開啟此 stm32f2xx_flash.icf 檔，如圖 2.33，將下列三項參數修改為如下之內容，圖 2.34 為修改後之結果：

define symbol __ICFEDIT_region_RAM_end__ = __ICFEDIT_region_RAM_start__ + (128*1024) - 1;

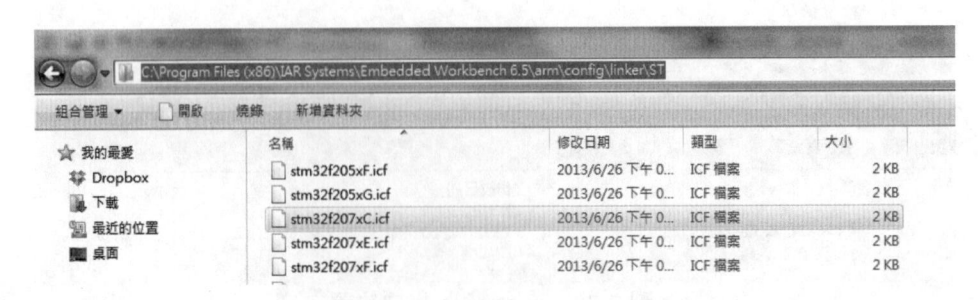

圖 2.31　IAR 之 stm32f207xC.icf 檔位置

define symbol __ICFEDIT_size_cstack__ = 0x400;

define symbol __ICFEDIT_size_heap__ = 0x200;

圖 2.32 將 IAR 之 stm32f207xC.icf 檔案複製到新專案底下的 config 資料夾內並改名為 stm32f2xx_flash.icf

```
/*###ICF### Section handled by ICF editor, don't touch! ****/
/*-Editor annotation file-*/
/* IcfEditorFile="$TOOLKIT_DIR$\config\ide\IcfEditor\cortex_v1_0.xml" */
/*-Specials-*/
define symbol __ICFEDIT_intvec_start__ = 0x08000000;
/*-Memory Regions-*/
define symbol __ICFEDIT_region_ROM_start__ = 0x08000000;
define symbol __ICFEDIT_region_ROM_end__   = 0x0803FFFF;
define symbol __ICFEDIT_region_RAM_start__ = 0x20000000;
define symbol __ICFEDIT_region_RAM_end__   = 0x2001FFFF;
/*-Sizes-*/
define symbol __ICFEDIT_size_cstack__ = 0x2000;
define symbol __ICFEDIT_size_heap__   = 0x2000;
/**** End of ICF editor section. ###ICF###*/

define memory mem with size = 4G;
define region ROM_region   = mem:[from __ICFEDIT_region_ROM_start__   to __ICFEDIT_region_ROM_end__];
define region RAM_region   = mem:[from __ICFEDIT_region_RAM_start__   to __ICFEDIT_region_RAM_end__];

define block CSTACK    with alignment = 8, size = __ICFEDIT_size_cstack__   { };
define block HEAP      with alignment = 8, size = __ICFEDIT_size_heap__     { };

initialize by copy { readwrite };
do not initialize  { section .noinit };

place at address mem:__ICFEDIT_intvec_start__ { readonly section .intvec };

place in ROM_region   { readonly };
place in RAM_region   { readwrite,
                        block CSTACK, block HEAP };
```

圖 2.33 stm32f2xx_flash.icf 之檔案內容

```
stm32f2xx_flash - 記事本
檔案(F) 編輯(E) 格式(O) 檢視(V) 說明(H)
/*###ICF### Section handled by ICF editor, don't touch! ****/
/*-Editor annotation file-*/
/* IcfEditorFile="$TOOLKIT_DIR$\config\ide\IcfEditor\cortex_v1_0.xml" */
/*-Specials-*/
define symbol __ICFEDIT_intvec_start__ = 0x08000000;
/*-Memory Regions-*/
define symbol __ICFEDIT_region_ROM_start__ = 0x08000000;
define symbol __ICFEDIT_region_ROM_end__   = 0x0803FFFF;
define symbol __ICFEDIT_region_RAM_start__ = 0x20000000;
define symbol __ICFEDIT_region_RAM_end__   = __ICFEDIT_region_RAM_start__+(128*1024)-1;

define symbol __ICFEDIT_size_cstack__ = 0x400;
define symbol __ICFEDIT_size_heap__   = 0x200;
/***** End of ICF editor section. ###ICF###*/

define memory mem with size = 4G;
define region ROM_region = mem:[from __ICFEDIT_region_ROM_start__ to __ICFEDIT_region_ROM_end__];
define region RAM_region = mem:[from __ICFEDIT_region_RAM_start__ to __ICFEDIT_region_RAM_end__];
```

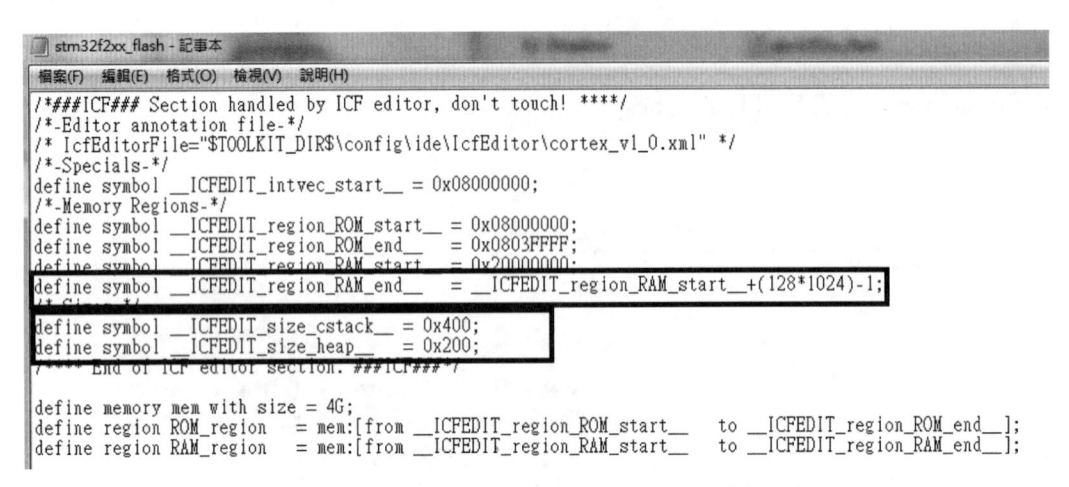

圖 2.34 修改後之 stm32f2xx_flash.icf 檔案內容

　　當完成上述 stm32f2xx_flash.icf 之複製與修改後，再去將此專案做 Rebuild all，將可成功編譯。

　　目前我們已可正常編譯一個空的專案，但要使用相關周邊介面，則需有對應的驅動程式 (Driver) 才行，接下來，將介紹如何加入廠商所提供之驅動程式與函式庫 (Library) 於專案環境，才可正常使用相關周邊元件。

　　要加入驅動程式或函式庫前，需先加入相關的 header 檔、驅動程式與函式庫之目錄路徑，如圖 2.35 所示，由專案設定視窗中，選擇 C/C++ Compiler 設定其內之 Preprocessor 選項。

　　如圖 2.35 所示，在加入相關驅動程式之前，需先加入會使用到的驅動程式路徑，粗黑框處即為加入所有可能被引用到的驅動程式、header 檔的路徑。主要加入之路徑如下：

1. 使用者自行建立 header 的路徑：為專案資料夾下之 \ inc 目錄，可寫為 $PROJ_DIR$\inc
2. 廠商所提供的驅動程式路徑：

C:\Microtime\PTK\ePBB\Libraries\Firmwares\ST\STM32F2xx\STM32F2xx_StdPeriph_Driver\inc

圖 2.35
加入 Driver、Library、
header 檔之目錄路徑
於專案環境

C:\Microtime\PTK\ePBB\Libraries\Firmwares\ST\STM32F2xx\CMSIS\CM3\DeviceSupport\ST\STM32F2xx

C:\Microtime\PTK\ePBB\Drivers\Portings\STM32F2xx\PTK-STM32F207

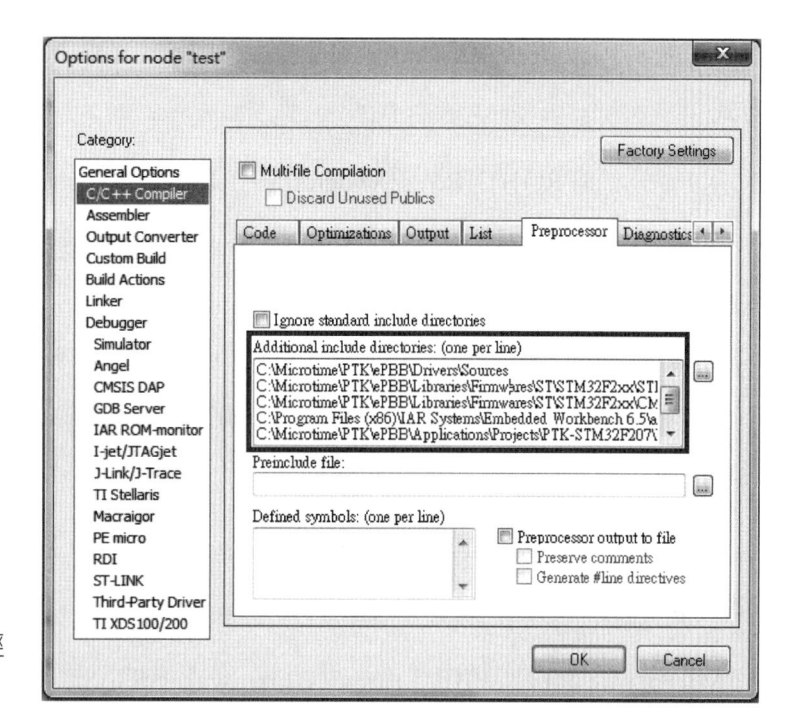

C:\Microtime\PTK\ePBB\Drivers\Sources

3. IAR 內所定義之 header 檔路徑：

C:\Program Files (x86)\IAR Systems\Embedded Workbench 6.5\arm\CMSIS\Include

在上面的路徑中，「$PROJ_DIR$」所代表的義意為「專案所在的目錄」。而 "..\" 代表上一層目錄之意。

接下來，我們以一實際範例，操作如何加入廠商之 Library 與 Driver：
假設所建立的專案路徑為：C:\cortex\test\，故 "$PROJ_DIR$\inc" 代表的是 "C:\cortex\test\inc"。

首先，可以將 "C:\Microtime\PTK\ePBB\Drivers\Sources" 轉換為另一種表示方式：

$PROJ_DIR$\..\..\Microtime\PTK\ePBB\Drivers\Sources

如圖 2.35，將需要的目錄路徑全部加入後，接下來則是將專案所需要的基本驅動程式、Library 檔案載入。

在專案視窗 → 右鍵 → Add → Add file，如圖 2.36 所示。

以下範例主要是控制 LED，所以需對晶片之 GPIO 設定，所需載入的檔案清單如下：

C:\Microtime\PTK\ePBB\Libraries\Firmwares\ST\STM32F2xx\STM32F2xx_StdPeriph_Driver\src\ stm32f2xx_gpio.c

C:\Microtime\PTK\ePBB\Libraries\Firmwares\ST\STM32F2xx\STM32F2xx_StdPeriph_Driver\src\ stm32f2xx_rcc.c

C:\Microtime\PTK\ePBB\Applications\Projects\PTK-STM32F207\EWARM-V6\OS_uCOS-II\bsp\libs\Lib_ePBB_Drivers_PTK-STM32F207_IAR.a

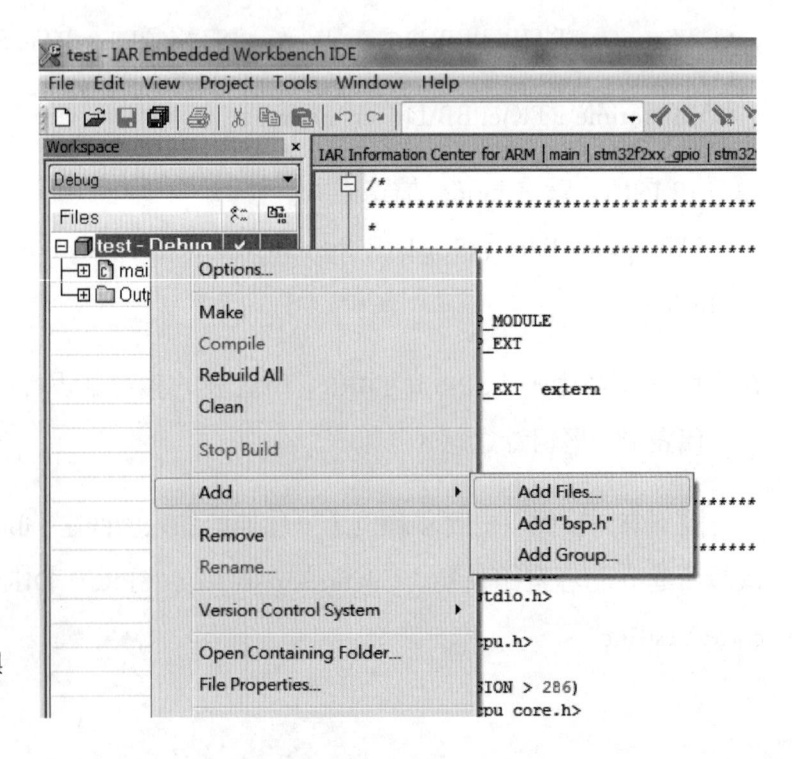

圖 2.36
加入廠商之 Library 與驅動程式

除此之外，亦需將一些已經定義好的基本參數的 header 檔複製至工作目錄：C:\Microtime\PTK\ePBB\Applications\Projects\PTK-STM32F207\EWARM-V6\OS_uCOS-II\base_single_task\inc\app_platform_routing.h 以及 stm32f2xx_conf.h 複製至 C:\cortex\test\inc 底下。

開啟專案內容的視窗 → C/C++ Compiler → Preprocessor → 加入圖 2.37 粗黑框之定義 symbol 內容。

最後，將主程式 main.c 內容編寫成如圖 2.38 之內容，以測試相關設定是否正確，相關函式呼叫是否沒有問題，確定 LED0 是否會閃爍。

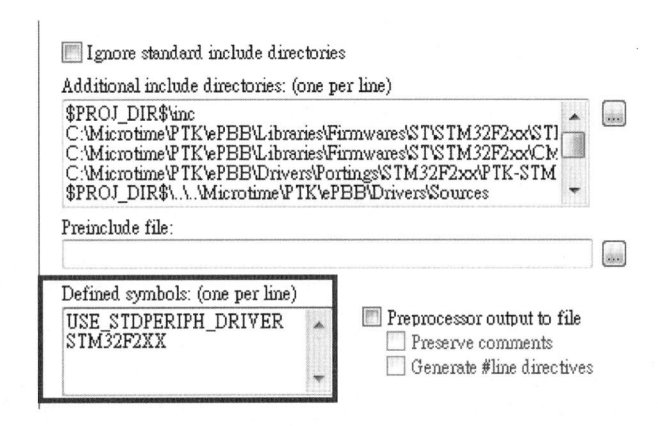

圖 2.37

Symbol 定義

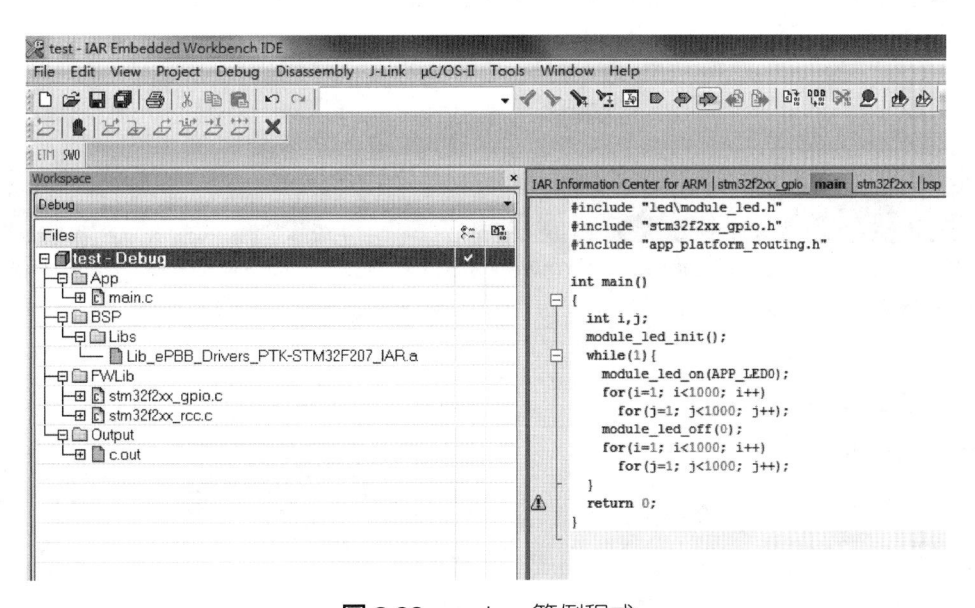

圖 2.38 main.c 範例程式

以上為 non-OS 環境下之空專案建立與設定，由上說明可知，要從頭至尾建立／設定新專案有點繁瑣，建議可由適當的範例程式專案複製／修改，可得較快之結果。表 2.1 為各式周邊元件所需之驅動程式。

表 2.1　各式周邊元件所需之驅動程式

	TRIMMER（旋鈕）	BUZZER（蜂鳴器）	JOYSTICK（搖桿）	三軸加速度計	LIGHT-SENSOR	TEMP-SENSOR
C:\Microtime\PTK\ePBB\Libraries\Firmwares\ST\STM32F2xx\STM32F2xx_StdPeriph_Driver\src\							
stm32f2xx_adc.c	●		●			
stm32f2xx_dma.c	●		●			
stm32f2xx_tim.c		●				
stm32f2xx_usart.c						
stm32f2xx_i2c.c				●	●	●
stm32f2xx_rtc.c						
stm32f2xx_pwr.c						
stm32f2xx_spi.c						
stm32f2xx_exit.c						
stm32f2xx_syscfg.c						
C:\Microtime\PTK\ePBB\Applications\Projects\PTK-STM32F207\EWARM-V6\OS_uCOS-II\bsp\uCOS-II\							
bsp_os.c				●	●	●

	RTC	LCD	TOUCH_PANEL	UART(RS232)	EEPROM
C:\Microtime\PTK\ePBB\Libraries\Firmwares\ST\STM32F2xx\STM32F2xx_StdPeriph_Driver\src\						
stm32f2xx_adc.c					
stm32f2xx_dma.c					
stm32f2xx_tim.c					
stm32f2xx_usart.c				●	
stm32f2xx_i2c.c			●		●

表 2.1　各式周邊元件所需之驅動程式（續）

	RTC	LCD	TOUCH_PANEL	UART (RS232)	EEPROM
stm32f2xx_rtc.c	●				
stm32f2xx_pwr.c	●				
stm32f2xx_spi.c		●			
stm32f2xx_exit.c			●		
stm32f2xx_syscfg.c			●		
C:\Microtime\PTK\ePBB\Applications\Projects\PTK-STM32F207\EWARM-V6\OS_uCOS-II\bsp\uCOS-II\					
bsp_os.c		●	●		●

2.4.2　uC/OS-II 環境之專案建立

於 uC/OS-II 環境之專案建立與 non-OS 環境下之專案建立類似，假設已經將 ePBB 軟體架構正確安裝於電腦，相關的範例、DRIVER、LIB 都已經安裝完成於以下路徑：

C:\Microtime\PTK\ePBB\Libraries\Firmwares\ST\STM32F2xx\STM32F2xx_StdPeriph_Driver\inc

C:\Microtime\PTK\ePBB\Libraries\Firmwares\ST\STM32F2xx\CMSIS\CM3\DeviceSupport\ST\STM32F2xx

C:\Microtime\PTK\ePBB\Applications\Projects\PTK-STM32F207\EWARM-V6\OS_uCOS-II

C:\Microtime\PTK\ePBB\Drivers\Portings\STM32F2xx\PTK-STM32F207

C:\Microtime\PTK\ePBB\Drivers\Sources

C:\Microtime\PTK\ePBB\Libraries\OS_uCOS-II\Micrium-V29x\Software\

C:\Microtime\PTK\ePBB\Applications\Projects\PTK-STM32F207\EWARM-V6\OS_uCOS-II\bsp

首先，同 2.3.1 節之說明，先依 non-OS 環境專案建立步驟完成相關設定。接下來，則介紹 uC/OS-II 環境下所需新增之設定。

1. 如圖 2.39，進入專案設定 → Debugger → Plugins → uC/OS-II 勾起後 → OK
   接下來則是加入廠商所提供之 Driver 與 Library，其相關步驟如下：

① **加入相關目錄路徑**：如圖 2.40 所示，開啟專案內容的視窗 → C/C++ Compiler → Preprocessor
   圖 2.40 之粗黑框處，即為要加入可能被引用到的 header 的路徑。需要加入的路徑有以下這些：

● 使用者有自行建立 header 的檔案，可放在：「專案資料夾 \ inc」
   $PROJ_DIR$\inc

● 廠商提供的 Driver 目錄：

   C:\Microtime\PTK\ePBB\Libraries\Firmwares\ST\STM32F2xx\STM32F2xx_StdPeriph_Driver\inc

   C:\Microtime\PTK\ePBB\Libraries\Firmwares\ST\STM32F2xx\CMSIS\CM3\DeviceSupport\ST\STM32F2x

   C:\Microtime\PTK\ePBB\Drivers\Portings\STM32F2xx\PTK-STM32F207

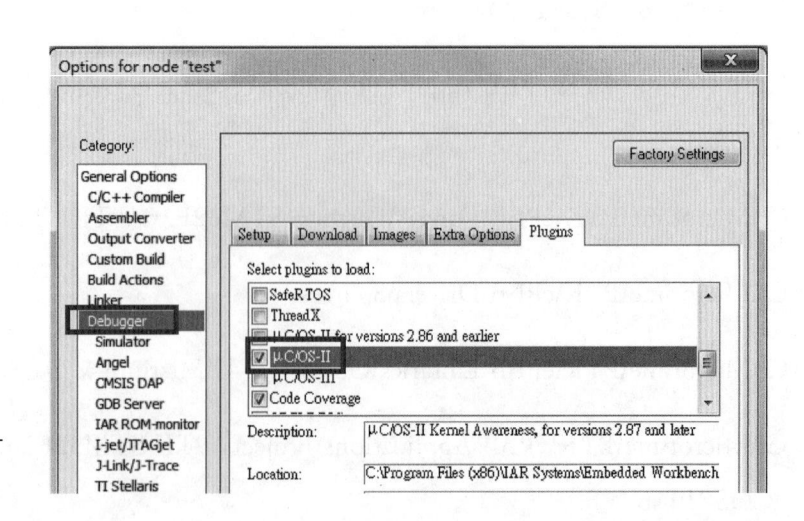

圖 2.39 設定要使用 uC/OS-II 環境

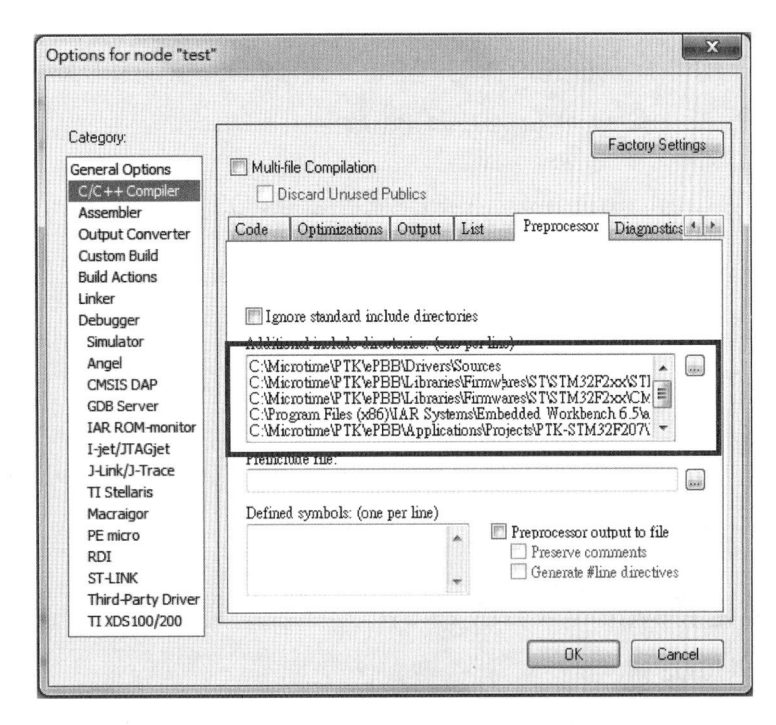

圖 2.40
加入所需之目錄路徑

C:\Microtime\PTK\ePBB\Drivers\Sources

● 所需使用的 IAR 內的 header 檔目錄：

C:\Program Files (x86)\IAR Systems\Embedded Workbench 6.5\arm\CMSIS\Include

● uC/OS-II 作業系統所需之目錄：

C:\Microtime\PTK\ePBB\Applications\Projects\PTK-STM32F207\EWARM-V6\OS_uCOS-II\bsp

C:\Microtime\PTK\ePBB\Applications\Projects\PTK-STM32F207\EWARM-V6\OS_uCOS-II\bsp\uCOS-II

C:\Microtime\PTK\ePBB\Libraries\OS_uCOS-II\Micrium-V29x\Software\uC-CPU

C:\Microtime\PTK\ePBB\Libraries\OS_uCOS-II\Micrium-V29x\Software\uC-CPU\ARM-Cortex-M3\IAR

C:\Microtime\PTK\ePBB\Libraries\OS_uCOS-II\Micrium-V29x\Software\uC-LIB

C:\Microtime\PTK\ePBB\Libraries\OS_uCOS-II\Micrium-V29x\Software\uCOS-II\Ports\ARM-Cortex-M3\Generic\IAR

C:\Microtime\PTK\ePBB\Libraries\OS_uCOS-II\Micrium-V29x\Software\uCOS-II\Source

② **定義 symbol**：於圖 2.40 下方欄位之定義 symbol 中加入 VK_OS_USED_UCOS_II

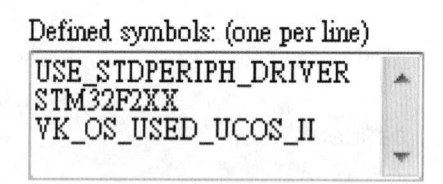

```
Defined symbols: (one per line)
USE_STDPERIPH_DRIVER
STM32F2XX
VK_OS_USED_UCOS_II
```

③ 目錄設定完後，接下來是要複製 uC/OS-II 作業系統所需之基本檔案至專案工作目錄。將下面三個路徑底下所有檔案複製到 C:\cortex\test\inc、C:\cortex\test\src 底下。

C:\Microtime\PTK\ePBB\Applications\Projects\PTK-STM32F207\EWARM-V6\OS_uCOS-II\base_single_task\inc\

C:\Microtime\PTK\ePBB\Applications\Projects\PTK-STM32F207\EWARM-V6\OS_uCOS-II\base_single_task\src\

C:\Microtime\PTK\ePBB\Applications\Examples\OS_uCOS-II\base_single_task\src

④ **加入 uC/OS-II 之檔案至專案**：當將所需要路徑設定完畢後，接下來則是將專案所需要的基本檔案（驅動程式）載入。於專案視窗 → 右鍵 → Add → Add file 選項中加入如下檔案：

C:\Microtime\PTK\ePBB\Libraries\Firmwares\ST\STM32F2xx\STM32F2xx_StdPeriph_Driver\srcstm32f2xx_gpio.c , stm32f2xx_rcc.c

C:\Microtime\PTK\ePBB\Applications\Projects\PTK-STM32F207\EWARM-V6\OS_uCOS-II\bsp\libs\Lib_ePBB_Drivers_PTK-STM32F207_IAR.a$PROJ_DIR$\srcapp.c , app_os_hook.c , platform_hook.c , app_vect.cstartup_stm32f2xx.s , system_stm32f2xx.c

C:\Microtime\PTK\ePBB\Applications\Projects\PTK-STM32F207\EWARM-V6\OS_uCOS-II\bsp\bsp.c , bsp_int.c , bsp_periph.c

C:\Microtime\PTK\ePBB\Libraries\OS_uCOS-II\Micrium-V29x\Software\uC-CPU\ARM-Cortex-M3\IAR\cpu_a.asm , cpu_c.c

C:\Microtime\PTK\ePBB\Libraries\OS_uCOS-II\Micrium-V29x\Software\uC-CPU\cpu_core.c

C:\Microtime\PTK\ePBB\Libraries\OS_uCOS-II\Micrium-V29x\Software\uC-LIB\lib_ascii.c , lib_math.c , lib_mem.c , lib_str.c

C:\Microtime\PTK\ePBB\Libraries\OS_uCOS-II\Micrium-V29x\Software\uC-LIB\Ports\ARM-Cortex-M3\IAR\lib_mem_a.asm

C:\Microtime\PTK\ePBB\Libraries\OS_uCOS-II\Micrium-V29x\Software\uCOS-II\Source\os_core.c , os_flag.c , os_mbox.c , os_mem.c , os_mutex.c , os_q.c , os_sem.c , os_task.c , os_time.s , os_tmr.c

C:\Microtime\PTK\ePBB\Libraries\OS_uCOS-II\Micrium-V29x\Software\uCOS-II\Ports\ARM-Cortex-M3\Generic\IAR\os_cpu_a.asm，os_cpu_c.c，os_dbg.c

⑤ **整理專案，去除多餘之檔案**：由於 APP.C 與 main.c 相同，於專案，使用者程式是在 APP.c 內，可以將 main.c 移除。接著可以利用 Add → Add Group 對專案加以整理。

⑥ 最後，即可測試專案是否可以正常編譯／下載燒錄。

如同 ono-OS 建議，讀者可由現有的 us/OS-II 之範例專案，直接修改濕所需專案，可減少建立新專案的繁瑣設定。

CHAPTER 3

I/O 與傳輸介面

　　對一個嵌入式系統而言，除了具有計算能力之 CPU 外，亦會整合不同的周邊裝置（如按鍵、感測器、計時器、通訊介面等），以完成系統之功能。圖 3.1 嵌入式系統之示意圖，和人體組織構造類似，其中，中央處理單元 (Central Processer Unit, CPU) 就如同人的大腦，具有蒐集感官資訊、資訊運算處理及做出相關判斷與反應，以使系統正常運作；記憶體負責記憶相關事情；感測元件 (sensors) 就如同人的眼睛、耳朵、鼻子、舌頭等感官器官，蒐集所處環境資訊，藉由不同的介面傳輸技術（如：匯流排、USB、RS232、SPI 或 I^{2}C 等介面）回傳給 CPU 做進一步處理；而搖桿 (joystick)、按鍵 (key) 等即是系統與外部互動的人機介面，而遠距離傳輸功能，則仰賴乙太網路 (Ethernet) 傳輸介面連結網際網路 (Internet)；RTC (Real-time Clock) 就如同我們的手錶，提供系統所需之時間資訊；計時器／計數器 (Timer/Counter) 是負責對時間的計時或對外部事件的計數，一般而言，脈波寬度調變 (Pulse Width Modulation, PWM) 控制的輸出，亦是仰賴計時器／計數器來完成。

　　如圖 3.1 所示，對一個嵌入式系統而言，除了 CPU 外，其餘元件如：感測器、按鍵、計時器等皆歸類為周邊裝置，基本上，CPU 與周邊裝置皆為獨立個體，各有各的工作項目，CPU 為主要工作的執行者（執行主程式），CPU 在主程式執行過程中，可將一些相關特殊工作指派給

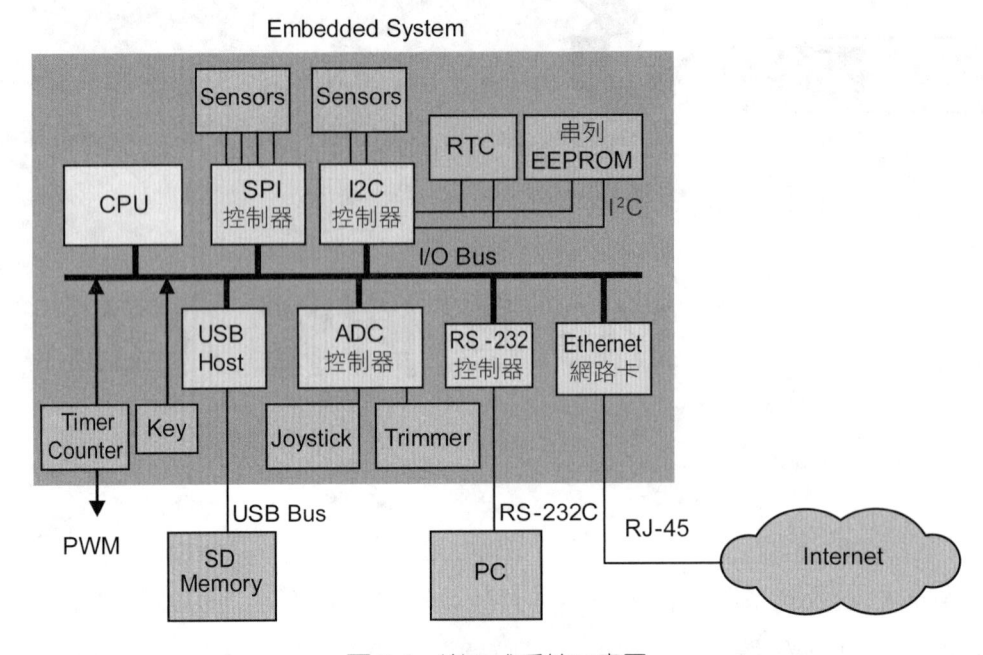

圖 3.1　嵌入式系統示意圖

對應的周邊裝置負責執行，當周邊裝置完成所指派工作後，再將結果回報給 CPU，如此，互相合作完成系統功能。

　　對一嵌入式系統運作，CPU 為系統主要運算核心，負責主要程式之執行、周邊裝置之工作內容設定與命令，協調周邊裝置之執行，掌握個別周邊之工作進度，完成系統之功能。而周邊裝置則是具特定功能之工作元件，聽從 CPU 的命令，完成 CPU 之交辦事項。接下來，我們將針對不同的周邊裝置功能、CPU 與周邊裝置溝通之介面技術與 CPU 對外之通訊介面加以說明。

3.1　介面技術

　　介面 (interface) 泛指某一元件（可為硬體或軟體）和外部溝通的方式。此處之介面技術主要是探討「微控制器」與「外部周邊」溝通之方法。圖 3.2 為微控制器 (microcontroller) 功能示意圖，其與微處理器 (microprocessor, CPU) 最

主要差別在於善用了 VLSI 技術，整合 CPU、記憶體與不同周邊裝置（如：計時／計數器、中斷電路、串／並列傳輸等）於單一顆晶片上，早期，在 8-bit 年代，較常聽到的名詞「單晶片 (Single Chip)」即是微控制器，隨著 IC 設計技術進步，一個微控制器可整合系統中絕大部分的元件於單一顆晶片上，因其功能已非常強大、完整，近代亦有人稱微控制器為「系統晶片 (System on Chip, SoC)」。

在電腦系統中，其核心元件為 CPU，CPU 以外的元件皆稱為「外部元件」，如圖 3.2 所示，CPU 主要是利用匯流排系統與「外部元件」溝通，而匯流排系統包含：位址匯流排 (Address bus)、資料匯流排 (Data bus) 與控制匯流排 (Control bus)。對電腦系統而言，每一外部元件皆會規劃對應的「位址」與之對應，當 CPU 要和「外部元件」溝通時，CPU 會於位址匯流排產生該元件之位址，而所有的「外部元件」皆會解碼位址匯流排的內容，判定現在 CPU 是要與何外部元件溝通，而控制匯流排則用來決定 CPU 是要對該元件做資料讀取或寫入動作，所要寫入或讀取的資料則以資料匯流排來做傳遞。

CPU 主要是負責程式的執行／控制以發揮系統之功能，因程式／資料是存於記憶體，因此，記憶體通常被當成 CPU 的一部分，即，除了記憶體外的其餘「外部元件」對 CPU 而言皆稱為「周邊元件」或稱為「I/O 元件」或簡稱為

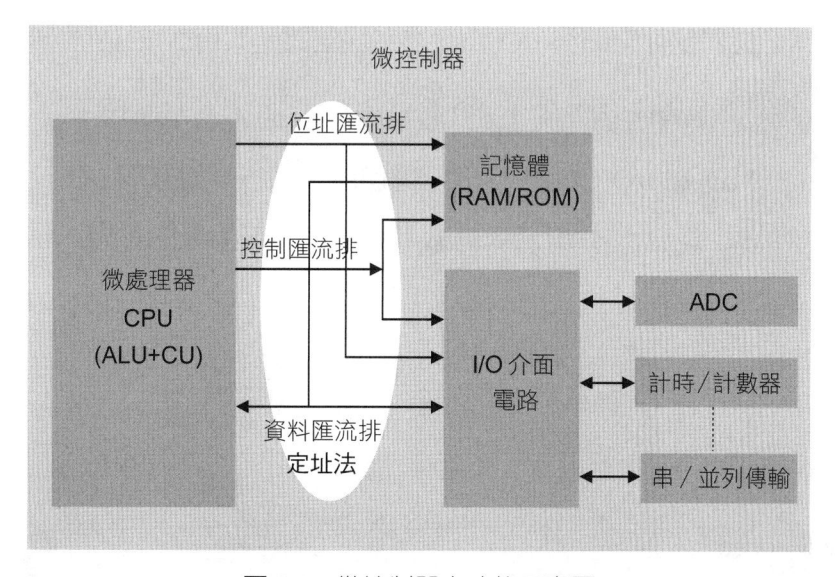

圖 3.2 微控制器之功能示意圖

「I/O」，當 CPU 對周邊元件做存取的動作又稱為「I/O 存取」，存取的介面稱「I/O 介面」。

3.1.1　I/O 定址

由於 CPU 是利用位址匯流排產生位址以決定要與哪一個「I/O 元件」溝通，若位址匯流排有 n 條線，則其最大可產生的位址空間為 2^n（0~2^n-1），此 2^n 位址空間範圍即稱為 CPU 最大的「定址空間」，當 CPU 產生的位址是屬於記憶體的位址範圍，則稱此時之位址匯流排是記憶體位址，若產生的位址是 I/O 元件的位址，則位址匯流排內的位址稱為 I/O 位址，有時也稱為「I/O port 位址」，簡稱為「I/O port（埠）」，根據 I/O 位址是否和記憶體位址共用 2^n 的定址空間範圍，可將定址法 (Addressing) 分為：Memory Mapped I/O 定址法與 I/O Mapped I/O 定址法。

● **Memory Mapped I/O**：圖 3.3 為 Memory Mapped I/O 定址方式，在此種定址方下，CPU 所產生的位址是屬於記憶體位址或 I/O 元件位址的判斷方式，是依所產生的位址是落在哪一範圍而定，若是產生的位址是落在記憶體的定址空間範圍（如圖 3.3 所示，0~1023 之範圍），則表示現在 CPU 是要和記憶體溝通，反之 (1024~2^n-1 之範圍)，則和 I/O 溝通。Memory Mapped I/O 定址方式，其記憶體定址空間與 I/O 元件之定址空間是共用 2^n 的位址空間，即

$$記憶體定址空間 + I/O 定址空間 \leq 2^n 的位址空間$$

對 Memory Mapped I/O CPU，存取記憶體所用的指令與存取 I/O 元件內容所用的指令是相同的，是利用位址匯流排所產生的位址是落在哪一範圍以決定

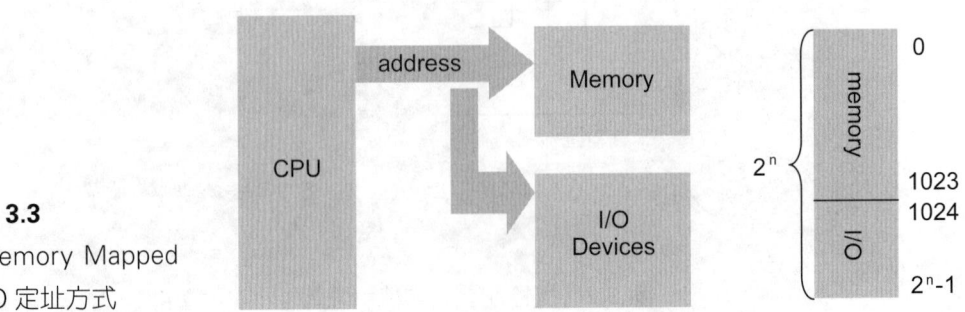

圖 3.3
Memory Mapped
I/O 定址方式

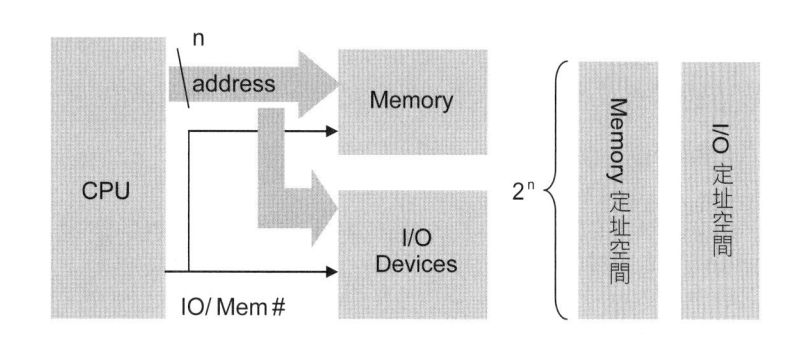

圖 3.4
I/O Mapped I/O 定址方式

是對記憶體存取或對 I/O 存取。如：指令「**MOV AX, 位址 i**」是將**位址 i** 的內容移至 AX 暫存器，而位址 i 是記憶體或 I/O，則依位址 i 之值來決定。

- **I/O Mapped I/O**：I/O port 有其獨立的定址空間，並不會佔用記憶體最大可用的 2^n 的位址空間，即記憶體可使用全部 2^n 的位址空間。

$$記憶體最大定址空間 = 系統最大定址空間\ 2^n$$

此類 CPU 其對記憶體操作與對 I/O 操作，在指令設計上即採用不同的指令，即存取記憶體與存取 I/O 的指令是不同的。如：指令「**MOV AX, 位址 i**」表示將記憶體位址 i 的內容移至 AX 暫存器，而指令「**IN AX, 位址 i**」或「**OUT AX, 位址 i**」則是將位址 i 的 I/O 內容作操作。

3.1.2 輪詢 (Polling) I/O 與中斷 (Interrupt) I/O

前面提及，在微電腦系統中，CPU 為系統主要運算核心，相關 I/O 周邊則為輔助處理元件，CPU 與 I/O 周邊彼此是互相獨立的個體，藉由適當溝通、資料傳送與處理使系統正常運作。依據彼此間資料傳送，可分為兩種情況來探討：

- **CPU 傳送資料到 I/O 周邊**：由於主程式是在 CPU 上執行，即 CPU 在整個嵌入式系統中，為主要的核心角色。當 CPU 主動要將資料傳給 I/O 周邊做後續處理時，需先確定 I/O 周邊是否有空可以接收資料？通常 I/O 周邊會提供本身之狀態於狀態暫存器 (status register)，CPU 可讀取狀態暫存器內容，判斷其狀態是否適合將資料送給它。

- **CPU 由 I/O 周邊讀取資料**：I/O 周邊是輔助 CPU 完成系統之工作內容，在系

統運作過程中，CPU 除了處理相關工作外，當某些 I/O 周邊有新的資料出現時，通常需要 CPU 讀取此新資料至記憶體做後續處理，此後續處理稱為對該 I/O 周邊的「服務」(service)。

由於 CPU 與 I/O 周邊是分別獨立運作，一般情況，I/O 周邊何時會有新資料，對 CPU 而言是不確定的，CPU 如何得知 I/O 周邊已有新資料，以將其搬移至記憶體做後續處理，其主要有二種技巧：

- **輪詢** (Polling) **I/O**：此技巧是仰賴 CPU 持續或週期性的去檢查 I/O 周邊的狀態（讀取狀態暫存器），看是否有新資料產生，若沒有新資料，CPU 可以持續檢查或做其他事情後再回來重新檢查（即檢查頻率有所差別）。此方法簡單、容易執行，當有多個 I/O 周邊需檢查時，程式軟體事先已決定了 CPU polling I/O 的順序。

  舉例而言，Polling I/O 就如同老師上課過程中，為了解學生吸收程度，暫停授課進度，一一詢問學生有沒有什麼問題？可能大部分學生皆沒有問題，但老師卻花了一些時間去一一詢問，沒有任何進度。Polling I/O 主要缺點就是浪費時間，沒有效率，由於 CPU 速度遠快於 I/O 周邊，CPU 停下其他工作的處理，而詢問 I/O 周邊（讀取狀態加以判斷），若詢問的頻率愈高，則效率愈差，為了減少 CPU 時間的浪費，而減少 polling 的頻率，I/O 周邊可能會造成有新資料出現時，需等待較久時間，CPU 才能做後續服務的處理，造成反應過慢的問題，對有時效性要求的資料而言（如：語音資料），當採用 Polling I/O 機制時，如何於效率與反應時間取得平衡點，於設計上就要好好考量。

- **中斷** (Interrupt) **I/O**：為了克服 Polling I/O 效率與反應時間問題，大部分 CPU 皆有提供中斷 (interrupt) 功能，讓不同的 I/O 事件（或不同週邊），可藉由中斷方式「主動」告知 CPU，讓 CPU 對事件做即時性 (real time) 的處理。一般而言，CPU 的中斷來源可分為三類：

1. **軟體中斷**：由軟體執行某一特殊指令，產生中斷。
2. **硬體中斷**：由 I/O 周邊利用硬體訊號對 CPU 產生中斷。

3. 陷阱 (trap) 中斷：當 CPU 執行程式過程，若執行到錯誤指令，將對 CPU 產生 trap 中斷。

CPU 提供不同的中斷服務，每一中斷服務會對應一個中斷號碼（或稱中斷向量），CPU 的中斷功能需配合「中斷向量表 (Interrupt Vector Table)」與「中斷服務副程式 (Interrupt Service Routine, ISR)」方可正常運作。每一中斷，需有一對應之 ISR 服務程式，當有中斷發生時，CPU 就需去執行對應的 ISR 服務程式，而中斷號碼與 ISR 服務程式之對應關係則是靠中斷向量表來完成。當有中斷發生時，CPU 執行步驟如下：

1. 完成目前指令的執行。
2. 將目前的 PC (program counter) 值 push 至堆疊 (stack)。
3. 依所發生中斷之中斷號碼為索引至中斷向量表讀取內容（即對應的 ISR 程式啟始位址）寫至 PC。
4. CPU 去執行對應的 ISR 程式。

當 ISR 程式執行完後，CPU 將 stack 內容 pop 至 PC，回至先前被中斷的程式地方繼續執行。

利用中斷機制，I/O 周邊可主動通知 CPU 請求服務，即每次中斷發生即表示對應的 I/O 周邊有事件 (event) 發生，而 CPU 亦可即時提供對應的服務，此機制下，CPU 不會浪費時間去做 polling 動作，CPU 使用效率與事件服務等待時間皆可得到較好結果。一般即時性嵌入式系統，又稱為 Event Driven 作業環境（依據外部事件發生的順序，決定程式執行的順序。），即是仰賴中斷技巧來設計。

3.1.3　直接記憶體存取 (DMA)

嵌入式系統環境，CPU 主程式的執行過程，常需將資料於記憶體與 I/O 周邊間做資料搬移動作，如圖 3.5 所示，記憶體與 I/O 周邊間資料搬移的方法主要有兩種：

1. **CPU-based 資料搬移：** 此方法主要是以軟體做資料搬移，其是仰賴 CPU 內的暫存器做資料搬移過程的緩衝器，如圖 3.5(a) 所示，當資料要由 I/O 周邊搬移至記憶體時，需以兩階段完成搬移動作：(1) CPU 執行指令將 I/O 周邊內的資料搬到 CPU 內的暫存器，(2) CPU 執行指令將暫存器內的資料搬到記憶體，以完成 32-bit 的資料搬移（若資料匯流排為 32-bit)。此方法完全是仰賴 CPU 執行軟體來做資料搬移，由於記憶體與 I/O 周邊的速度比 CPU 慢很多，倘若要搬移的資料量較大，則 CPU 將花較多時間來完成此工作，較沒效率。

2. **DMA-based 資料搬移：** 為了解決 CPU-based 資料搬移的缺點，提高系統效率，因而發展直接記憶體存取 (Direct Memory Access, DMA) 控制器，以硬體元件專門負責「記憶體與記憶」或「記憶體與 I/O 周邊」間的資料搬移。如圖 3.5(b)，當系統需從 I/O 周邊搬資料至記憶體時，CPU 只需對 DMA 控制器做如下設定，即可完成資料搬移。

    (1) 設定 I/O 周邊的 I/O 位址。
    (2) 設定要存放資料的記憶體啟始位址。
    (3) 設定要搬移的資料長度。

    當完成上面設定後，啟動 DMA，DMA 即會自動產生 I/O 周邊的位址匯流排內容、記憶體位址匯流排內容與相對的 R/W# 控制信號，並根據要

(a) CPU-based 資料搬移　　　　(b) DMA-based 資料搬移

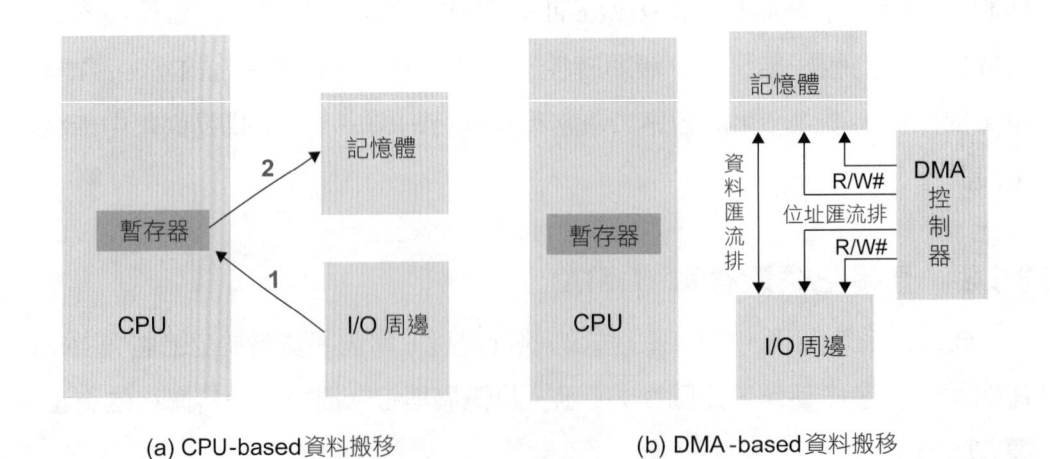

圖 3.5　CPU 與 I/O 周邊之資料搬移

搬移的資料長度，完成資料搬移，當完成資料搬移後，DMA 控制器可利用「中斷」方式，主動告知 CPU 已完成資料搬移的工作，讓 CPU 可以接著後續執行。

3.2 周邊裝置

隨著 VLSI 與通訊科技的進步，整合 CPU 與不同周邊裝置的微控制器 (micro-controller) 或微處理器 (microprocessor) 功能愈來愈強大，接下來我們將介紹幾個常見功能之周邊元件，讓讀者對嵌入式系統設計能更加得心應手。

3.2.1 類比數位轉換器 (ADC)

微控制器內部是以數位的「0」「1」訊號 (digital signal) 表示，然而自然界的物理量（如溫度、壓力）均為連續的「類比訊號」(analog signal)，當微控制器要處理或計算外界的物理量時，需先藉由感測器 (sensor) 取得目前的物理量值，再經由類比—數位轉換裝置 (Analog to Digital Converter, ADC) 將物理量值轉為微控制器所能解讀的數位值，以利微控制器後續的處理、計算與判斷反應。圖 3.6 為微控制器讀取自然界物理訊號示意圖。

感測器主要是將要感測對象（如：溫度）之物理量轉化為電子訊號強度（如：電壓大小值或電流大小值）的轉換器，而 ADC 則將感測器所量測之電子

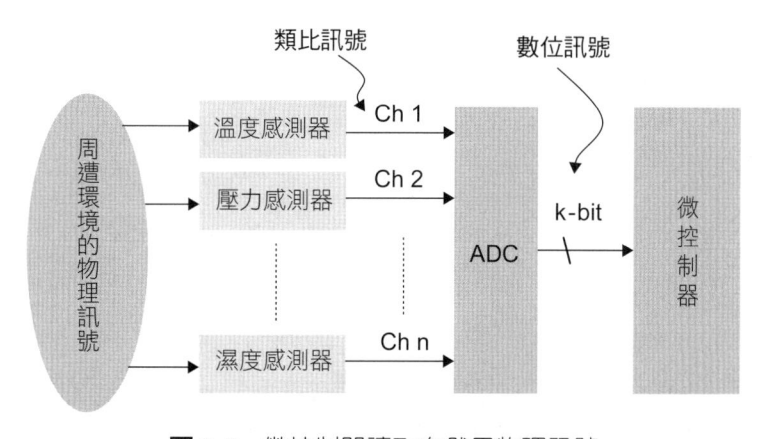

圖 3.6 微控制器讀取自然界物理訊號

訊號強度轉化為 k-bit 數位表示值，微控制器根據此 k-bit 之數位表示值，以得知目前感測對象之狀態，再依此感測值瞭解周遭環境的變化，做出適當反應。

圖 3.7 為 ADC 類比／數位轉換流程，其中圖 3.7(a) 為感測器所量測之物理訊號對應之電壓值（為連續訊號），而 ADC 周邊主要是先對感測器輸出之類比訊號進行取樣與保存 (Sampling and Holding) 動作，如圖 3.7(b) 所示，其取樣的時間點是依取樣頻率（或稱取樣率 sampling rate）而定，取樣與保存後的訊號與原類比訊號間存在著誤差，此誤差稱為取樣誤差 (sampling error)，當取樣頻率愈高，則 sampling and holding 的訊號愈接近感測器輸出之類比訊號，使取樣誤差愈小。

取樣後的電壓值再經由量化 (Quantization) 予以 0/1 之組合編碼，以圖 3.7(c) 為例，若以 4-bit 之量化位元加以編碼，取樣後之電壓值最小為 V_{min}、最大為 V_{max}，在線性量化下，V_{min} 之量化值通常是以「0000」表示，V_{max} 之量化值則以「1111」表示之，而量化所能表示之解析度 Δ 可表示為：

$$\Delta = \frac{V_{max} - V_{min}}{2^4 - 1}$$

若 V_{min} 為「0 伏特」V_{max} 為「3 伏特」，則量化所能表示之最高解析度 Δ 為 0.2 伏特。

若取樣後之電壓值為 2.8v，則其量化值為「1110」；若取樣後之電壓值為 3v，則其量化值為「1111」；若取樣後之電壓值介於 2.8v~2.9v 之間，則其量化值仍為「1110」，同理，若取樣後之電壓值介於 2.9v~3v 之間，則其量化值仍為「1111」，即取樣電壓值若介於 2.8v~3v 之間，將無法準確的代表其量化

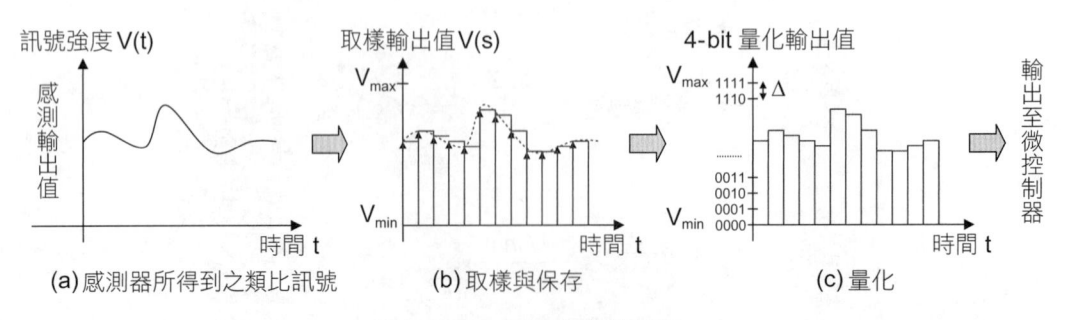

圖 3.7 ADC 類比數位轉換

值，此誤差稱為量化誤差 (quantization error)，最大的量化誤差為 Δ/2，又稱為 1/2-bit 誤差，即量化位元愈多時，其量化誤差愈小。

如圖 3.6 所示，為了減少嵌入式系統所需硬體成本，通常一組 ADC 裝置可用來轉換多組感測訊號，每一組感測訊號即稱為 ADC 轉換通道 (channel)，微控制器可用軟體方式設定目前的 ADC 電路是要轉換哪一通道的感測訊號，並啟動 ADC 轉化，當 ADC 完成轉化後，亦可利用「中斷」方式通知 CPU 以取得其 ADC 轉化之量化值。

3.2.2 計時／計數器 (Timer/Counter)

對嵌入式系統而言，得知「**所經過的時間**」是很重要的一個需求，如：決定紅綠燈之燈號亮的時間、量測汽車經過特定兩點所花的時間，以計算其車速等，皆需讓 CPU 知道「**所經過的時間**」方可正常運作。如何讓 CPU 得知所經過的時間，主要有兩種方法：

- **軟體計時器：** 以軟體方式，設計延遲迴圈 (delay loop)，利用執行此延遲迴圈總共需多少指令週期數，配合供給 CPU 執行指令之工作頻率（指令週期 t ＝ 1／指令工作頻率），以得知執行一個指令所需時間，利用此資訊設計所要的時間延遲 T。

$$T = 執行延遲迴圈需 N 個指令 \times 平均一個指令所需之指令週期數 n \times 指令週期 t$$

此方法成本低廉簡單，但主要缺點為軟體延遲迴圈的執行，會佔用整個 CPU 的處理能力，即 CPU 無法執行其他程式，浪費大量時間執行軟體延遲迴圈。倘若 CPU 在執行延遲迴圈時，有其他即時性的工作要求處理，將造成較長工作反應時間。

圖 3.8 為典型的兩層軟體延遲迴圈結構，其中外層迴圈設定需執行 X 次，內層迴圈需執行 Y 次，倘若內層迴圈執行一次需 Z 個指令週期，則外層迴圈執行一次所需之指令週期為：

$$執行一次外層迴圈所需之指令週期數 = Z \times Y + L$$

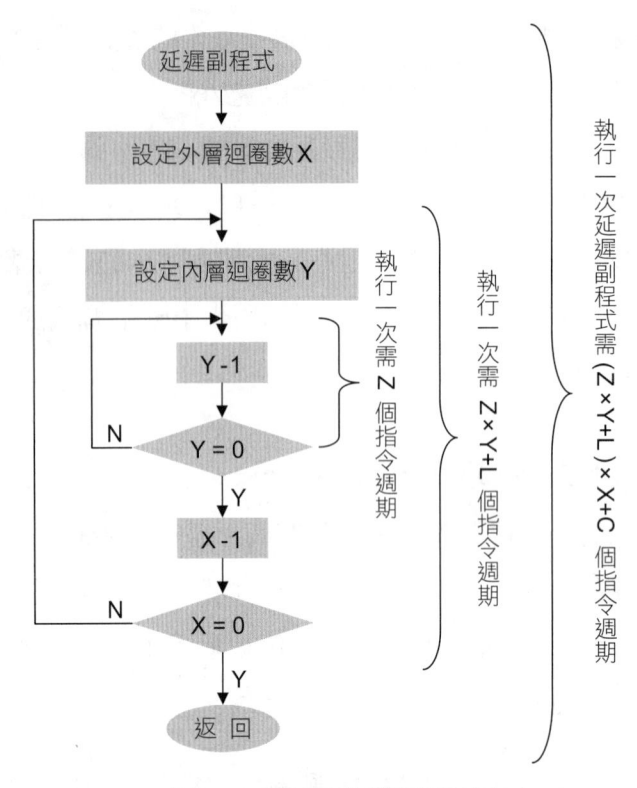

```
                    ┌─────────┐
                    │ 延遲副程式 │
                    └────┬────┘
                         │
                    ┌────▼────────┐
                    │ 設定外層迴圈數 X │
                    └────┬────────┘
                         │
                 ┌───────▼────────┐
                 │  設定內層迴圈數 Y │
                 └───────┬────────┘
                         │
                      ┌──▼──┐
                      │ Y-1 │
                      └──┬──┘
                         │
                      ┌──▼──┐  N
                      │Y = 0├────┐
                      └──┬──┘    │
                         │Y      │
                      ┌──▼──┐    │
                      │ X-1 │    │
                      └──┬──┘    │
                         │       │
                      ┌──▼──┐  N │
                      │X = 0├────┘
                      └──┬──┘
                         │Y
                    ┌────▼────┐
                    │   返 回   │
                    └─────────┘
```

圖 3.8 雙層之軟體延遲迴圈

其中 L 為外層迴圈中扣除內層迴圈部分後所需的指令週期。因此，整個軟體延遲迴圈所需之指令週期為：

$$\text{延遲迴圈所需之指令週期數} = (Z \times Y + L) \times X + C$$

其中 C 為延遲副程式其他部分所需之指令週期。如果供給 CPU 的工作頻率 $f_{sys} = 2$ MHz，則指令週期時間 t 為

$$t = \frac{1}{f_{sys}} = 0.5\,\mu s$$

即執行一次軟體延遲副程式所需之時間為：$t \times [(Z \times Y + L) \times X + C]\,\mu s$。

● **硬體計時器**：另一種量測時間間隔極常用的裝置為硬體計時器 (timer)，這種裝置內部為一 n-bit 上數計數器 (counter)，如圖 3.9 所示，供給計數器之頻率來源可為系統工作頻率 f_{sys} 或外部事件。當選擇 f_{sys} 為 n-bit 上數計數器之頻率時，此時 n-bit 上數計數器如同是計時器 (timer)，因為系統頻率 f_{sys} 為已知頻

率,如 1 MHz,則 n-bit 上數計數器計數一次表示為 1 μs,當 n-bit 上數計數器計數 1000 次表示為 1 ms,即可經由 n-bit 上數計數器計數的次數得知所經過的時間,所以稱為計時器。若上數計數器為 16-bit,表示此上數計數器最大計數值為「65535」,當再往下計數時即又變為「0」,此時上數計數器由「65535」⇒「0」,稱為「overflow」,如圖 3.9,當上數計數器「overflow」時,會對 CPU 產生中斷訊號,以主動告知微控制器已經產生「overflow」現象。

對一 16-bit 上數計數器而言,若系統頻率 f_{sys} 為 1 MHz,則其最大可計時之時間為 65.536 ms(由「0」開始計數一直至「overflow」所需之時間),若我們希望每 1ms(即需計數 1 ms/1 μs=1000 次)計時器裝置可以通知微控制器一次,則我們需設定 16-bit 上數計數器初始值(即上數計數器不是由「0」開始計數)。若我們要讓上數計數器計數 1000 次時會產生 overflow,以通知微控制器,則所需設定的初始值 N 為

$$N = 65536 - 1000 = 64536$$

如圖 3.9 所示,當供給 n-bit 上數計數器的 clock 來源為外部事件 (Event),則此時 n-bit 上數計數器可當為「外部事件計數器」,計數外部事件發生的次數,若此外部事件為腳踏車車輪轉一圈的事件,則可用於量測行車距離(外部事件發生的次數 × 車輪周長)。當「計時器」與「外部事件計數器」合用時,可量測外部事件發生之間隔時間,當此外部事件發生之間隔時間為腳踏車輪子轉一圈的時間,則可量測目前腳踏車的速率(車輪周長/事件發生之間隔時間)。

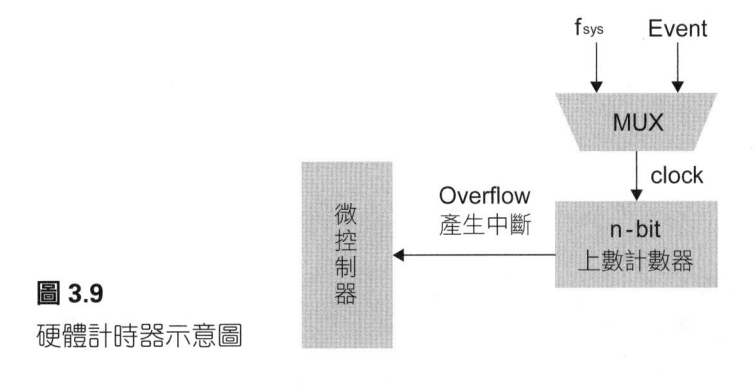

圖 3.9
硬體計時器示意圖

使用外部計時器裝置時，微控制器只需設定想要的延遲時間，接下來就是計時器裝置自動去做計時動作，當延遲時間到達時，將藉由中斷訊號告知微控制器，即在計時過程中，並不會消耗微控制器之執行時間，此時若有即時性的事件發生，微控制器可即時反應，滿足即時性之要求。

3.2.3 看門狗

看門狗 (Watchdog) 是一種特殊類型的計時器，用以保護嵌入式系統，在系統程式發生當機情況，可自動重新啟動，以確保系統可持續正常運作的安全措施。

圖 3.10 為看門狗基本架構，其內部亦為一 counter，配合固定頻率之 clock f 輸入，當看門狗計時器發生溢位時，即對系統發出 reset 信號以重置該系統。

正常系統運作下，為了確保系統不會被看門狗計時器所重置，程式設計者要在程式適當地方，清除看門狗計時器，以避免其發生溢位而重置系統。若系統因某一狀況，停滯在某一段程式，或進入無窮迴圈，如同當機現象，此時，將無法在看門狗計時器溢位前清除看門狗計時器，致使其發生溢位，而重置系統，使程式回到起始點重新開始執行，達到自我恢復，確保嵌入式系統可長久穩定之正常動作。

使用看門狗功能時，要注意的是「在看門狗計時器溢位前一定要清除看門狗計時器」，如此系統才可正常運作，否則會發現，程式看起來沒什麼錯誤，可是卻會在每固定一段時間，系統即會被重置執行的現象。而看門狗計時器何時會溢位，則和供給的 clock f 與看門狗 counter 的位元數有關，若為 10-bit counter，而供給的 clock f 為 1 MHz，則看門狗計時器溢位時間為 $2^{10} \times 1\ \mu s = 1.024\ ms$。

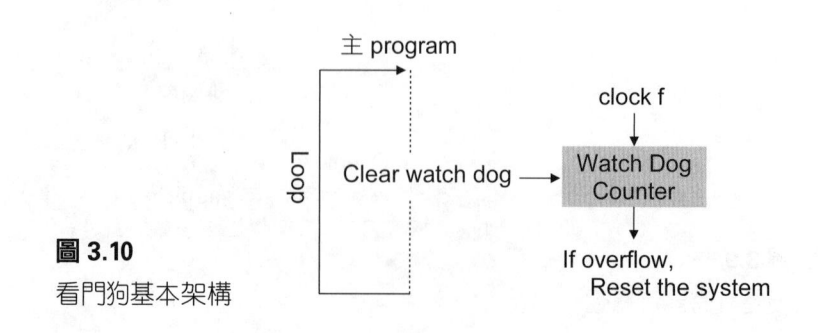

圖 3.10
看門狗基本架構

3.2.4 脈波寬度調變控制

　　脈波寬度調變 (Pulse Width Modulator, PWM) 技術是以微控制器「數位輸出」控制 LED 亮度、DC 直流馬達轉速等元件之重要技術，廣泛應用於許多領域環境中，其主要是以微控制器產生重覆的高／低電位的輸出訊號，圖 3.11 為 PWM 可能輸出之波形，所謂「脈波寬度調變」即是在一「固定週期 T」內，決定高電位的比例，此比例稱為工作週期 (Duty Cycle)，如圖 3.11(a) 所示，在週期 T 時間內，高電位輸出的時間佔了 75%，所以稱其工作週期為 75%。

　　對直流馬達而言，當輸入電壓為「高電位」時，馬達會旋轉，而其轉速則和輸入電壓成正比，假設圖 3.12 為其轉換曲線，由圖 3.12 可知，馬達每分鐘的轉速 (Revolution Per Minute, RPM) 與輸入電壓之關係為

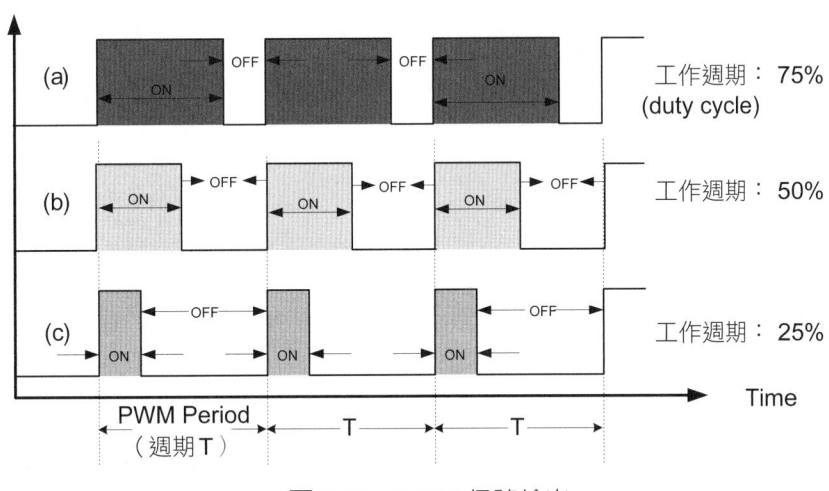

圖 3.11 PWM 信號輸出

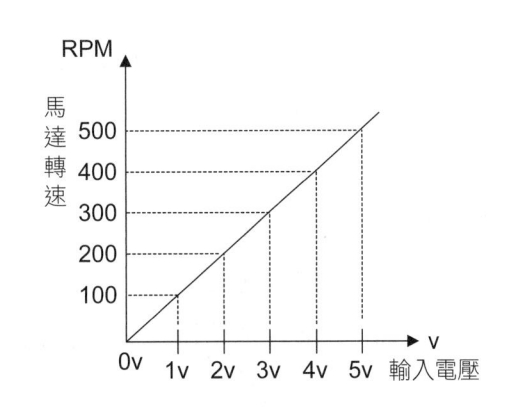

圖 3.12 直流馬達輸入電壓與轉速之轉換曲線

$$RPM = 100 \times 輸入電壓$$

即當輸入電壓為 1.25v 時其轉速 RPM 值為 125 轉／分，反之，若希望直流馬達之 RPM 為 125 時，則需輸入 1.25v 之電壓。

對微控制器而言，最簡單控制直流馬達轉速的技巧即為 PWM，其主要是利用「慣性原理」，當輸入給馬達的電壓由「高電位」改為「0v」時，馬達並不會立即停止，而是慢慢停止，所以在其尚未完全停止前，若我們又供給其「高電位」，則馬達將會持續轉動，倘若供給的「高電位」與「0v」切換的週期訊號頻率夠快（即週期夠小），則直流馬達就如同以固定速度在旋轉，而其轉速則決定於 duty cycle 大小。當以 PWM 控制直流馬達時，週期 T 時間決定馬達是否可以順暢旋轉，而 duty cycle 則決定其旋轉之 RPM 值。

假設 PWM 輸出之「高電位」為「5v」，若其 duty cycle 為 50%，則一個 PWM 週期之平均輸出電壓值為 5v × 50% = 2.5v，若以圖 3.8 之轉換曲線，則此時直流馬達之轉速 RPM 為 250，所以只要控制 PWM 的 duty cycle 即可控制其轉速。

3.3　傳輸介面

由 A 裝置（傳送端）將資料傳送至 B 裝置（接收端）之過程稱為「傳輸」，依據雙方裝置資訊傳輸方向與時間性，可將傳輸分為：

- **單工傳輸**：此類傳輸只能固定做單方向傳輸，即一方固定是傳送端，另一方固定是接收端，如收音機系統，廣播電台固定傳輸訊號，而收音機則固定接收訊號。
- **半雙工傳輸**：可以做雙向傳輸，但同一時間，亦只能做單工傳輸，不能同時傳送又接收，即有一方在傳送資訊時，另一方就只能接收資訊，如無線對講機系統，由於其傳送與接收是使用相同的頻道，所以同一時間，只能有一方

傳送資訊，若兩方同時傳送資訊時，會發生彼此間的資訊互相干擾的問題。

- **全雙工傳輸**：可以做同時雙向傳輸，即可以同時傳送又做接收，如電話系統或 RS-232 等，主要是其傳送與接收是採用不同的通道，所以雙方同時傳輸時，並不會有互相干擾的情形。

在傳輸系統中，傳送端與接收端是只有一個傳輸通道（一次只能傳送一個位元）或多個傳輸通道（一次可傳送多個位元），可進一步將傳輸分為並列傳輸與串列傳輸兩種：

- **並列傳輸** (Parallel Transmission)：傳送端與接收端間同時有多個傳輸通道（或多條傳輸線），如圖 3.13，在同一時間，可經由多個傳輸通道傳送多個位元至接收端，以提高整體的傳輸效能。但需提供多個平行的傳輸通道，其傳輸成本亦較高，除此之外，每個傳輸通道因特性不太一樣（如：電阻／電容值之差異），所以電子訊號在不同的傳輸通道所受的阻抗也會有所不同，造成電子訊號到達接收端的時間會有所不同，對接收端而言，需等待所有位元皆到達且穩定時方可接收進來，如此限制了傳輸端送出資料的速度，若送得太快將造成接收端接收資料的錯誤。

- **串列傳輸** (Serial Transmission)：圖 3.14 為串列傳輸之示意圖，對串列傳輸而言，傳送端與接收端間僅有一個傳輸通道（或一條條傳輸線），即一次只能傳送一個位元到接收端。因僅用一條傳輸線，其線材成本較低，且因一次

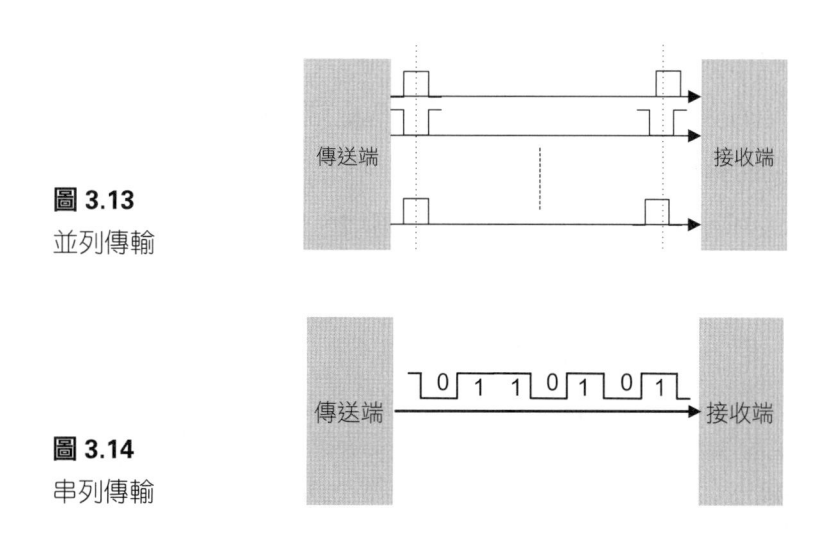

圖 3.13
並列傳輸

圖 3.14
串列傳輸

僅傳送一個位元,所以接收端一次僅處理一個位元,不像並列傳輸需等待多個位元都到達,所以,串列傳輸在單位時間內可傳送較高的位元數(bit per second, bps,或稱為 bit rate),且較適合遠距離傳輸。

由於串列傳輸較適合遠距離傳輸,且其傳輸之 bit rate 可較高,所以現今大多數的資料傳輸技術都是採用串列傳輸。而串列傳輸依其接收端與傳送端之位元同步技術的不同,又可分為非同步 (asynchronous) 串列傳輸與同步 (synchronous) 串列傳輸兩種。

目前,廣泛被應用於嵌入式系統之 RS-232 介面為非同步串列傳輸,而同步串列傳輸較常使用的有 SPI 介面、I²C 介面、USB 介面與 Ethernet 介面,說明如下。

3.3.1　RS-232 介面

RS-232 是由 EIA 協會所制定的標準,所謂 EIA (Electronic Industries Association) 為美國電子工業協會的簡稱。RS-232 廣泛應用於微電腦系統中,此標準通常被用在終端機 (Data Terminal Equipment,DTE 即為電腦端) 與數據機 (Data Communication Equipment, DCE 即為 Modem 端),或其他周邊設備間的串列傳輸介面標準,其連接方式如圖 3.15 所示。

對一傳輸系統而言,最重要的是接收端與傳送端之資料接收同步問題。傳送端以一定的傳輸速率送出的資料,接收端也必須以相同速率接收資料,方可正確收到資料,對電氣訊號而言,每一位元時序的中間位置是最穩定的地方,即接收端最好的取樣時間點。圖 3.16 說明傳送端與接收端資料傳送過程中可能發生的時序變化造成接收錯誤的情形。

由圖 3.16 所示,當傳送端以串列方式送出「01011101010」資料後,若接

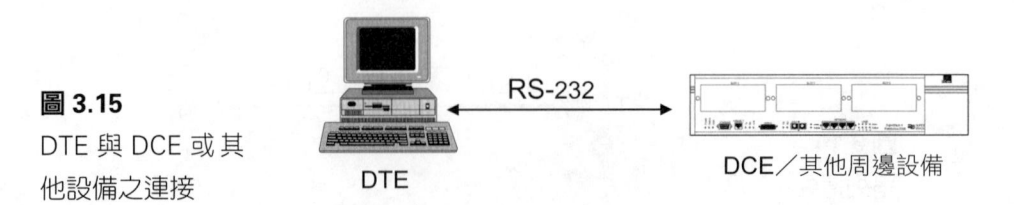

圖 3.15
DTE 與 DCE 或其他設備之連接

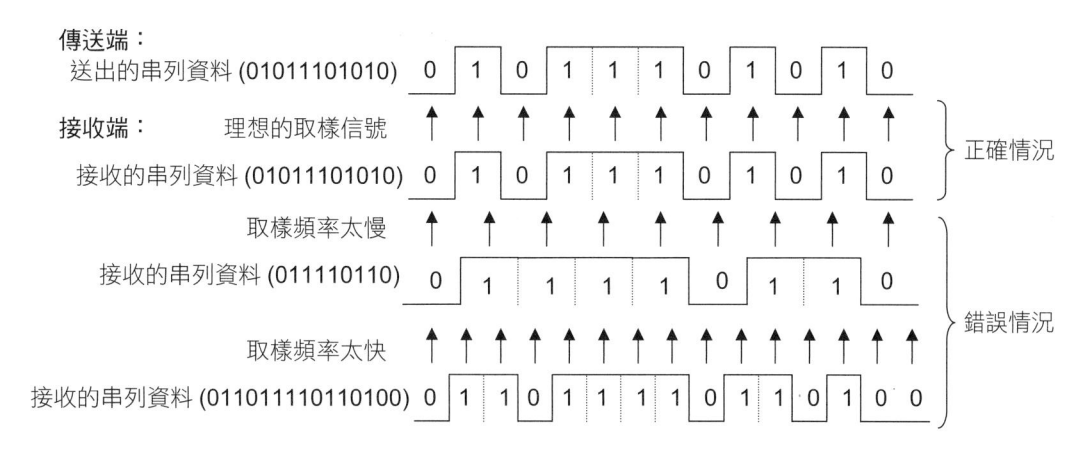

圖 3.16 傳送端與接收端之同步問題

收端的取樣頻率與傳送端之傳送頻率誤差可限制在一定範圍內時，即可解讀出正確資料，倘若接收端之取樣頻率太慢或太快，將會造成接收端資料解碼的錯誤。由此可見接收端取樣頻率與傳送端傳送頻率之同步問題，為影響整個傳輸結果是否正確的重要因素。

在 RS-232 非同步串列傳輸裡，傳送端與接收端必須約定好一個固定的傳輸速率（如：1200, 2400, 4800, 9600 等等），此傳輸速率的單位為鮑率 (baud rate)，其定義為每秒傳輸線上訊號變化的速率。要注意的是鮑率並不一定等於資料傳輸之速率 (data rate)，因一個傳輸訊號是可以代表多個位元值，如此 data rate 將遠大於 baud rate。例如 baud rate 為 1 kHz，而每個訊號變化可代表 2-bit 資料，則其 data rate 即為 1 kHz × 2 = 2 kbps (bit per second)，即每秒可傳送 2 kbits 資料。

由於 RS-232 是傳送與接收兩端約好以相同速率 (baud rate) 來傳輸，如圖 3.17 所示，接收端的接收時脈 (Receiver Clock, RxC) 和傳送者的位元傳輸時脈

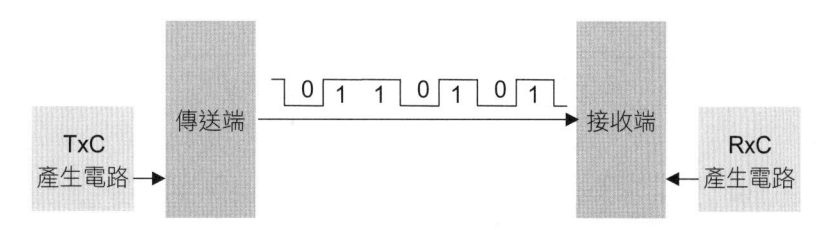

圖 3.17 非同步串列傳輸之同步訊號產生方式

(Transmitter Clock, TxC)是互相獨立無關連性的，由於振盪頻率本身即有差異性，雖然傳送端與接收端皆以相同速率來傳／收資料，但兩者間仍會有一定程度之誤差，此誤差會隨著時間的拉長而變大，當誤差大到可容許範圍時，即會產生接收資料的錯誤。由於此種傳輸方式是允許傳送與接收時脈的頻率會有些許誤差，並沒有完全同步，故稱為非同步傳輸。

RS-232 傳輸格式

由於傳送與接收間的速率誤差會隨著時間的增加而增大，當誤差超過可容許範圍時，即會造成接收資料的錯誤，為了減少／避免接收端資料的錯誤，因此，RS-232 每次傳輸只傳送一個「字元」(character)，圖 3.18 為 RS-232 傳輸格式。

平常沒有資料傳送時，傳送端是維持在「高電位」，當有資料要傳送時，傳送端需先產生一個位元長度的「啟始位元」（即由「高電位」轉為「低電位」，且「低電位」時間需維持一個位元時間，倘若 baud rate 是 1000，則一個位元時間即為 1/1000＝1 ms）；接著是 5~8 位元的「資料字元」，資料位元後則是「同位元」，驗證傳送過程是否有錯誤發生，接著是 1~2 位元的「結束位元」。

在 RS-232 環境中，傳送端與接收端除了需決定傳送之 baud rate 外，亦要決定所要傳送的「資料字元」是幾個位元；是否有「同位元」，是「奇同位」或「偶同位」；是幾位元的「結束位元」。

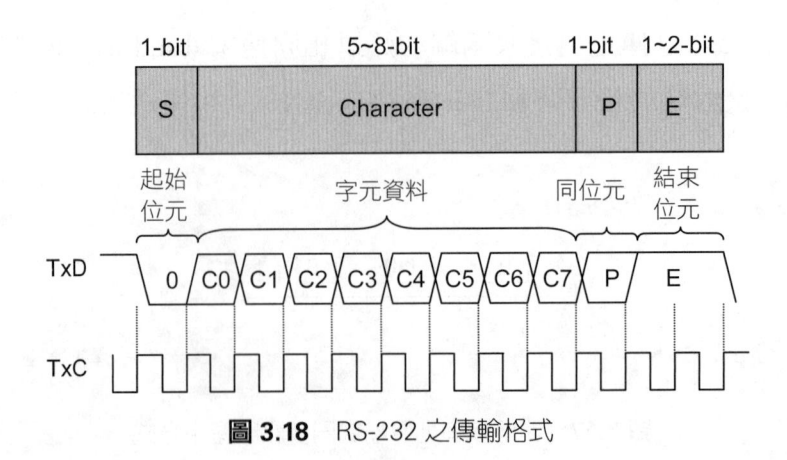

圖 3.18 RS-232 之傳輸格式

為了能正確無誤接收到傳送端送出的位元，接收端的接收時脈 RxC 需要 N 倍於傳送端之位元傳輸時脈 TxC。通常 N 取 16，以使接收端可以儘可能在位元傳輸週期的中央來取樣 (sample) 資料。

當接收端偵測到一個字元開始傳送時，即啟動時脈計數器，其計數時脈頻率為 N × TxC，當計數到 N/2 時，即對傳輸線上做取樣動作，然後每 N 個時脈週期再對下一個位元取樣。

RS-232 的字元同步

在 RS-232 非同步傳輸，接收端偵測到「啟始位元」時，如同與傳送端「對時」，即以約定的 baud rate 接收資料，因傳送與接收時脈的頻率有所誤差，所以 RS-232 才設定每次傳輸即利用「啟始位元」對時一次，每次對時只傳送一個字元。

RS-232 傳輸效率

接下來我們探討非同步串列傳輸之傳輸效能問題，首先，傳輸效率定義如下：

$$傳輸效率 = \frac{傳輸之資料位元數}{總共傳輸之位元數} \times 100\%$$

倘若非同步串列傳輸之結束位元為 2 位元寬度，而一個 character 之是由 6-bit 組成，則其傳輸效率為

$$傳輸效率 = \frac{6(character)}{1(start-bit)+6(character)+1(parity-bit)+2(end-bit)} \times 100\% = 60\%$$

即若 TxC 是以 10 kbps 速度傳送時，有 4 kbps 的傳送負擔 (overhead)，真正之 data rate（character 部分）僅 6 kbps，效率並不理想。

此種傳輸方式之特性為簡單但效率不高，較適合慢速且資料量少之傳輸。

RS-232 接頭型態

EIA 協會針對 RS-232 之連接接頭標準定義如圖 3.19 所示,其為 25 支接腳的 D 型接頭 DB-25。對於目前之應用環境,標準 D 接頭的 25-pin 中,大部分用不到其功能,因此,大部分 RS-232 製造廠商將 DB-25 接腳中,較常被使用到的 9 支接腳製作成 9-pin(或 DB-9)之 RS-232 接頭,表 3.1 為 DB-9 與 DB-25 接腳功能說明。

RS-232 之連接與其電氣特性

RS-232 為全雙工式之通訊傳輸,其實際連接線接法有許多種,圖 3.20 列出

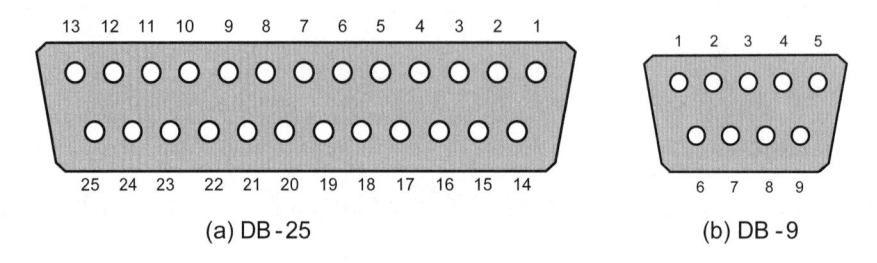

(a) DB-25　　　　　　　　　　　　(b) DB-9

圖 3.19　RS-232 接頭

表 3.1　DB-9 與 DB-25 之接腳功能說明

9-pin 接頭,DB-9	25-pin 接頭,DB-25	接腳功能名稱
1	8	Carrier Detect(CD,對方的 DCE 已備妥)
2	2	Transmit Data(傳送資料,TxDATA)
3	3	Receive Data(接收資料,RxDATA)
4	20	Data Terminal Ready(DTR,DTE 已備妥)
5	7	Signal ground(接地線)
6	6	Data Set Ready(DSR,DCE 已備妥)
7	4	Request to Send(RTS,DTE 要求傳送)
8	5	Clear to Send(CTS,DCE 已將傳送線路設定好,DTE 可開始傳送)
9	22	Ring Indication(RI,DCE 收到對方的 DCE 要建立連線通道)

常用的幾種連接法。其中圖 3.20 之 (a)(b)(c) 為 DTE（如：電腦端或其他周邊設備）對 DCE（如：Modem 端）間可能的連接法，而 (d) 則為 DTE 對 DTE 的連接法，最簡單的連接法為圖 3.20 (b) 與 (d)，其傳送端與接收端間的 RS-232 傳輸線僅需三條（TxDATA、RxDATA 與接地線）即可達到傳輸目的。因圖 3.20 (b) 之接法對傳送端與接收端間無處理 RTS、CTS 與 DTR 等控制溝通之訊號，可能對於有些系統無法正常操作。圖 3.20(c) 的接法基本上也是三條線之接法，其將相關控制信號以跳線方式，於傳送端與接收端之接頭內自我回授，使個別認為對方設備皆處於備妥狀態。

對 RS-232 而言，兩個 DTE 之間，最長傳輸距離約 15 公尺，而建議最大的傳輸速率為 9600 bps，其輸出之電壓準位則如圖 3.21 所示，為 +15v～−15v 之間，採用負邏輯輸出，即邏輯「1」（稱為 mark）為 −3v～−15v 之間，邏輯「0」（稱為 space）為 +3v～+15v 之間。

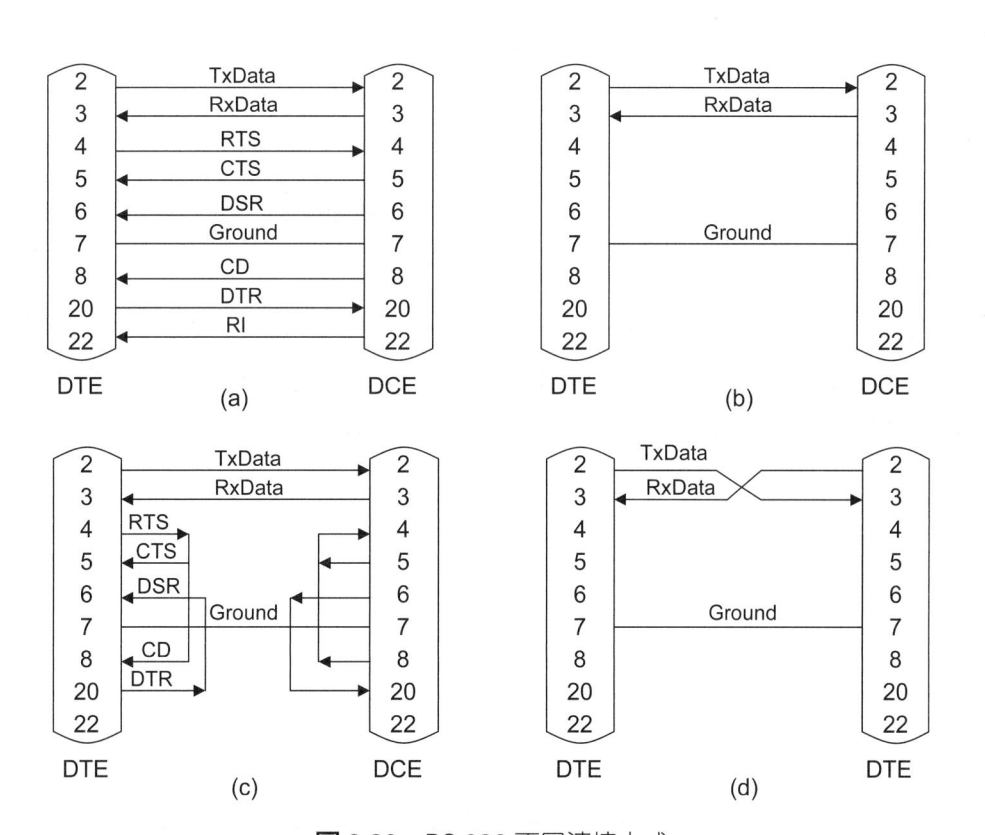

圖 3.20 RS-232 不同連接方式

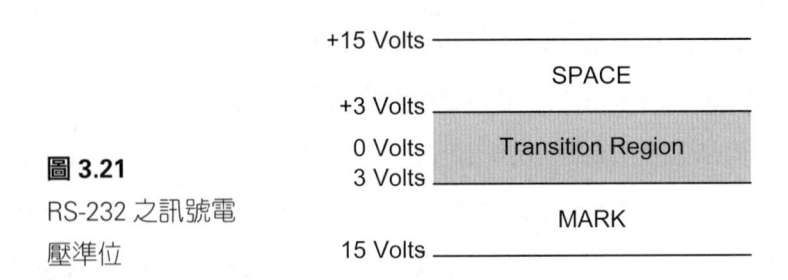

圖 3.21
RS-232 之訊號電壓準位

```
+15 Volts ─────────────────
                    SPACE
 +3 Volts ─────────────────
  0 Volts      Transition Region
  3 Volts ─────────────────
                    MARK
 15 Volts ─────────────────
```

3.3.2 SPI 介面

雖然非同步串列傳輸的同步處理較為簡單，但其傳輸效率較差，並不適合晶片間的資料傳輸，因此，許多國際大廠針對晶片間的資料傳輸紛紛提出不同的同步串列通信介面 (Inter-chip Synchronization Serial Communication)，除了一條資料線外，於傳送端與接收端之間，額外提供一條同步時脈訊號 (clock line)，以提升傳輸速率。圖 3.22 為其基本架構，由傳送端產生傳送之資料與時脈訊號給接收端，而接收端則依據傳送端送過來的時脈訊號來接收資料，以解決傳送端與接收端間的資料同步問題。由於訊號在導線上的傳輸速度將依導線上電阻值而有些微差異，若此種時脈分離式之同步串列傳輸的傳輸距離太長時，其時脈訊號與資料訊號到達接收端將有較大的相角誤差，造成接收的錯誤。所幸晶片間的通訊線路都在一片電路板上，距離短，運用此種時脈分離式之同步串列傳輸較不會造成問題。

SPI (Serial Peripheral Interface) 是由 Motorola 公司所提出之四條線、全雙工同步串列傳輸介面，以 master/slave 模式為基礎的通訊運作，SPI 的線路連接環境，一定會有一個 master，配合一個或多個 slave 所組成，其對應的四條信號線定義與功能說明如下：

● SCLK (Serial Clock)：由 master 提供給 slave 之 SPI 傳輸所需之同步信號。

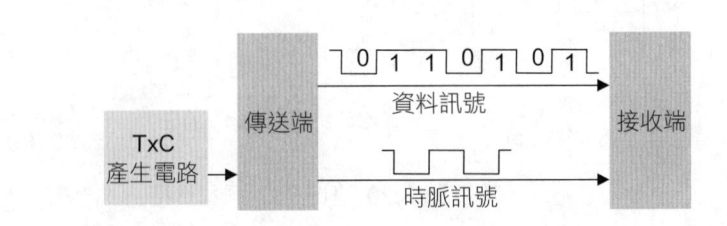

圖 3.22
同步串列傳輸

- **MOSI** (Master Output, Slave Input)：由 master 輸出至 slave 的資料訊號。
- **MISO** (Master Input, Slave Output)：由 slave 輸出至 master 的資料訊號。
- **SS#** (Slave Select)：由 master 輸出之控制訊號，為低電位動作，決定現在要與何 slave 元件通訊。

由於 SPI 介面四條線中，MOSI 與 MISO 分別是 master 至 slave 與 slave 至 master 的傳輸線，即傳送與接收有分別不同的線路，故 SPI 介面可做「全雙工」傳輸，傳輸速度可高於 I^{2}C。利用 SS# 決定 master 要與何 slave 傳輸，無需「arbitration」仲裁匯流排的使用權，且無需位址之設定。Slave 完全依照 master 所送出之 clock 操作，對振盪器的精準度需求較低。

圖 3.23 為單一 master 與單一 slave 之 SPI 接線圖，當只有一個 slave 元件時，表示 master 元件只會和此固定的 slave 溝通，所以 slave 的 SS# 信號輸入可以固定為「Lo」，只利用三條線 (SCLK、MOSI、MISO) 來完成 SPI 之連線。

圖 3.24 為單一 master 與多個 slave 之 SPI 接線圖，在 SPI 環境，SCLK、

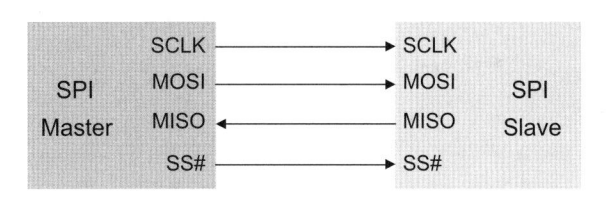

圖 3.23
單一 master 與單一 slave 之 SPI 接線圖

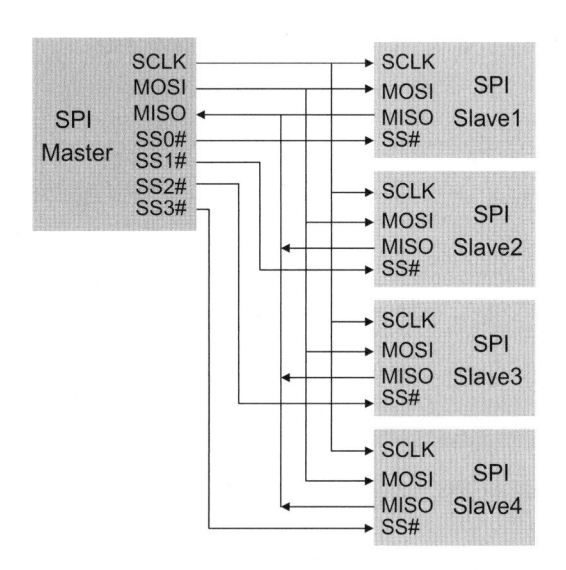

圖 3.24
單一 master 與多個 slave 之 SPI 接線圖

MOSI、MISO 這三條線是所有 slave 元件共用，而 master 所產生之 SS# 則是每一個 SPI 元件都有其專屬的 SS# 訊號與之對應，當 master 元件要和哪一個 slave 元件溝通時，即將其對應之 SS# 訊號拉為「Lo」。另外，由於 MISO 訊號是由 slave 輸出至 master，為了避免 slave 元件間訊號輸出互相干擾，slave 之 MISO 輸出需為「Tri-state」訊號 (Hi, Lo, 高阻抗)，即當 slave 不是 master 通訊的對象時，其 MISO 需輸出為「高阻抗」。

圖 3.25 為 master/slave 之 SPI 元件內部硬體示意圖，要傳送或接收之資料是放在記憶體 (memory) 內，當要傳送時，是將資料由記憶體下載至移位暫存器 (shift register)，再配合 SCLK 訊號將資料一位元、一位元的移出去（傳送端）或移進來（接收端）。對接數端而言，當移位暫存器收好完整的 8-bit 資料時，即將所收到的資料複製至記憶體，等待 CPU 過來讀取。另外要注意的是，SPI 傳輸是「Big-endian」傳送，即對一 8-bit 資料而言，是先傳「MSB」(most significant bit) 一直至「LSB」(least significant bit)。當傳送完畢時，master 即停止 SCLK 訊號的產生並將 SS# 訊號拉至「Hi」準位。

SPI 之 SCK 與 MISO/MOSI 之時序關係是由 CPOL (clock polarity) 與 CPHA (clock phase) 這兩個位元來決定，CPOL 決定 SPI 介面在「idle」狀態時之 SCK 值，

CPOL=0：SCK 在 SPI 在「idle」狀態時維持在電位「Lo」

CPOL=1：SCK 在 SPI 在「idle」狀態時維持在電位「Hi」

而 CPHA 則是決定在 SCK 的「leading edge」（一個 SCK 週期的第一個 edge) 或「trailing edge」（一個 SCK 週期的第二個 edge) 將 MISO/MOSI 之資料訊號抓到內部暫存器，

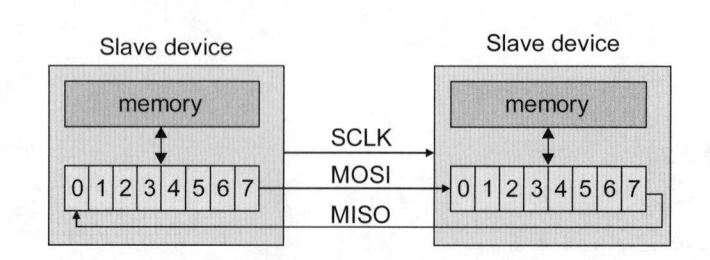

圖 **3.25**

master/slave 之內部硬體架構

CPHA＝0：在 SCK 的「leading edge」將 MISO/MOSI 之資料抓到內部暫存器
CPHA＝1：在 SCK 的「trailing edge」將 MISO/MOSI 之資料抓到內部暫存器

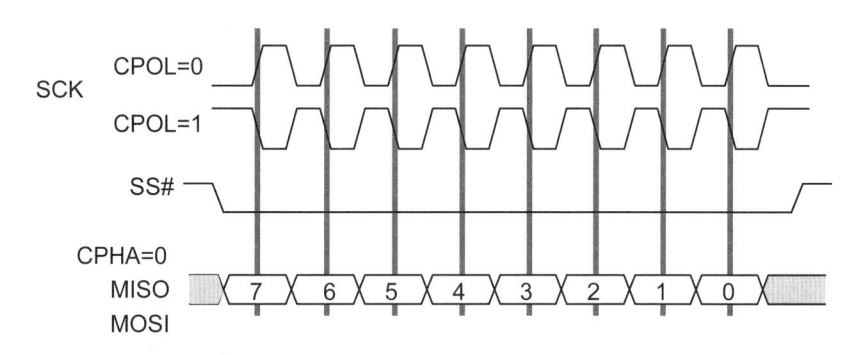

圖 3.26 為 CPHA＝0 時，在 CPOL＝0/1 下，SCK 與 MISO/MOSI 之時序關係。在 CPOL＝0 時，SCK 正常是在電位「Lo」，由圖 3.26 所示，SCK 電位由「Lo」到「Hi」即為其「leading edge」，即在 SCK 的「rising edge」時，MISO/MOSI 上的資料是穩定的，可以利用此時將其內容抓到內部暫存器，而利用「falling edge」更新 MISO/MOSI 資料線的內容。同理，當 CPOL＝1 時，其「leading edge」是在電位由「Hi」到「Lo」，即在 SCK 的「falling edge」時，MISO/MOSI 上的資料是穩定的，可以利用此時將其內容抓到內部暫存器，而利用「rising edge」更新 MISO/MOSI 資料線的內容。

圖 3.27 為 CPHA＝1 時，在 CPOL＝0/1 下，SCK 與 MISO/MOSI 之時序關

圖 3.26 CPHA＝0 時，在 CPOL＝0/1 下，SCK 與 MISO/MOSI 之時序關係

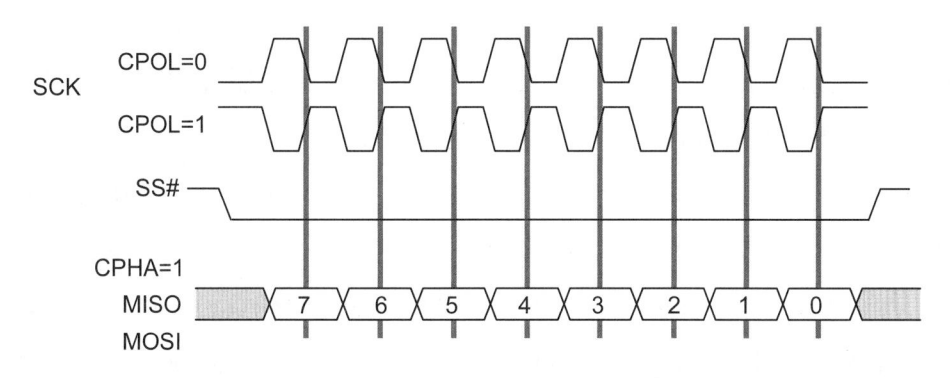

圖 3.27 CPHA＝1 時，在 CPOL＝0/1 下，SCK 與 MISO/MOSI 之時序關係

係。在 CPOL=0 時,即 SCK 正常是在電位「Hi」,由圖 3.27 所示,SCK 電位由「Lo」到「Hi」即為其「trailing edge」,即在 SCK 的「falling edge」時,MISO/MOSI 上的資料是穩定的,可以利用此時將其內容抓到內部暫存器,而利用「rising edge」更新 MISO/MOSI 資料線的內容。同理,當 CPOL=1 時,其「trailing edge」是在電位由「Lo」到「Hi」,即在 SCK 的「rising edge」時,MISO/MOSI 上的資料是穩定的,可以利用此時將其內容抓到內部暫存器,而利用「falling edge」更新 MISO/MOSI 資料線的內容。

根據 CPOL 值與 CPHA 值可以決定 SCLK 極性與相位,對 ARM-based 微控制器,其將 SPI 之 CPOL 與 CPHA 之組合分成下表四種模式 (mode):

SPI 時序模式	SCK 極性 CPOL	SCK 相位 CPHA
0	0	0
1	0	1
2	1	0
3	1	1

3.3.3　I^{2}C 介面

飛利浦 (Philips) 公司早年針對晶片間的資料傳輸發表一個同步串列通信介面,稱為 I^{2}C (Inter-Integrated Circuit),意思是「介於積體電路元件間之電路」,簡寫為 I^{2}C、IIC,至今已有相當多使用 I^{2}C 模式的元件可供選擇。

I^{2}C 最大的特色在於僅使用兩支接腳來完成多點對多點的串列通訊,這兩支腳一支是通訊時脈接腳 SCL,另一支則為資料信號傳送接腳 SDA。這兩支接腳上的信號搭配構成了 I^{2}C 的通訊協定,皆是雙向性。

在 I^{2}C 匯流排上,允許多個主裝置 (master device) 可主動控制匯流排,啟動資料傳輸,只要目前匯流排沒有人使用,master device 即可佔用此匯流排,啟動和另一個 device(稱為 slave device)間的資料傳輸以交換資料。在一個傳輸過程中,僅能有一個 bus master,bus master 負責產生 SCL 時脈訊號,SCL 的時脈速

度決定了串列傳輸的速度，在 I²C 的標準模式下，最大傳輸速度為 100 kbps，而在改良過的快速模式下可以達到 400 kbps。

圖 3.28 為利用 I²C 匯流排連線之示意圖。在 I²C 匯流排上，接在上面的所有元件 (device) 皆有其專屬的位址 (address)。

在傳輸過程中，送出 SDA 資料訊號的元件稱之為傳送者 (transmitter)，接收 SDA 信號的稱之為接收者 (receiver)，負責 SCL 傳輸時脈訊號的產生者稱之為主控元件 (master device)，接收 SCL 時脈訊號的元件稱之為從屬元件 (slave device)。在 I²C 規格下，主控元件可能是傳送者，也有可能是接收者，對從屬元件來說也是一樣，主控元件是扮演傳送者或接受者的角色，就要看通訊的內容而定。I²C 匯流排系統，同一個時間內，只有一個主控元件，其餘都是從屬元件，而這個主控元件也非固定不變，只要資料傳輸結束，I²C 匯流排是屬於 idle 狀態時，即可由另一個主控元件取得匯流排，啟動另一次資料傳輸。

數位 IC 的 I/O 一般可分為 Totem-pole、Open collector 和 Tri-state 三種。而匯流排之 I/O 接腳則為 Open Drain (CMOS)，其與 Open Collector (TTL) 構造相似，因此需要外加電源及提升電阻才能正常運作。若直接將 I²C 之接腳直接連在一起是無法動作的，從電路中可看出，不外加電源及提升電阻時，I²C device 是無電力可推動匯流排上的兩條線的。

I²C 資料傳輸格式

在 I²C 匯流排系統中，某一主控元件取得匯流排之使用權後（只要目前匯流排是屬於 idle 狀態時，主控元件即有使用權），始可啟動一個資料傳輸，其資料傳輸之格式則如圖 3.29 所示。

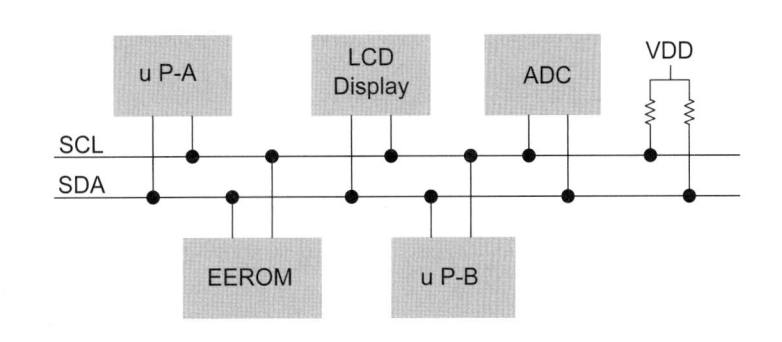

圖 3.28
I²C 匯流排之連線示意圖

```
         7-bit  1-bit 1-bit  8-bit  1-bit  8-bit  1-bit
start | address | R/W# | Ack. | Data | Ack. | Data | Ack. | stop
```

[master] [slave] [transmitter] [receiver]

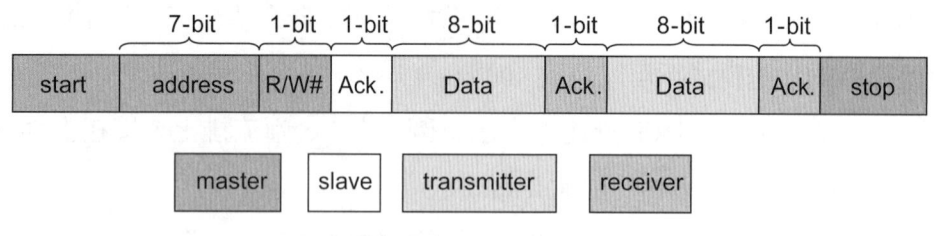

圖 3.29　I²C 匯流排之資料傳輸格式

　　首先主控元件需將此次傳輸之從屬元件位址（slave device 的位址）和 R/W# 位元（代表此次傳輸是要由 slave device 讀取資料或寫資料到 slave device 上）放到 SDA 資料線上，SDA 資料線具有訊號廣播 (broadcast) 的特性，即資料線上的每個 device 皆看得到訊號。所以在 I²C 匯流排上的每個 device 皆會去檢查現在 SDA 資料線上的位址 (address) 和 R/W# 位元，判定主控元件是否要和我做讀／寫之資料傳輸。若要和我做資料傳輸，則我需回一個確認 (Ack) 位元給主控元件（表示 slave device 已確認可做資料傳輸了），接下來則看此次資料傳輸是讀或寫傳輸，若為讀傳輸，則由 slave device (transmitter) 將資料送到 SDA 上（主控元件為 receiver），若為寫傳輸則由主控元件 (transmitter) 將資料放到 SDA 上（slave device 為 receiver）。當 receiver 接收完資料後，要回一個確認位元告知 transmitter 接收的情況。傳輸格式之細部說明如下：

1. **啟始狀態 (Start)**：主控端必須送出「啟始」信號才能取得 Bus 的控制權。當 I²C 沒有動作時，SCL 和 SDA 都是保持在高電位。Master 先在 SDA 送出低電位，經一小段時間後，再將 SCL 變成低電位，這就是「啟始狀態」。
2. **位址 (Address)**：以標準模式為例，位址具有 7 個 Bit。Master 先將位址的 MSB 傳送到 Bus 上，再依次傳送其餘的位址位元。
3. **讀寫位元 (Read/Write, R/W#)**：緊接於位址欄位後面的是讀／寫位元，它只佔一個位元。高電位時是 master slevice 要做讀取，低電位則是寫入。
4. **確認 (Acknowledge, Ack)**：Master 傳送第一個位元組後會將 SDA 釋放成高阻抗，slave 端如果正確接收到位址和讀／寫後，會將 SDA 拉至低電位，告知 master 已經收到位址資料，可以做後續的資料傳送。若 Slave 端未能正確的

接收到位址和讀／寫，則 slave 不動作，使 SDA 維持在高電位。

5. **資料** (Data)：資料和位址及讀／寫欄位是一樣的，只不過資料可由 Master 或 slave 送出。位址及讀／寫位元定由 master 送出，slave 接收或由 slave 送出資料，由 master 接收資料。資料的意義隨著不同的元件而有差別，例如對 Serial EEPROM 而言，其資料欄位的內容可能為記憶體位址或記憶體的內容。

6. **終止狀態** (Stop)：master 在完成和 slave 的傳輸動作後要產生終止狀態，其狀態的產生和啟始狀態是相反的動作，即先將 SCL 釋放至高電位，經一小段時間再將 SDA 釋放至高電位，完成終止的動作。此時 I^2C Bus 處於 idle 的狀態。

於 I^2C 傳輸協定中，資料封包開始傳送之時間或傳送之終止完全由 master 決定，若此傳輸由 master 送資料給 slave 時，則 slave 在接收完資料後，除了回傳 ACK 信號給 master 確認資料接收無誤外，並需同時檢查 master 是否送結束狀態，以便停止接收動作。

由於 I^2C 匯流排僅使用一支 SCL 時脈信號接腳和一支 SDA 資料接腳，其資料傳輸乃是仰賴傳輸時脈的變化來決定。根據圖 3.29 之資料傳輸格式，除了啟始狀態 (start) 和終止狀態 (stop) 外，SDA 接腳上的信號只有在 SCL 接腳信號為高準位時才是有效的。換句話說，要改變 SDA 上的信號準位，必須在 SCL 為低準位時改變，而在 SCL 變為高準位之前，SDA 的信號必須保持穩定。這是 SCL 接腳和 SDA 接腳相互搭配的最基本原則。

啟始狀態／終止狀態

I^2C 匯流排處於閒置 (idle) 時，SCL 與 SDA 兩條訊號線皆為高準位 (Hi)，而啟始狀態 (start) 和終止狀態 (stop) 的產生條件則如圖 3.30 所示。

- **啟始狀態**：SCL 在高準位時，SDA 由高準位變為低準位，此時即定義為啟始狀態。

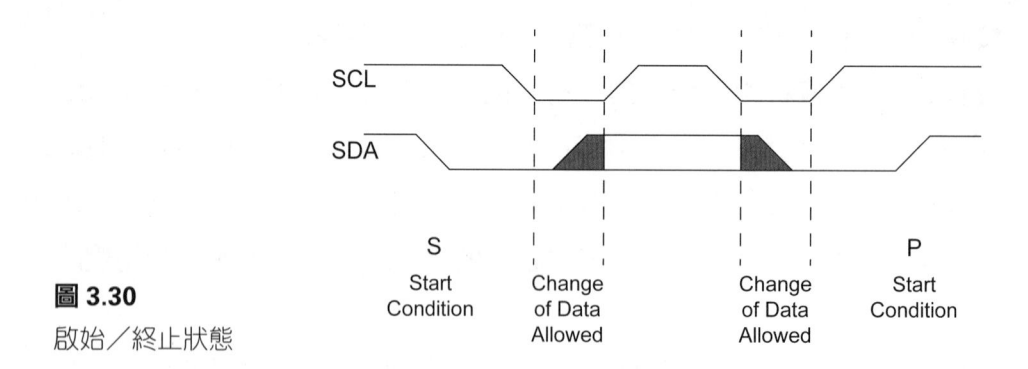

圖 3.30
啟始／終止狀態

- **終止狀態：** SCL 在高準位時，SDA 由低準位變為高準位，此時即定義為終止狀態。

從啟始狀態和終止狀態的定義也可以說明為何 SDA 上的資料僅能在 SCL 為低準位時改變，因為在 SCL 為高準位狀態下，SDA 上的變化都會被當作是啟始狀態或是終止狀態。在資料傳輸過程中，時脈訊號 SCL、啟始狀態和終止狀態都是由主控元件所產生，一旦產生了啟始狀態後，I²C Bus 就進入了忙碌狀態 (Busy State)，一直到終止狀態出現後才結束。

I²C Bus 信號變化的基本原則是位址位元，資料位元 ACK 位元與 R/W# 位元之 SDA 若要變化，只有在 SCL 為低電位時才允許。而 SCL 在高電位時，若 SDA 有訊號改變即代表啟始狀態或終止狀態。

I²C 匯流排有標準模式和快速模式兩種。標準模式為 Philips 在 1982 年所發表，位址為 7-bit，速度 100 Kbits/sec；其後，為因應速度和新元件位址的需求，在 1993 年又公布了快速模式，位址為 10-bits，速度 400 Kbits/sec。

在整個 I²C 串列通訊的傳輸過程中，首先要傳送的是位址的資訊，也就是主控元件要和哪一個從屬元件來通訊。位址的傳送有一定的格式，由於在 I²C 串列通訊中，容許七位元與十位元兩種位址長度，即位址格式也有兩種。對七位元的位址來說，由一個啟始位元開始接著 7 位元的位址，然後是一個讀／寫位元 (R/W# Bit)，最後是確認位元 (ACK Bit)，其格式如圖 3.31 所示。就十位元的位址來說，因為資料的包封是以位元組為單位，因此必須以兩次的傳送來完成，其格式較為複雜。

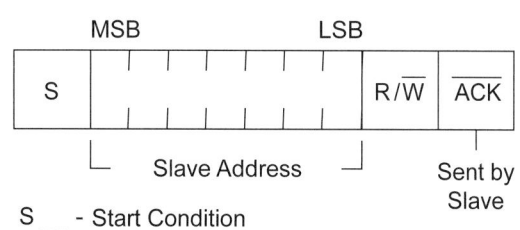

```
              MSB              LSB
         ┌──┬──┬──┬──┬──┬──┬──┬──┬────┬────┐
         │S │  │  │  │  │  │  │  │R/W̄ │ACK̄ │
         └──┴──┴──┴──┴──┴──┴──┴──┴────┴────┘
               └─ Slave Address ─┘   Sent by
                                      Slave
```

圖 3.31
七位元之位址格式

S   - Start Condition
R/W̄ - Read/Write bit
ACK̄ - Acknowledge

3.3.4 紅外線介面

圖 3.32 為光譜分布圖，其中，紅外線光為一種不可見光，其光波長介於 850~900 nm。紅外線 (Infrared, IR) 除了具有不可見之特性外，其發射器與接收器於成本、耗電、體積與硬體設計等方面亦具有很強的競爭力，且紅外線傳輸過程中，亦不會對周遭設備產生相關干擾，為目前最常應用於電視、音響、冷氣機等家電控制的無線通訊技術。圖 3.33 是紅外線發射器（transmitter，或稱 IR LED）和紅外線接收器 (receiver) 常見外觀。

紅外線雖是不可見光，但我們生活環境中卻到處充滿了紅外線，其中，太陽為主要紅外線光來源，而像人體、燈泡、日光燈等有溫度的物體也都會產生

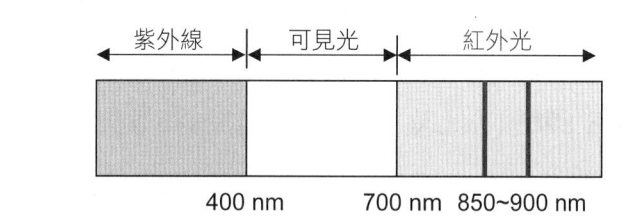

圖 3.32
光譜

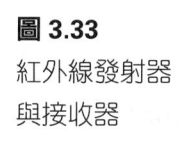

紫外線 | 可見光 | 紅外光
400 nm   700 nm 850~900 nm

圖 3.33
紅外線發射器
與接收器

(a) 發射器   (b) 接收器

紅外線光。當我們以紅外線傳輸來遙控設備時,多少都會受到其他紅外線光源所干擾,如何減少干擾,以增加紅外線通訊的正確性的最主要方法即是調變 (modulation)。所謂紅外線調變即是發射端紅外線 LED 以特定頻率(載波)閃爍,而接收端也調整到同樣的頻率,以減少其他干擾源的影響。

紅外線通訊中之位元編碼,即如何將數位訊號(基頻訊號)的「0」與「1」加以編碼,調製成一序列的脈波串列訊號,透過紅外線發光二極體產生紅外線訊號,主要有兩個技巧:

- **脈波寬度調變** (Pulse Width Modulation, PWM):同一週期訊號中,由不同的 duty cycle 值(正半周與週期之比值)以代表數位訊號的「0」與「1」。
- **脈波位置調變** (Pulse Position Modulation, PPM):用不同週期之訊號來代表數位訊號的「0」與「1」。

常見的紅外線通訊傳輸,傳輸協定主要有:NEC 協定、Sharp 協定、Philips 的 RC-5 協定等等,而載波頻率有 33 kHz、36 kHz、38 kHz 與 56 kHz 等等,本文是以 38 kHz 載波、50% duty cycle 訊號為主加以介紹。

於 NEC 協定中,其位元編碼主要是採用 PPM 編碼方式,如圖 3.34 所示,數位訊號「0」是由 560 μs 的載波訊號(又稱為 mark 狀態,此時 IR LED 是以 38 kHz、50% duty cycle 的載波頻率送出,如圖 3.35 所示)與 560 μs 的 off 時間(又稱為 space 狀態,此時 IR LED 是處於 off 狀態,不會發射光亮)所組成;

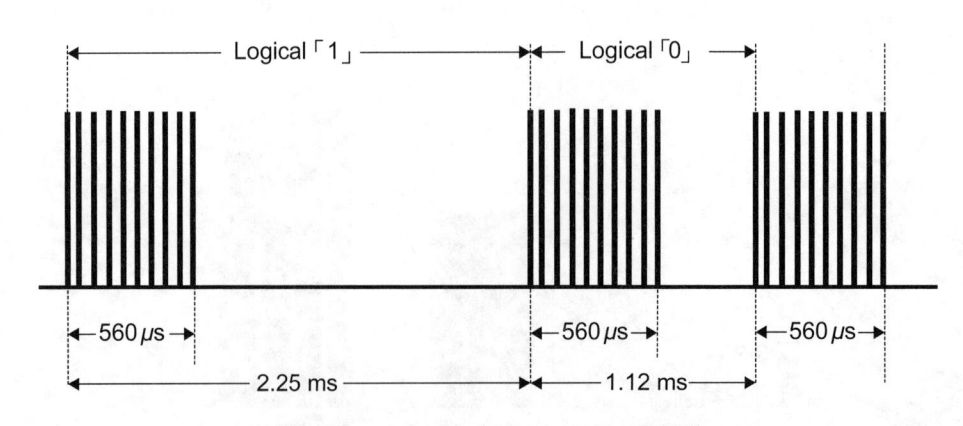

圖 3.34　NEC 協定之 PPM 位元編碼

圖 3.35 載波訊號

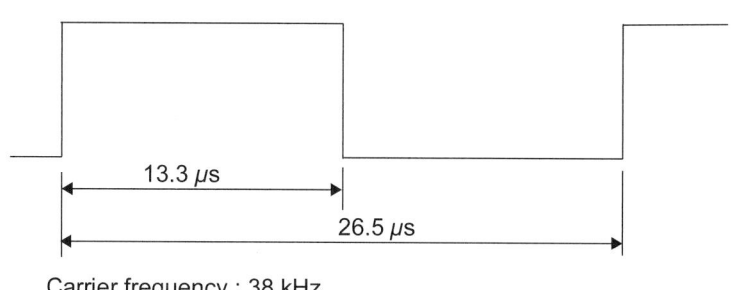

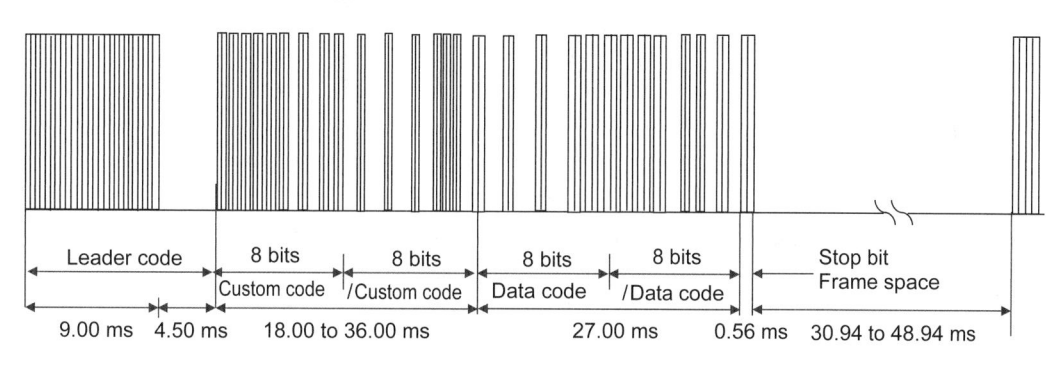

圖 3.36 NEC 紅外線通訊格式

而數位訊號「1」是由 560 μs 的載波訊號與 1.69 ms 的 off 時間所組成。

　　圖 3.36 為 NEC 協定之傳輸格式，使用者需依此格式傳送控制訊號，其細部說明如下：

- **前導碼** (Leader code)：為由 9 ms 的載波訊號與 4.5 ms 的 off 時間組成。
- **用戶碼** (Custom code) **或位址碼** (Address)：16-bit 的位址碼或是 8-bit 用戶碼與 8-bit 反相用戶碼，若是 16-bit 位址碼則是以 little-endian 方式傳送，即低位元組先送，再送高位元組，同一位元組則是 LSB (Least significant bit) 先送；若是 8-bit 用戶碼則是 LSB (Least significant bit) 先送，圖 3.37 為以 16-bit 位址碼的傳送範例。
- **按鍵資料碼** (Data code)：為控制鍵所對應之 8-bit 資料碼。
- **反相按鍵資料碼** (/Data code)：為控制鍵所對應之 8-bit 反相資料碼（即資料碼若為「1」則改為「0」，若為「0」則改為「1」，圖 3.38 為以按鍵資料碼

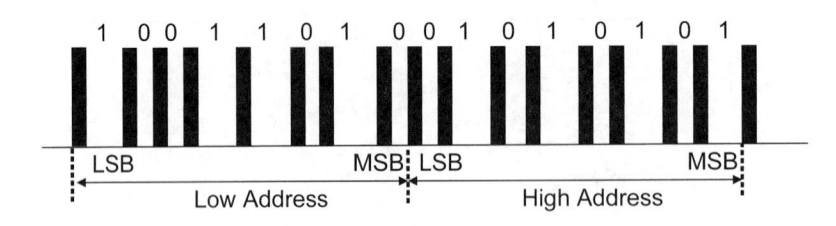

圖 3.37 16-bit 位址碼

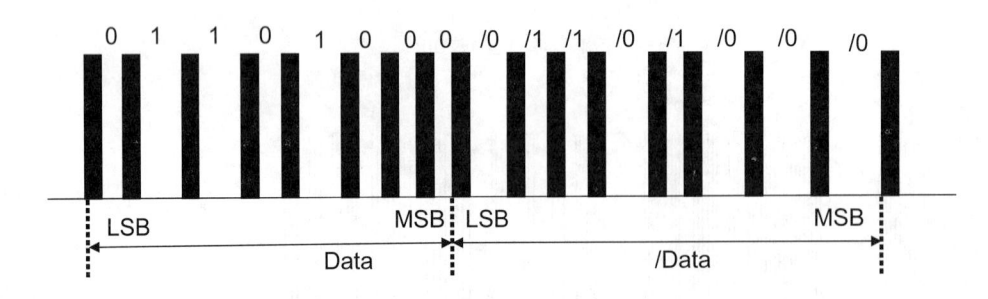

圖 3.38 按鍵資料碼與反相按鍵資料碼的傳送

與反相按鍵資料碼的傳送範例。

- **結束訊號** (Stop)：反相按鍵資料碼後需有 560 μs 的載波訊號當為結束傳輸之信號。

另外，當遙控器按鈕被按著不放時，表示要送出「連發指令」，即相同的控制碼會連續傳輸多次。連發指令的執行方式有兩種：

1. **每 108 ms 即傳送相同的控制碼**：此方式之優點是可以避免干擾，缺點則是耗電。
2. **送出控制碼後，每隔 108 ms 僅送出「Repeat code」**：此種方式並不重覆送出控制碼，而改以「repeat code」替代，圖 3.39 為「repeat code」之波形，其是由 9 ms 載波配合 2.25 ms 的 off 信號與 560 μs 載波的結束信號所組成。而圖 3.40 則為長按控制鍵所產生之波形圖。

3.3.5 Ethernet 介面

乙太網路 (Ethernet) 協定是目前使用最為廣泛之區域網路協定，其協定運作

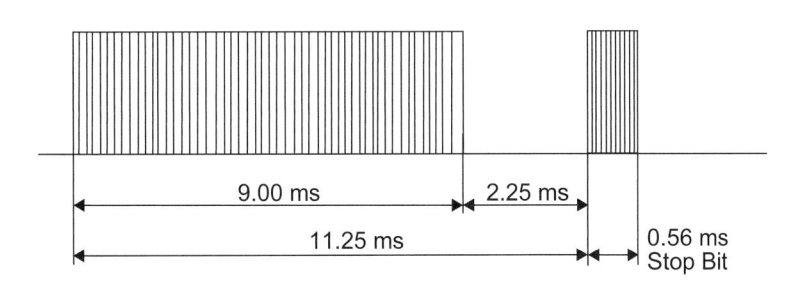

圖 3.39 Repeat code

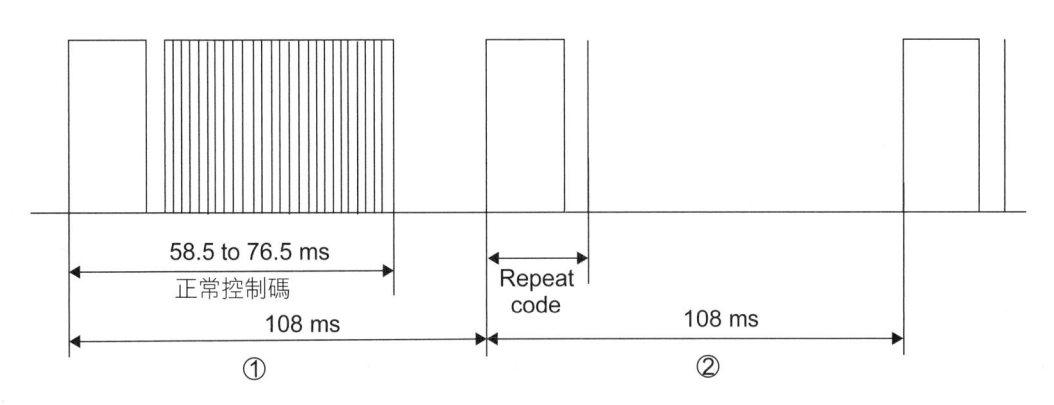

圖 3.40 長按控制鍵之波形圖

範圍是屬於 OSI 7-Layer 中第一層（實體層）與第二層（資料連結層）。

IEEE 機構針對乙太網路製定出 IEEE 802.3 規範，讓大家在製作乙太網路相關設備時，有一致的遵循標準。在 IEEE 802.3 定義中，依訊號傳遞方式的不同，可分為兩類：基頻 (baseband) 傳送與寬頻 (broadband) 傳送。其中基頻傳送是指訊號不經過任何調變，是以數位方式來傳遞，為目前區域網路之主要採用方式。IEEE 將基頻之乙太網路分為五種不同的標準：10Base5、10Base2、10Base-T、1Base5 與 100Base-T。其所代表的意義為：

- **最前面之數字 (10、1、100)**：表示此協定之傳輸速度，其單位為 Mbps。
- **Base**：表示以基頻方式傳送。
- **最後一個字 5, 2, T**：分別是指其網路最長之傳輸距離，「5」表示 500 公尺，「2」表示 200 公尺（此種協定之傳輸線為電纜線），而 T 則是以 Twised-pair 為傳輸線。

3.3.5.1 存取方式

乙太網路之架構如圖 3.41 所示。基本上,在乙太網路上的所有電腦設備如同掛在同一條匯流排 (bus) 上,即某台電腦欲傳送資料給另一台電腦時,需將其資料包成訊框 (frame) 並將其送到匯流排上。而匯流排上的每台電腦皆可看到匯流排上的訊框,即此匯流排具有廣播之特性 (broadcast),且此匯流排為大家共同分享 (shared) 的傳輸媒介。

既然乙太網路之匯流排為一 shared 媒介,大家皆可將訊框傳送到匯流排,當有兩台電腦同時欲將訊框傳到匯流扯上時,即需有一控制機制協調目前之匯流排到底是哪一台電腦可以將其訊框傳送上去,此協調機制即稱為 Media Access Control (簡稱為 MAC,媒介存取控制),若沒有互相協調好,同時讓多台電腦將其訊框傳到乙太網路上時,將會發生訊號打架的現象,此現象稱之為碰撞 (collision),訊框碰撞的發生將使訊框的訊號變成雜訊,無法辨識。

目前乙太網路之 MAC 協定為碰撞偵測載波感應多重存取 (carrier sense multiple access with collision detection, CSMA/CD),其運作機制為:

● 任何乙太網路上的電腦要傳送訊框前,必須先聽看看目前網路上是否有人在傳送(即為 carrier sense),若沒有人在傳送,則可立即傳送;若有人在傳送,則必須等候,一直等到匯流排是空閒 (idle) 時才可傳送。
● 當電腦開始傳送一直到傳送結束過程中,該電腦皆要持續偵測所送出之訊框是否有碰撞現象(即為 collision detection),若有碰撞現象,則要立即停止傳送訊框,並等待一隨機時間後(稱為 random backoff),再重新啟始一個訊框傳輸。
● 所謂的 multiple access 是指乙太網路之匯流排是允許多台電腦去使用傳輸的意思。

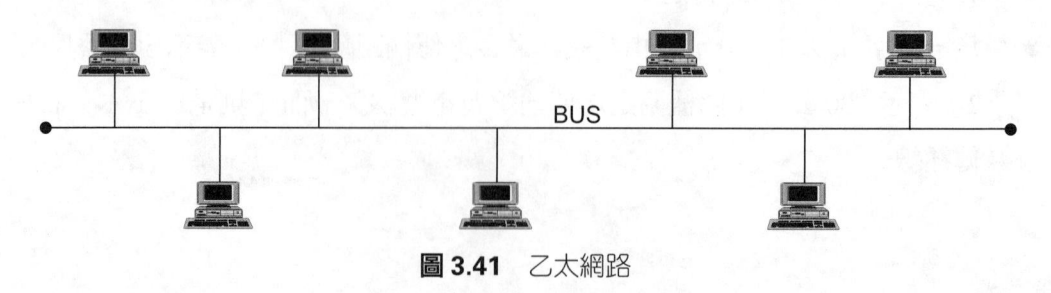

圖 3.41 乙太網路

3.3.5.2　MAC 位址

由於乙太網路上的匯流排具有廣播 (broadcast) 特性,那送出去的訊框到底是要給哪一台電腦呢?因此每台電腦之辨識位址(讀者可以想像成電腦的住址)在電腦網路上即扮演重要角色,其為分辨電腦的唯一方式,就像郵差總要有住址才能送信;網路上的資料傳送就靠著位址來運作,以得知該將資料送到哪台電腦,而不至於送錯。當然電腦也必須知道自己的位址為何,當收到屬於自己電腦的封包時,網路卡就要將其接收上來,轉給上層程式繼續處理;就好比郵差好不容易寄信到你家了,你必須去領取這封信件才能得知信件內容。

乙太網路的位址稱為 MAC (media access control) 位址,其大小為 6 Bytes。此 MAC 位址為唯一位址 (unique),即世界上每一片網路卡皆有其獨一無二之 MAC 位址,不可重覆。通常網路卡上的 MAC 位址是燒錄在網路卡上,即你買來了網路卡,其 MAC 位址即已決定。

3.3.5.3　訊框格式

在乙太網路上傳輸時,其資料必須滿足一定的格式方可正常運作,此格式稱之為訊框格式 (frame format)。圖 3.42 為乙太網路之訊框格式。

- **目的位址** (Destination MAC address,6-bytes)

    為訊框之目的地電腦的 MAC 位址,它是接收端網路卡的硬體位址,此一欄位就好比一封信中的收信人地址,沒有此一欄位訊框將無法送達目的地。如果此一欄位值為 0xffffffffffff 的話,表示此訊框為一 broadcast 訊框,即在此乙太網路上的每一台電腦皆要將此訊框收進來。

- **來源位址** (Source MAC address,6-bytes)

    產生此訊框之電腦的網路卡位址,即此訊框的來源 MAC 位址,此一欄

6-byte	6-byte	2-byte	46~1500 bytes	4-byte
Destination MAC	Source MAC	Frame Type	Payload	CRC

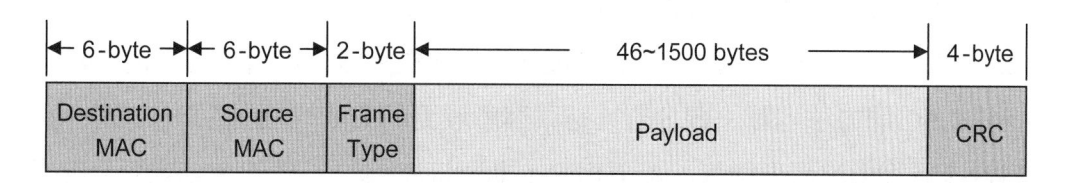

圖 3.42　乙太網路之訊框格式

位就好比寄信人的地址。有了此一位址，收取訊框的電腦才知道該訊框是何電腦送來的，如此，才知要將訊框回覆給那台電腦。

● **Frame Type（2 個 bytes）**

　　用來告知此訊框後面所載之資料 (Payload) 是何種資料，在 TCP/IP 網路環境中，可能要求乙太網路傳送資料的協定有 IP、ARP 與 RARP 三種協定，乙太網路可根據此 Frame Type 內容，得知此訊框所載之資料是要送給哪一個協定繼續處理，定義如下：

$$TYPE = 0x0800\ \text{表資料區內帶的是 IP 封包}$$
$$TYPE = 0x0806\ \text{表資料區內帶的是 ARP 封包}$$
$$TYPE = 0x8035\ \text{表資料區內帶的是 RARP 封包}$$

● **資料區 (Payload，46~1500 bytes)**

　　資料區之內容為乙太網路主要傳送之資料，在 TCP/IP 通訊協定環境下，其可能之內容有 IP 封包、ARP 封包或 RARP 封包。對乙太網路而言，其最小之封包長度為 64-byte，最大為 1518-byte，因此，扣掉乙太網路本身之協定欄位 (6-byte DA MAC、6-byte SA MAC、2-byte Frame Type、4-byte CRC)，資料區之資料長度最多將不可超過 1500-byte，最少不可少於 46-byte。

● **CRC（4 個 bytes）**

　　CRC (Cyclic Redundancy Check) 循環冗餘核對，是用來幫助檢查訊框經由乙太網路傳送到對方時，是否在傳輸過程中產生錯誤，此 CRC 檢查碼是額外加入的資料，並不屬於原始要傳輸之資料。在 CRC 錯誤檢查方式中，通常傳送端與接收端必須事先同意一個**多項式產生器** (Generator Polynomial, G(x))。對傳送端而言，其將原始要傳輸之資料後面補 r-bit 的「0」，其中 r 為 G(x) 之 degree。將補 r-bit「0」的原始資料拿來與 G(x) 做 Exclusive OR(XOR) 運算的長除法，最後得到的**餘數**即為其 CRC 值（為 r-bit），傳送端將計算出來的 CRC 值加到原始要傳輸之資料的最後面送出，對接收端而言，則重覆傳送端計算 CRC 的方法再算一遍，若其結果與所收到的 CRC 值是相同的，則表資料傳送過程中沒發生錯誤；若不相同，則所接收到的資料有錯誤發生。所謂

Exclusive OR 運算說明如下：

```
    10011011
xor)11001010
    ────────
    01010001
```

而長除法之方法與一般二進位一樣，只是在減法時是以 XOR 方式運算，而不是減法運算。舉例說明：

原始資料為：1101011011

G(x) 為：10011（此時其 degree 為 4）

原始資料最後面補上 4-bit「0」：11010110110000

CRC 之計算如圖 3.43 所示。

真正傳送出去的資料為：11010110111110

對乙太網路訊框而言，CRC 欄位有 4-byte，其計算範圍如圖 3.44 所示，網路卡會自動由 Destination MAC 位址到 CRC 欄位前之 Payload，計算其 CRC 值，計算出來之結果再加到圖 3.44 之最後面，組成圖 3.42 之完整乙太網路訊

```
                 1100001010
        ┌─────────────────────
  10011 │11010110110000
         10011
         ─────
          10011
          10011
          ─────
           00001
           00000
           ─────
            00010
            00000
            ─────
             00101
             00000
             ─────
              01011
              00000
              ─────
               10110
               10011
               ─────
                01010
                00000
                ─────
                 10100
                 10011
                 ─────
                  01110
                  00000
                  ─────
                   1110  ← CRC 餘數
```

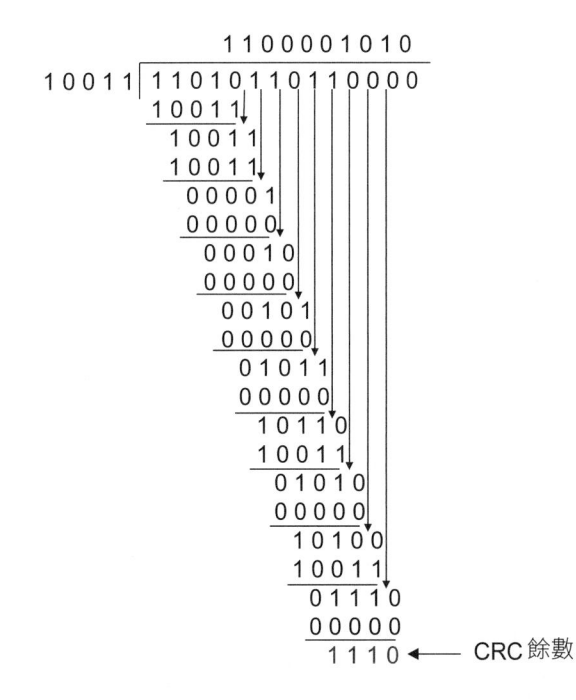

圖 3.43
CRC 計算範例

框，才由網路卡送出。

　　在乙太網路環境，通常是由網路卡以硬體方式自動計算其 CRC 值。對上層軟體要言，當要求網路卡傳送訊框時，僅需組成圖 3.44 之訊框格式給網路卡即可，網路卡即會自動計算圖 3.44 之 CRC 值，並加於最後面送出，而接收端網路卡收到一個乙太網路訊框時，根據所收到的訊框內容，自動計算其 CRC 值，並比對所計算的 CRC 值與所收到訊框的 CRC 值是否有一樣，若一樣表示傳輸沒有錯誤，可將此訊框送給上層軟體繼續處理；若 CRC 值不一樣，則網路卡即將此訊框丟棄。

DA	SA	Type	Payload

圖 3.44　上層軟體所需組成之訊框格式

CHAPTER **4**

Non-OS 之介面控制

本章將利用幾個 non-OS 環境之周邊控制範例，讓使用者熟悉 PTK 系統之使用，藉由這些範例，瞭解 ePBB 軟體架構下，不同的硬體周邊要如何設定、可使用哪些函式 (function calls) 以驅動下層的硬體電路。

首先依圖 4.1 將 PTK 系統之硬體環境做適度連接，其連接驗證依序如下：

1. 確定 PTK-MCU-STM32F207 模組、PTK-MEMS-3DCC-1 模組與 PTK-

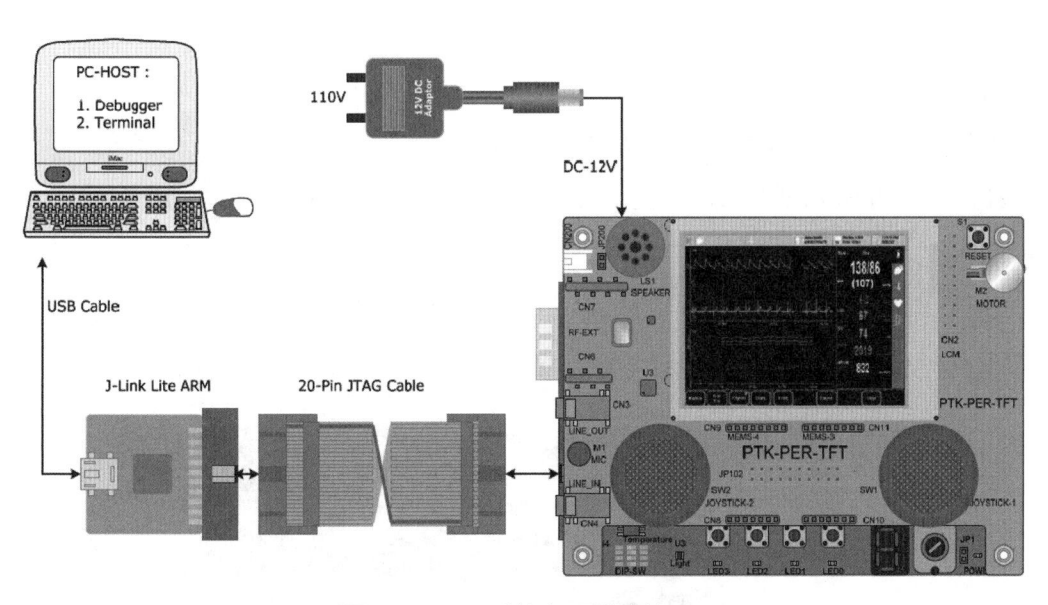

圖 4.1 PTK 系統之硬體連接圖

PER-TFT 模組皆適度的連接於 PTK-Base 平台，建構完整之 PTK-STM32F207 學習平台。

2. 將 J-Link Lite ARM 與 JTAG Cable 連接後，將 JTAG Cable 的另一端連接至 PTK-Base 之 CN4，而 J-Link Lite ARM 的 USB 接頭則與 PC-Host 連結。

3. PC-Host 主要為程式開發平台，提供程式撰寫、編譯與將編譯之結果經由 J-Link Lite ARM 下載至 PTK-STM32F207 學習平台驗證與偵錯。請確認 PC-Host 是否已安裝好 ePBB 軟體架構與 IAR EWARM 軟體編譯／偵錯平台。

4. 最後，記得將 PTK-STM32F207 學習平台接上 Power Adaptor 提供所需之電源。

接下來將針對 PTK 平台之基本 I/O 控制、溫度／亮度感測器讀取、EEPROM 存取、RS-232 通訊、LCD 顯示控制與觸控面板使用等介紹說明。

4.1　LED 顯示控制

圖 4.2 為 PTK 平台所提供之 LED 元件，板子上有四顆 LED，但實際有用到的只有 LED0 與 LED1 兩顆。在 ePBB 軟體架構下，即提供 LED 基本控制之範例專案，只要依下列說明，於 IAR EWARM 環境下開啟專案即可執行。

首先，開啟 LED 控制之範例專案，其專案位置為：

ePBB\Applications\Projects\PTK-STM32F207\EWARM-V6\OS-None\base_led\demo.eww

此專案內，主要包含的內容如圖 4.3 所示。除了需將對應的驅動程式、函式庫與韌體包含進來外，使用者主要是撰寫 APP 區塊內之 main.c 程式碼，藉由

圖 **4.2**　PTK 平台之 LED

第四章 Non-OS 之介面控制

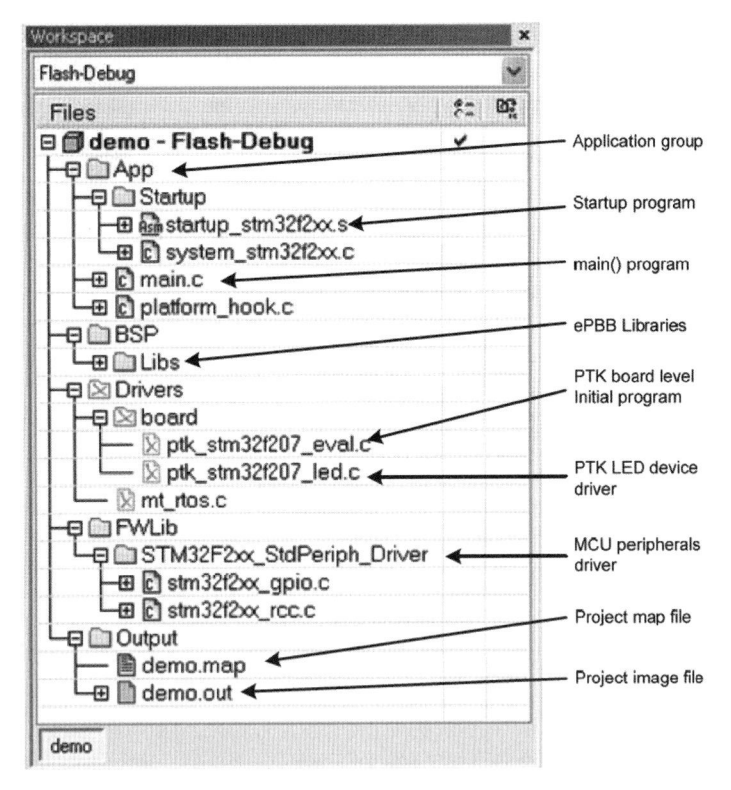

圖 4.3 LED 範例專案之內容

ePBB 所提供的 LED 相關函式控制 LED 顯示。List 4.1 為 LED 控制範例專案內之 main.c 內容。

List 4.1 LED 控制範例之 main.c 程式

```c
void  main (void)
{
  platform_board_init(SystemCoreClock);        (1)
  module_led_init();                            (2)
  module_led_off(APP_LED0);                     (3)
  module_led_off(APP_LED1);
  while (1){
      module_led_toggle(APP_LED0);              (4)
      module_led_toggle(APP_LED1);
      VK_DELAY_MS(500);                         (5)
      }
}
```

List 4.1 LED 控制之範例程式說明如下：

1. **platform_board_init() 函式**：產生一個 reset 訊號，以對 PTK 平台做系統初始化。platform_board_init() 函式是由 ePBB\Drivers\Portings\STM32F2xx\PTK-STM32F207 目錄下的 ptk_stm32f207_eval.c 程式提供，其程式碼如 List 4.2。

List 4.2 platform_board_init() 函式

```
void platform_board_init (uint32_t u32SystemClock)
{
    platform_board_gpio_output(NRST_GPIO_PORT,                    (a)
                               NRST_PIN,
                               NRST_GPIO_CLK,
                               GPIO_PuPd_UP
                              );
#ifndef VK_OS_ENABLED
        platform_board_system_timer_setup(u32SystemClock);
#endif
    platform_board_reset();                                       (b)
    platform_board_init_hook();                                   (c)
}
```

由於 reset 訊號是接至 GPIO Port D 的接腳 10，即 PD10，而 List 4.2(a) 主要是設定 PD10 為輸出腳，List 4.2(b) 是對 PD10 產生一 low active 之 reset 訊號，而 List 4.2(c) 主要是使用者可以在 platform_board_init() 函式時將額外想要執行的使用者內容寫至 platform_board_init_hook() 函式執行。

2. **module_led_init() 函式**：PTK 平台上有兩顆 LED，其代號為 APP_LED0 與 APP_LED1，其所連接之 GPIO 接腳為 PD13 與 PD14。此函式是對 GPIO PD13 與 PD14 設定為 output，並將其輸出值設成「0」，即關閉 LED0、LED1 之顯示。module_led_init() 為 Driver/Porting 模組所提供給使用者之服務介面，以提供 hardware independent 設計，當有硬體平台轉換時，可以不太需要修改使用者程式即可正常運作。為了達到使用者程式之 hardware independent 服務，module_led_init() 將再呼叫 board_led_init() 程式，以取得 firmware 模組之服務 (由硬體平台業者提供，為 hardware dependent)。board_

led_init() 程式碼則於 List 4.3 所示。

List 4.3　module_led_init() 之程式碼

```
void board_led_init (void)
{
        platform_board_gpio_output(LED_PORT[EPBB_LED0],          (a)
                                   LED_PIN[EPBB_LED0],
                                   LED_CLK[EPBB_LED0],
                                   GPIO_PuPd_UP
                                   );
        platform_board_gpio_output(LED_PORT[EPBB_LED1],          (b)
                                   LED_PIN[EPBB_LED1],
                                   LED_CLK[EPBB_LED1],
                                   GPIO_PuPd_UP
                                   );
        board_led_off(EPBB_LED0);                                (c)
        board_led_off(EPBB_LED1);                                (d)
}
```

List 4.3(a) 為將 PD13 設成輸出接腳，List 4.3(b) 為將 PD14 設成輸出接腳，List 4.3(c) 為將 PD13 設成輸出「0」，List 4.3(c) 為將 PD14 設成輸出「0」。

3. module_led_off() 函式是關掉對應的 LED (LED 不亮)。

4. module_led_toggle() 函式是對所對應的 LED 做 toggle 輸出，即 LED 原來是關掉的 (不亮)，則將其打開 (亮)；原來是打開的，則將其關掉。

5. VK_DELAY_MS(500) 函式是讓程式延遲 (delay) 500 毫秒後再繼續執行，此函式為 blocking 函式，即程式會停在此，直至 500 毫秒到了才會繼續往下執行。

表 4.1 列出使用者程式可呼叫之 LED 相關服務函式，使用者可利用這些函式控制對應之 LED。PTK 平台只有兩顆 LED 可使用，分別定義為 APP_LED0 與 APP_LED1。

表 4.1 LED 之相關控制函式

void	module_led_init(void)
	提供 PTK 平台之 LED 控制腳之初始化設定
int	module_led_on(uint8_t LED_ID)
	將所指定之 LED_ID 設定為 on，此處之 LED_ID 可為，APP_LED0 與 APP_LED1
int	module_led_off(uint8_t LED_ID)
	將所指定之 LED_ID 設定為 off，此處之 LED_ID 可為，APP_LED0 與 APP_LED1
int	module_led_toggle(uint8_t LED_ID)
	將所指定之 LED_ID 設定為目前狀態相反，即目前若為 on，則將其設為 off

4.2　按鍵輸入控制

圖 4.4 為 PTK 平台所提供之按鍵，雖然板子上有四顆按鍵，但實際可用的只有 Key 0, Key 1 兩顆，表 4.2 列出系統提供給使用者程式之按鍵相關服務函

圖 4.4　PTK 平台所提供之按鍵

表 4.2　按鍵相關之控制函式

void	module_button_init(void)
	將 APP_KEY0 與 APP_LEY1 所對應的 GPIO 腳做適度的初始化
MODULE_BUTTON_STATE_Typedef	module_button_get_state(uint8_t KEY_ID)
Return 值有： EPBB_KEY_RELEASED：表示按鍵沒被按下；EPBB_KEY_PRESSED：表示按鍵被按下	取得 KEY_ID 鍵之狀態，其中 KEY_ID 可為 APP_KEY0 或 APP_LEY1

式，使用者可利用這些函式取得對應之按鍵狀態。

　　PTK 平台提供兩個按鍵供使用者使用，分別定義為：APP_KEY0 與 APP_LEY1，其連接的 GPIO 接腳分別為 PA0 (Port A 的第 0 接腳) 與 PD15 (Port D 的第 0 接腳)。於 ePBB 軟體架構下，提供兩個按鍵控制之範例專案，分別為：
- Polling-based 按鍵輸入
- Interrupt-based 按鍵輸入

Polling-based 按鍵輸入

　　Polling-based 按鍵輸入，顧名思義，即是仰賴 polling 方式瞭解按鍵狀態，判定是否有被按下。請於 IAR EWARM 環境，開啟下列 ePBB 所提供之 non-OS 專案即可執行 polling-based 按鍵輸入範例。

ePBB\Applications\Projects\PTK-STM32F207\EWARM-V6\OS-None\base_button\demo.eww

　　此專案內，已包含的相關的驅動程式、函式庫與韌體，而使用者撰寫之應用程式是於 APP 區塊內之 main.c，List 4.4 為按鍵控制範例專案內之 main.c 內容。

　　(1) module_button_init() 函式：將兩顆按鍵所對應的 GPIO 腳做適度的初始化。

　　(2) module_button_get_state(APP_KEY0) 函式：取得 APP_KEY0 按鍵之狀態，其狀態主要有兩種：EPBB_KEY_RELEASED: 表示按鍵沒被按下；EPBB_KEY_PRESSE: 表示按鍵被按下。

　　(3) module_button_get_state(APP_KEY1) 函式：取得 APP_KEY1 按鍵之狀態。

Interrupt-based 按鍵輸入

　　所謂 interrupt-based 按鍵輸入即是當有按鍵被按下時，是利用中斷方式通知 CPU，即 CPU 可立即得知按鍵狀態的改變。請於 IAR EWARM 環境，開啟下列 ePBB 所提供之 non-OS 專案即可執行按鍵中斷輸入之範例。

ePBB\Applications\Projects\PTK-STM32F207\EWARM-V6\OS-None\base_button_irq\demo.eww

List 4.4 按鍵控制範例之 main.c 程式

```
void main (void)
{
        platform_board_init(SystemCoreClock);
        module_button_init();                                           (1)
        module_led_init();
        module_led_off(APP_LED0);
        module_led_off(APP_LED1);
        while (1){
            if (module_button_get_state(APP_KEY0) == EPBB_KEY_PRESSED){  (2)
                module_led_on(APP_LED0);
            }
            else{
                module_led_off(APP_LED0);
            }

            if (module_button_get_state(APP_KEY1) == EPBB_KEY_PRESSED){  (3)
                module_led_on(APP_LED1);
            }
            else{
                module_led_off(APP_LED1);
            }
        }
}
```

　　此專案之 APP 區塊內 main.c 程式之 main() 函式內容如 List 4.5 所示，此範例最主要功能為當 APP_KEY0 有被按下時，即產生外部中斷 0 (EXTI0) 之外部中斷通知 CPU，而外部中斷 0 之中斷服務副程式 (Interrupt Service Routing, ISR) 將 APP_LED0 做反向輸出 (Toggle 輸出)。

　　List 4.5 之程式碼所呼叫的函式大部分前面皆已介紹過，唯一不同的是 (1) EXTILine0_Config() 函式，其主要功能為將 PA0 輸入設定成外部中斷 0 (EXTI0)，以致能外部中斷 0。由於 PA0 輸入是連接至 APP_KEY0，所以只要 APP_KEY0 有被按下即會產生一個 EXTI0 的外部中斷。List 4.6 為 EXTILine0_Config() 程式碼。

第四章 Non-OS 之介面控制

List 4.5 按鍵中斷控制範例之 main() 程式

```
void  main (void)
{
    platform_board_init(SystemCoreClock);
    module_led_init();
            /* Configure EXTI Line0 (connected to PA0 pin) in interrupt mode */
    EXTILine0_Config();                                                          (1)
    module_led_off(APP_LED0);
    while (1){
        VK_DELAY_MS(500);
    }
}
```

List 4.6 EXTILine0_Config() 程式碼

```
void EXTILine0_Config (void)
{
        EXTI_InitTypeDef   EXTI_InitStructure;
        GPIO_InitTypeDef   GPIO_InitStructure;
        NVIC_InitTypeDef   NVIC_InitStructure;

        /* Enable GPIOA clock */
        RCC_AHB1PeriphClockCmd(RCC_AHB1Periph_GPIOA, ENABLE);
        /* Enable SYSCFG clock */
        RCC_APB2PeriphClockCmd(RCC_APB2Periph_SYSCFG, ENABLE);

        /* Configure PA0 pin as input floating */
        GPIO_InitStructure.GPIO_Mode = GPIO_Mode_IN;
        GPIO_InitStructure.GPIO_PuPd = GPIO_PuPd_NOPULL;
        GPIO_InitStructure.GPIO_Pin = GPIO_Pin_0;
        GPIO_Init(GPIOA, &GPIO_InitStructure);                                   (1)

        /* Connect EXTI Line0 to PA0 pin */
        SYSCFG_EXTILineConfig(EXTI_PortSourceGPIOA, EXTI_PinSource0);            (2)

        /* Configure EXTI Line0 */
        EXTI_InitStructure.EXTI_Line = EXTI_Line0;
        EXTI_InitStructure.EXTI_Mode = EXTI_Mode_Interrupt;
        EXTI_InitStructure.EXTI_Trigger = EXTI_Trigger_Falling;
        EXTI_InitStructure.EXTI_LineCmd = ENABLE;
        EXTI_Init(&EXTI_InitStructure);                                          (3)
```

```
        /* Enable and set EXTI Line0 Interrupt to the lowest priority */
        NVIC_InitStructure.NVIC_IRQChannel = EXTI0_IRQn;
        NVIC_InitStructure.NVIC_IRQChannelPreemptionPriority = 0x0F;
        NVIC_InitStructure.NVIC_IRQChannelSubPriority = 0x0F;
        NVIC_InitStructure.NVIC_IRQChannelCmd = ENABLE;
        NVIC_Init(&NVIC_InitStructure);                              (4)
}
```

(1) 設定 PA0 為輸入接腳。

(2) 將 PA0 與外部中斷 0 (EXTI0) 接在一起。

(3) 設定外部中斷 0 之觸發方式。

(4) 設定外部中斷 0 之中斷優先權,以致能外部中斷 0。

經過 EXTILine0_Config() 程式設定後,只要 APP_KEY0 被按下即會產生一個外部中斷 0 之中斷信號,系統將跳至其對應之中斷向量表執行。圖 4.5 為 TPK 系統 default 之中斷向量表內容。由圖 4.5 知,外部中斷 0 對應之中斷碼為 6,其對應之中斷服務副程式為 EXTI0_IRQHandler(),List 4.7 為 EXTI0_IRQHandler() 之程式碼。

List 4.7 EXTI0_IRQHandler() 為外部中斷 0 之中斷服務副程式,每當按鍵 APP_KEY0 被按一次,即會執行一次。

(1) 將 APP_LED0 做 toggle 顯示。

(2) EXTI_ClearITPendingBit(EXTI_Line0) 是將外部中斷 0 (EXTI0) 旗標清除。

List 4.7 EXTI0_IRQHandler() 程式碼

```
void EXTI0_IRQHandler (void)
{
        /* Toggle LED0 */
        module_led_toggle(APP_LED0);                    (1)

        /* Clear the EXTI line 0 pending bit */
        EXTI_ClearITPendingBit(EXTI_Line0);             (2)
}
```

中斷號碼	中斷服務副程式	
0	WWDG_IRQHandler,	// 0 Window Watchdog
1	PVD_IRQHandler,	// 1 PVD through EXTI Line detect
2	TAMPER_IRQHandler,	// 2 Tamper
3	RTC_IRQHandler,	// 3 RTC
4	FLASH_IRQHandler,	// 4 Flash
5	RCC_IRQHandler,	// 5 RCC
6	EXTI0_IRQHandler,	// 6 EXTI Line 0
7	EXTI1_IRQHandler,	// 7 EXTI Line 1
8	EXTI2_IRQHandler,	// 8 EXTI Line 2
9	EXTI3_IRQHandler,	// 9 EXTI Line 3
10	EXTI4_IRQHandler,	// 10 EXTI Line 4
11	DMA1_Channel1_IRQHandler,	// 11 DMA1 Channel 1
12	DMA1_Channel2_IRQHandler,	// 12 DMA1 Channel 2
13	DMA1_Channel3_IRQHandler,	// 13 DMA1 Channel 3
14	DMA1_Channel4_IRQHandler,	// 14 DMA1 Channel 4
15	DMA1_Channel5_IRQHandler,	// 15 DMA1 Channel 5
16	DMA1_Channel6_IRQHandler,	// 16 DMA1 Channel 6
17	DMA1_Channel7_IRQHandler,	// 17 DMA1 Channel 7
18	ADC1_2_IRQHandler,	// 18 ADC1 and ADC2
19	CAN1_TX_IRQHandler,	// 19 CAN1 TX
20	CAN1_RX0_IRQHandler,	// 20 CAN1 RX0
21	CAN1_RX1_IRQHandler,	// 21 CAN1 RX1
22	CAN1_SCE_IRQHandler,	// 22 CAN1 SCE
23	EXTI9_5_IRQHandler,	// 23 EXTI Line 9..5
24	TIM1_BRK_IRQHandler,	// 24 TIM1 Break
25	TIM1_UP_IRQHandler,	// 25 TIM1 Update
26	TIM1_TRG_COM_IRQHandler,	// 26 TIM1 Trigger and Commutation
27	TIM1_CC_IRQHandler,	// 27 TIM1 Capture Compare
28	TIM2_IRQHandler,	// 28 TIM2
29	TIM3_IRQHandler,	// 29 TIM3
30	TIM4_IRQHandler,	// 30 TIM4
31	I2C1_EV_IRQHandler,	// 31 I2C1 Event
32	I2C1_ER_IRQHandler,	// 32 I2C1 Error
33	I2C2_EV_IRQHandler,	// 33 I2C2 Event
34	I2C2_ER_IRQHandler,	// 34 I2C1 Error
35	SPI1_IRQHandler,	// 35 SPI1
36	SPI2_IRQHandler,	// 36 SPI2
37	USART1_IRQHandler,	// 37 USART1
38	USART2_IRQHandler,	// 38 USART2
39	USART3_IRQHandler,	// 39 USART3
40	EXTI15_10_IRQHandler,	// 40 EXTI Line 15..10
41	RTCAlarm_IRQHandler,	// 41 RTC alarm through EXTI line
42	OTG_FS_WKUP_IRQHandler,	// 42 USB OTG FS Wakeup through EXTI line
43	IrqHandlerNotUsed,	// 43 Reserved
44	IrqHandlerNotUsed,	// 44 Reserved
45	IrqHandlerNotUsed,	// 45 Reserved
46	IrqHandlerNotUsed,	// 46 Reserved
47	IrqHandlerNotUsed,	// 47 Reserved
48	IrqHandlerNotUsed,	// 48 Reserved
49	IrqHandlerNotUsed,	// 49 Reserved
50	TIM5_IRQHandler,	// 50 TIM5
51	SPI3_IRQHandler,	// 51 SPI3
52	USART4_IRQHandler,	// 52 UART4
53	USART5_IRQHandler,	// 53 UART5
54	TIM6_IRQHandler,	// 54 TIM6
55	TIM7_IRQHandler,	// 55 TIM7
56	DMA2_Channel1_IRQHandler,	// 56 DMA2 Channel1
57	DMA2_Channel2_IRQHandler,	// 57 DMA2 Channel2
58	DMA2_Channel3_IRQHandler,	// 58 DMA2 Channel3
59	DMA2_Channel4_IRQHandler,	// 59 DMA2 Channel4
60	DMA2_Channel5_IRQHandler,	// 60 DMA2 Channel5
61	ETH_IRQHandler,	// 61 Ethernet
62	ETH_WKUP_IRQHandler,	// 62 Ethernet Wakeup through EXTI line
63	CAN2_TX_IRQHandler,	// 63 CAN2 TX
64	CAN2_RX0_IRQHandler,	// 64 CAN2 RX0
65	CAN2_RX1_IRQHandler,	// 65 CAN2 RX1
66	CAN2_SCE_IRQHandler,	// 66 CAN2 SCE
67	OTG_FS_IRQHandler	// 67 USB OTG FS

圖 4.5　TPK 系統 default 之中斷向量表內容

4.3　指撥開關輸入控制

圖 4.6 為 PTK 平台上所提供之指撥開關,其為四個位元 (DIP0~DIP3) 的指撥開關,但實際可使用的只有 DIP0 與 DIP1,對應之名稱定義為 APP_DIPSW0,APP_DIPSW0,分別連接至 PA13 與 PA14 接腳,當 DIP 為 on 時其值為「0」,為 off 時其值為「1」。表 4.3 為系統提供給應用程式和指撥開關相關之服務函式,使用者可利用這些函式取得 DIP0/DIP1 之輸入狀態。

ePBB 軟體架構下,提供基本指撥開關範例專案,請於 IAR EWARM 環境下開啟下列專案:

圖 4.6　PTK 平台所提供之指撥開關

表 4.3　指撥開關之服務函式

void	module_dipsw_init(void)
	將 DIP0/DIP1 所對應的 PA13 與 PA14 接腳做適度的初始化
uint8_t	module_dipsw_sw_get_state(uint8_t dipsw_idx)
所取得的狀態為 8 位元之值,若其值為 0x11 表示 DIP0, DIP1 皆為 OFF;若其值為 0x10 表示 DIP0 為 on, DIP1 為 off;若其值為 0x01 表示 DIP0 為 off, DIP1 為 on;若其值為 0x00 表示 DIP0, DIP1 皆為 on	取得指撥開關 dipsw_idx 之狀態,此 dipsw_idx 即為 APP_DIPSW0
MODULE_DIPSP_DIP_STATE_Typedef	module_dipsw_dip_get_state(uint8_t sw_idx, MODULE_DIPSW_DIP_IDX_Typdef dip_idx)
所取得之位元狀態值可為: EPBB_DIPSW_ON(值 =0) EPBB_DIPSW_OFF(值 =1)	取得 sw_idx 之指撥開關之第 dip_idx 為位元狀態值,此處之 sw_idx 為 APP_DIPSW0,而 dip_idx 可為 EPBB_DIP0_IDX 或 EPBB_DIP1_IDX

ePBB\Applications\Projects\PTK-STM32F207\EWARM-V6\OS-None\base_dip_switch\demo.eww

此專案內之主程式 main() 程式碼列於 List 4.8。其中：

(1) 對 PA13 與 PA14 接腳做適度的初始化，

(2) 取得 APP_DIPSW0 之狀態，判斷 DIP0 是否為 on，若為 on 則將 APP_LED0 設為 on，否則將 APP_LED0 設為 off。

(3) 取得 APP_DIPSW0 之狀態，判斷 DIP1 是否為 on，若為 on 則將 APP_LED1 設為 on，否則將 APP_LED1 設為 off。

List 4.8 指撥開關範例之 main() 程式碼

```
void main (void)
{
        platform_board_init(SystemCoreClock);
        module_dipsw_init();                                                    (1)
        module_led_init();
        module_led_off(APP_LED0);
        module_led_off(APP_LED1);
        while (1){
            if (!(module_dipsw_sw_get_state(APP_DIPSW0) & 0x01)){
                module_led_on(APP_LED0);                                        (2)
            }
            else{
                module_led_off(APP_LED0);
            }
            if (!(module_dipsw_sw_get_state(APP_DIPSW0) & 0x02)){
                module_led_on(APP_LED1);                                        (3)
            }
            else{
                module_led_off(APP_LED1);
            }
        }
}
```

4.4 七段顯示器顯示控制

圖 4.7 為 PTK 平台所提供之七段顯示器,名稱定義為 APP_SEG1,其所使用到的 GPIO 接腳分別為 PD2、PD3、PD4、PB3、PE13、PE14 與 PE15。表 4.4 為 ePBB 環境下,提供給應用程式使用七段顯示器相關之服務函式。

ePBB 軟體架構下,提供基本七段顯示器範例專案,請於 IAR EWARM 環境下開啟下列專案:

圖 4.7 PTK 平台所提供之七段顯示器

表 4.4 七段顯示器之服務函式

void	module_7segment_init(void)
	將七段顯示器所對應的 GPIO 接腳做適度的初始化
int	module_7segment_blank(uint8_t seg)
	將 seg 之七段顯示器關成全暗,此時之 seg 為 APP_SEG1
int	module_7segment_put_number(uint8_t seg, uint8_t u08Xdigit)
	將 u08Xdigit 的值顯示於 seg 七段顯示器上,此時之 seg 為 APP_SEG1,而 u08Xdigit 值的範圍為 0x0~0xF
int	module_7segment_put_pattern(uint8_t seg, uint8_t u08XPattern)
	將 u08XPattern 之值直接對應顯示至 seg 七段顯示器上,其中 u08XPattern 值的 bit 0 是對應至 seg 七段顯示器之 a LED 段,依序對應,直至 bit 6 是對應至 seg 七段顯示器之 g LED 段,其中 u08XPattern 的位元值為「1」代表亮,為「0」代表暗

ePBB\Applications\Projects\PTK-STM32F207\EWARM-V6\OS-None\base_7segment\demo.eww

此專案內之主程式 main() 程式碼列於 List 4.9。其中：

(1) 對七段顯示器相對應之 GPIO 接腳做適度的初始化。
(2) 將 APP_SEG1 七段顯示器設成全暗。
(3) 將 APP_SEG1 七段顯示器的顯示內容設成變數 i 之值。

List 4.9　七段顯示器範例之 main() 程式碼

```
void main (void)
{
        uint8_t i;
        platform_board_init(SystemCoreClock);
        module_7segment_init();                                         (1)
        while (1){
            module_7segment_blank(APP_SEG1);                            (2)
            VK_DELAY_MS(1000);
            for (i=0; i < 16; i++){
                module_7segment_put_number(APP_SEG1, i);                (3)
                VK_DELAY_MS(1000);
            }
        }
}
```

4.5　蜂鳴器輸出控制

PTK 平台提供一個蜂鳴器 (buzzer) 供使用者使用，其對應的 GPIO 腳為 PC8，表 4.4 為系統提供給應用程式關於蜂鳴器之服務函式，使用者可利用這些函式來驅動蜂鳴器之狀態。

ePBB 軟體架構下，提供基本蜂鳴器範例專案，請於 IAR EWARM 環境下開啟下列專案：

ePBB\Applications\Projects\PTK-STM32F207\EWARM-V6\OS-None\base_buzzer\demo.eww

表 4.4　指撥開關之服務函式

void	module_buzzer_init (void)
	將蜂鳴器對應的 PC8 接腳做適度的初始化，並設定 PC8 與 Timer 的 PWM 相連，而 PWM 之頻率設定為 2 kHz
void	module_buzzer_on (void)
	將蜂鳴器所對應的 PWM Timer 啟動，即產生 2 kHz 的聲音
void	module_buzzer_off(void)
	將蜂鳴器所對應的 PWM Timer 關掉

此專案內之主程式 main() 程式碼列於 List 4.10。其中：

(1) 對蜂鳴器之 GPIO 做初始化設定，並設定此 GPIO 與 Timer 的 PWM 輸出相連，而 PWM 的輸出頻率為 2 kHz。
(2) 將蜂鳴器產生 2 kHz 頻率之聲音。
(3) 關掉蜂鳴器之聲音。

List 4.10　蜂鳴器範例之 main() 程式碼

```
void main (void)
{
        platform_board_init(SystemCoreClock);
        module_buzzer_init();                           (1)
        while (1){
            module_buzzer_on();                         (2)
            VK_DELAY_MS(500);
            module_buzzer_off();                        (3)
            VK_DELAY_MS(1000);
        }
}
```

4.6 分壓計 (AVR)-ADC 測試

圖 4.8 為 PTK 平台所提供一個分壓計 (potentiometer)，稱為 APP_VR1，其是連接至 ADC (Analogy-Digital Converter, 類比數位轉換器) 輸入，利用 ADC 讀取其電壓值，使用者可利用所讀取分壓計電壓值，控制 LED 亮度或閃爍程度。表 4.5 為系統提供給應用程式關於分壓計之服務函式，使用者可利用這些函式取得分壓計之電壓值。

ePBB 軟體架構下，提供分壓計範例專案，請於 IAR EWARM 環境下開啟下列專案：

圖 4.8 PTK 平台所提供之分壓計

表 4.5 分壓計之服務函式

void	module_trimmer_init(uint8_t vr_idx)
	對分壓計初始化，即對所對應之 ADC 做適度的初始化，此處之 vr_idx 需設為 APP_VR1
void	module_trimmer_start(uint8_t vr_idx)
	啟動分壓計的使用，即啟動對應之 ADC，此處之 vr_idx 需設為 APP_VR1
void	module_trimmer_stop(uint8_t vr_idx)
	停止分壓計的使用，即停止對應之 ADC，此處之 vr_idx 需設為 APP_VR1
int	module_trimmer_get_value(uint8_t vr_idx, uint32_t *p_val)
	利用 ADC 取得 vr_idx (APP_VR1) 分壓計之電壓值，其值放於 *p_val。由於 ADC 為 12-bit (即最大值為 0xFFF)，取得之電壓值是藉於 0~3.3v，即取得之分壓計電壓值為 (*p_val *3300/0xFFF)mv

ePBB\Applications\Projects\PTK-STM32F207\EWARM-V6\OS-None\base_trimmer\demo.eww

此專案內之主程式 main() 程式碼列於 List 4.11。其中：

(1) 對 UART1(RS-232) 做初始化設定，其目的是要將由 ADC 讀到分壓計電壓值，經由 RS-232 傳送至 PC 端（假設 PC 與 PTK 平台有利用 RS-232 連接）。
(2) 對分壓計所對應的 ADC 做初始化。
(3) 啟動分壓計所對應的 ADC 模組。
(4) 執行 app_dispaly 函式，其主要目的是取得分壓計電壓值並經由 RS-232 送出，其對應的程式碼列於 List 4.12。

List 4.11 分壓計範例之 main() 程式碼

```
Void main (void)
{
        MODULE_UART_INFO_Typedef *p_uart_info;

        platform_board_init(SystemCoreClock);
        p_uart_info = module_uart_init(APP_UART1,
                    (B115200 | CS8 | CSTOP_1 | PAR_NONE));        (1)

        module_trimmer_init(APP_VR1);                             (2)
        module_trimmer_start(APP_VR1);                            (3)
        while (1){
            app_display(p_uart_info);                             (4)
            VK_DELAY_MS(500);
        }
}
```

List 4.12 為 app_display 副程式之程式碼，其主要目的是取得分壓計之電壓值並以 RS-232 傳送至 PC 端，相關程式碼說明如下：

(1) 取得 APP_VR1 之電壓值，其值利用變數 vr_value 回傳。
(2) 由於 ADC 為 12-bit，其電壓值是介於 0~3.3V，利用此行程式將取回之 vr_value 轉為相對之電壓值。

(3) 取得轉換後電壓值之伏特值。

(4) 取得轉換後電壓值之毫伏特值 (mv)。

(5) 利用 RS-232 將取得之分壓計值回傳至 PC 終端機。

List 4.12 app_display( ) 程式碼

```
static void
app_display (MODULE_UART_INFO_Typedef *p_uart_info)
{
static   uint32_t   pre_v=~0, pre_mv=~0;
         uint32_t   v=0,mv=0, vr_value;

         if (module_trimmer_get_value(APP_VR1, &vr_value) != EPBB_TRIMMER_OK){    (1)
             return ;
         }

         vr_value = vr_value *3300/0xFFF;                                          (2)

         v = (vr_value)/1000;                                                      (3)
         mv = (vr_value%1000)/100;                                                 (4)
         if (v != pre_v || mv != pre_mv){
             module_uart_printf(p_uart_info, "VR1 = %d.%d V      \n", v, mv);     (5)
             pre_v = v; pre_mv = mv;
                 }
}
```

4.7　搖桿

　　圖 4.9 為 PTK 平台所提供之左右兩個搖桿 (joystick)，分別稱為 APP_ADC_JOYSTK1 與 APP_ADC_JOYSTK2。搖桿的數值是由 12-bit ADC 取得，其所讀取之數值範圍為 0x000~0xFFF，當搖桿未移動時，其值約為 0xFFF/2 即 0x7FF，如圖 4.9 所示，當搖桿往左移動時，其數值為減少，反之，往右移動時，其數值增加。而 ADC 取得搖桿數值之方式為仰賴 DMA (Direct Memory Access) 與中

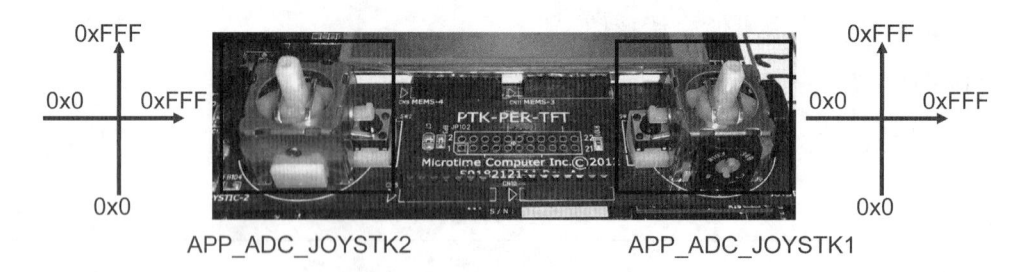

圖 4.9　PTK 平台所提供之搖桿

斷，利用 DMA 將 ADC 轉換之數值搬至記憶體 (g_PreADCConvertedValue [i])，當 DMA 搬好資料後，則利用中斷方式通知 CPU，而此 DMA 中斷服務副程式會呼叫搖桿驅動程式之 call back function，此驅動程式之 call back function 再將 g_PreADCConvertedValue [i] 內的資料搬至 g_ADCConvertedValue[i] 內，此時，若使用者應用程式有向搖桿驅動程式註冊使用者 call back function，則搖桿驅動程式之 call back function 會再呼叫使用者的 call back function 即使用者應用程式可藉由使用者 call back function 得知已取得一筆新的搖桿資訊。表 4.6 為系統提供給應用程式關於搖桿之服務函式，使用者可利用這些函式取得搖桿之狀態。

ePBB 軟體架構下，提供搖桿範例專案，請於 IAR EWARM 環境下開啟下列專案：

ePBB\Applications\Projects\PTK-STM32F207\EWARM-V6\OS-None\per_joystick\demo.eww

此專案內之主程式 main() 程式碼列於 List 4.13。其中，

(1) 對 PTK 平台上之液晶螢幕做初始化。
(2) 設定液晶螢幕之前景與背景顏色。
(3) 對液晶螢幕的第「0」行輸出「Test Joystick」文字。
(4) 對搖桿相關的 GPIO 與 ADC 做初始化設定。
(5) 註冊 ADC 驅動程式之 call back function 至啟動 ADC 之 DMA 功能，並致能 DMA 中斷服務副程式，啟動 ADC 之 DMA 功能，使其能 DMA 中斷服務副程式。

表 4.6　搖桿之服務函式

void	module_joystick_init(void)
	除了設定相對之 GPIO 腳外，亦對 ADC 做適度的初始化
void	module_joystick_start(void)
	設定驅動程式的 call back function 至 DMA 的中斷服務副程式，同時啟動 ADC 之 DMA 中斷功能
	module_joystick_stop(void)
	將驅動程式的 call back function 由 DMA 的中斷服務副程式移除，並停止 ADC 之 DMA 中斷功能
void	module_joystick_adc_isr_callback_register(DRVJOY_DMAISR_CALLBACK Callback, uint32_t u32UserData)
	將 callback 副程式及其對應的參數 u32UserData 設為驅動程式 call back function 內的應用程式之 call back function。
void	module_joystick_adc_isr_callback_unregister(void)
	將應用程式之 call back function 由驅動程式之 call back function 移除
int	module_joystick_get_value(uint8_t joystick_idx, uint16_t *p_val)
	取得 joystick_idx 之數值，放於 *p_val 內，其中 joystick_idx 可以為： APP_ADC_JOYSTK1_X APP_ADC_JOYSTK1_Y APP_ADC_JOYSTK2_X APP_ADC_JOYSTK2_Y

(6) 執行 app_dispaly 函式，其主要目的是取得左右搖桿之 X,Y 軸值，並顯示於液晶螢幕上，其對應的程式碼列於 List 4.14。

List 4.13　Joystick 範例之 main() 程式碼

```
void main (void)
{
        platform_board_init(SystemCoreClock);

        module_gui_init();                                          (1)
        module_gui_set_color(GUI_WHITE, GUI_BLACK);                 (2)
        module_gui_text_string_line(0, "Test Joystick");            (3)

        module_joystick_init();                                     (4)
        module_joystick_start();                                    (5)
        while (1){
            app_display();                                          (6)
            VK_DELAY_MS(50);
        }
}
```

List 4.14　app_display( ) 程式碼

```
static void app_display (void)
{
  uint16_t    gADCValue[4];
  int         i;

  for (i=0; i < 4; i++){
     module_joystick_get_value(APP_ADC_JOYSTK1_X+i, &gADCValue[i]);        (1)
  }

  module_gui_text_printf_line(1, "Joy1_X=%03X, Y=%03X, Joy2_X=%03X, Y=%03X",
               gADCValue[0], gADCValue[1], gADCValue[2], gADCValue[3]);   (2)
}
```

List 4.14 為 app_display 副程式之程式碼，相關程式碼說明如下：

(1) 左右搖桿之 X,Y 軸值。

(2) 將其得之 X, Y 軸值顯示液晶螢幕上。

4.8 光感測器

圖 4.10 為 PTK 平台所提供光感測器 (light sensor)，此光感測器元件為 Intersil 之 ISL29023，其內部有一個 16-bit ADC 用以轉換所感測之光訊號資料，CPU 可利用 I^2C 介面下命令與讀取感測數值，而此 I^2C 溝通介面於 PTK 平台之編號為「APP_I2C2」。ISL29023 可感測之光有一般白光與紅外線光，基於省電考量，其允許連續感測或每下一次指令才感測一次，而內部 ADC 解析度可為 4-bit、8-bit、12-bit 與 16-bit 四種供選擇，感測的光亮度最大值可設為 1000 LUX、4000 LUX、16000 LUX 與 64000 LUX 四種，另外，此晶片另提供主動中斷告知 CPU 之功能，即當感測的光線數值小於最低容許的臨界值 (lowest threshold) 或高於最高的臨界值 (highest threshold)，則主動產生中斷訊號通知 CPU 做後續處理。為了避免因打雷、閃光燈等造成感測瞬間的誤差，造成錯誤動作，此晶片亦提供 interrupt persist 功能，即超出臨界值之現象要維持一定時間方會產生中斷訊號，此一定之時間可設定為 1 個感測週期、4 個感測週期、8 個感測週期或 16 個感測週期。表 4.7 為系統提供給應用程式關於 ISL29023 光感測器之服務函式，使用者可利用這些函式取得／設定光感測器之感測值。

ePBB 軟體架構下，提供光感測之範例專案，請於 IAR EWARM 環境下開啟下列專案：

ePBB\Applications\Projects\PTK-STM32F207\EWARM-V6\OS-None\base_light\demo.eww

圖 4.10 PTK 平台所提供之光感測器

表 4.7　光感測器之服務函式

int	module_isl29023_cfg_set(uint8_t i2c_id, ISL29023_CFG *p_isl29023_cfg)
	設定 isl29023 光感測器之運作參數，即利用 i2c_id 之 I²C 通道將 *p_isl29023_cfg 結構內容設定至 isl29023 晶片，其中 i2c_id 為 APP_I2C2，而 ISL29023_CFG 結構如下： typedef　struct　st_isl29023_cfg { 　uint8_t　　OpMode;　　　　　　　　　(1) 　uint8_t　　InterruptPersistCycle;　　　(2) 　uint8_t　　ADCBit;　　　　　　　　　(3) 　uint8_t　　RangeFSR;　　　　　　　　(4) 　uint16_t　 OverLowLimit;　　　　　　 (5) 　uint16_t　 OverHighLimit;　　　　　　(6) } ISL29023_CFG; (1) 決定 isl29023 是操作在何種模式，表 4.8 為各種操作模式之設定值 (2) 設定異常光線強度要持續多少感測週期才會產生中斷信號通知 CPU，表 4.9 為 interrupt persist 之設定值 (3) 決定內部 ADC 轉換器之解析度，其設定值如表 4.10 所示 (4) 設定感測器可感測之最大流明值，其設定值如表 4.11 所示 (5) 中斷警示之最小流明臨界值 (6) 中斷警示之最大流明臨界值
int	module_isl29023_lux_get(uint8_t i2c_id, uint16_t *p_temp_val)
	由 i2c_id 之 I²C 通道取得目前所感測之光線流明值，並存放於 *p_temp_val 之變數。其中 i2c_id 為 APP_I2C2

表 4.8　操作模式之設定值

設定值	操作模式
000	關掉感測器
001	每下一次指令即感測白光強度一次
010	每下一次指令即感測紅外線光強度一次
100	保留
101	每下一次指令即連續感測白光強度
110	每下一次指令即連續感測紅外線光強度
111	保留

表 4.9 Interrupt Persist 之設定值

設定值	持續多少感測週期
00	1
01	4
10	8
11	16

表 4.10 ADC 解析度之設定值

設定值	ADC 解析器
00	16-bit
01	12-bit
10	8-bit
11	4-bit

表 4.11 感測器之最大感測流明值設定

設定值	最大感測流明數
00	1000
01	4000
10	16000
11	64000

此專案內之主程式 main() 程式碼列於 List 4.15。其中：

(1) 將 APP_I2C2 之 I²C 通道設成 7-bit 之位址格式，其傳輸速度設定為 400000。

(2) 設定 ISL29023 是操作在連線感測模式、interrupt persist 設定為 16 個感測週期，使用 16-bit ADC，最大可感測之流明為 64000，最小流明臨界值設為 0，最大流明臨界值 0xFFFF。

(3) 執行 app_sensor_update 函式，其主要目的是取得光感測器值並記錄起來，其對應的程式碼列於 List 4.16。

List 4.15 光感測範例之 main() 程式碼

```
void main (void)
{
        ISL29023_CFG    isl29023_cfg;
        uint8_t         i2c_no = APP_I2C2;
        int             err;
        platform_board_init(SystemCoreClock);
        err = module_i2c_init(i2c_no, I2C_ADDRESS_7BIT, 400000);           (1)
            if (err != EPBB_I2C_OK){
```

```
                return ;
        }
        /* Configure the sensor.      */
        isl29023_cfg.OpMode                = ISL29023_OP_MODE_ALS_CNT;
        isl29023_cfg.InterruptPersistCycle = ISL29023_INT_PRESIST_CYCLE_16;
        isl29023_cfg.ADCBit                = ISL29023_ADC_BIT_16;
        isl29023_cfg.RangeFSR              = ISL29023_RANGE_FSR_64000;
        isl29023_cfg.OverLowLimit          = 0;
        isl29023_cfg.OverHighLimit         = 0xffff;
        module_isl29023_cfg_set(i2c_no, &isl29023_cfg);                    (2)

        while (1){
            app_sensor_update(i2c_no);                                     (3)
            VK_DELAY_MS(100);
        }
}
```

List 4.16　app_sensor_update( ) 程式碼

```
static int app_sensor_update (uint8_t i2c_id)
{
static    uint16_t   pre_lux, cur_lux;

        if (module_isl29023_lux_get(i2c_id, &cur_lux) != EPBB_SENSOR_OK){
            return (EPBB_SENSOR_ERR);
        }
        if (cur_lux != pre_lux){
            pre_lux = cur_lux;
            TRACE_MSG("current lux.=%d\n", cur_lux);
        }
        return (EPBB_SENSOR_OK);
}
```

4.9　溫度感測

　　圖 4.11 為 PTK 平台所提供溫度感測器 (temperature sensor)，此溫度感測器元件為 ST 之 STLM75，其內部有一個 9-bit ADC 用以轉換所感測之溫度資料，

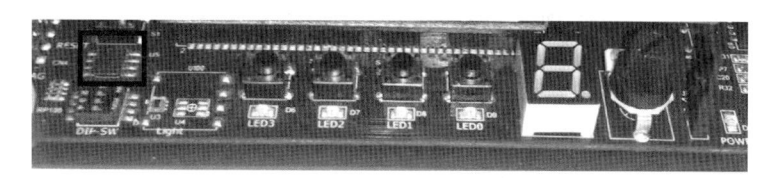

圖 4.11 PTK 平台所提供之溫度測器

可感測之溫度範圍為 -55°C~125°C，所感測的溫度資料以 9-bit 表示，其中 MSB 為 sign-bit，即 MSB 為「0」表正的溫度，「1」表負的溫度，CPU 可利用 I²C 介面下命令與讀取感測數值，其最快傳輸頻率為 400 kHz，此 I²C 溝通介面於 PTK 平台之編號為「APP_I2C1」。另外，ITLM75 提供溫度過高之主動警報功能；當感測溫度高過所設定之臨界值 (T_{OS})，且持續時間超過所設定的容忍時間 (fault tolerance 時間)，則將主動對 CPU 產生中斷 (產生 OS*/INT 訊號)，通知 CPU 此異常現象。ITLM75 有兩種工作模式：比較模式 (Comparator mode) 與中斷模式 (Interrupt mode)，圖 4.12 為不同運作模式下，OS*/INT 訊號輸出狀況。

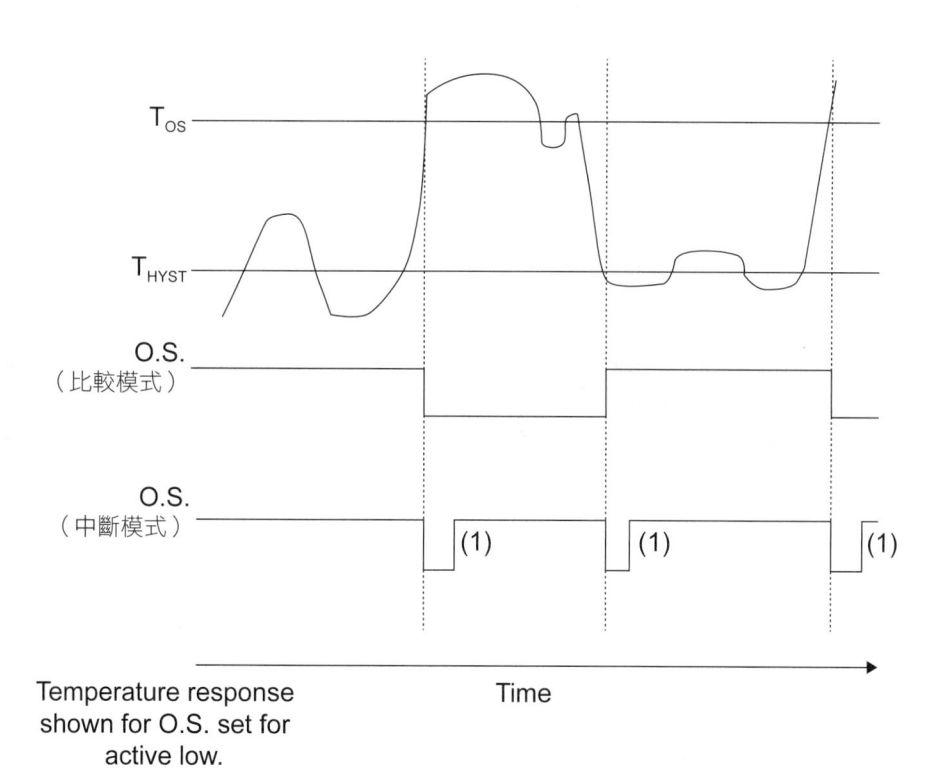

圖 4.12 不同模式下 STLM75 之 OS*/INT 訊號輸出狀況

如圖 4.12 所示，當感測溫度超過 T_{OS} 臨界溫度且持續時間超過所設定的容忍時間 (fault tolerance)，則會觸發 OS*/INT 訊號，若此時是運作於比較模式，則此觸發訊號要直至感測溫度低於所設定的磁滯溫度 (Hysteresis temperature, T_{HYS}) 才會回復至 inactive 狀態；若是操作於中斷模式，則只要感測溫度高 T_{OS} 臨界溫度或低於 T_{HYS} 磁滯溫度，皆會經由 OS*/INT 產生中斷訊號。表 4.12 四種可能的容忍時間設定值，其分別可設為連續 1 次、2 次、4 次或 6 次感測溫度。表 4.13 為 STLM75 主要控制暫存器之格式，「FT0」，「FT1」之設定內容即為表 4.12 所示，「POL」決定 OS*/INT 訊號動作之準位，「M」決定工作在比較模式或中斷模式，而「SD」則是設定進入 shutdown 情況。表 4.14 為系統提供給應用程式關於 STLM75 溫度感測器之服務函式，使用者可利用這些函式取得／設定溫度感測器之感測值。

表 4.12 容忍時間設定值

設定值 FT1	FT0	Consecutive Faults
0	0	1
0	1	2
1	0	4
1	1	6

表 4.13 STLM75 控制暫存器格式

Byte	MSB Bit7	Bit6	Bit5	Bit4	Bit3	Bit2	Bit1	LSB Bit0
STLM75	Reserved	0	0	FT1	FT0	POL	M	SD
Default	0	0	0	0	0	0	0	0

Keys: SD = shutdown control bit
    M = therrnostat mode(1)
    POL = output polarity(2)
    FT0 = fault tolerance0 bit
    FT1 = fault tolerancel bit
    Bit 5 = must be set to '0'.
    Bit 6 = must be set to '0'.
    Bit 7 = must be set to '0'. Reserved.

1. Indicales operation mode; 0 = comparalor mode, and 1 = interrupt mode.
2. The OS is activel-low ('0').

表 4.14 溫度測器之服務函式

int	module_stlm75_cfg_set(uint8_t i2c_id, STLM75_CFG *p_stlm75_cfg)

	設定 ISTLM75 溫度感測器之運作參數，即利用 i2c_id 之 I2C 通道將 *p_stlm75_cfg 結構內容設定至 STLM75 晶片，其中 i2c_id 為 APP_I2C1，而 STLM75_CFG 結構如下：
	 typedef struct st_stlm75_cfg
	 {
	   int IntPol; (1)
	   int Mode; (2)
	   int16_t OverLimitTemp; (3)
	   int16_t HystTemp; (4)
	   uint8_t FaultLevel; (5)
	   //CPU_FNCT_VOID AlarmCallBackFnct; (6)
	 } STLM75_CFG;
	
	 (1) 決定 OS*/INT 輸出訊號動作之電位
	 (2) 設定 ISTLM75 是操作於比較模式或中斷模式
	 (3) 設定 T_{OS} 臨界溫度值
	 (4) 設定 T_{HYS} 磁滯溫度值
	 (5) 設定容忍時間

int	module_stlm75_temp_get(uint8_t i2c_id, uint8_t temp_unit, int16_t *p_temp_val)
	由 i2c_id 之 I^{2}C 通道取得目前所感測之溫度值，並存放於 *p_temp_val 之變數。其中 i2c_id 為 APP_I2C1

ePBB 軟體架構下，提供溫度感測之範例專案，請於 IAR EWARM 環境下開啟下列專案：

ePBB\Applications\Projects\PTK-STM32F207\EWARM-V6\OS-None\base_temperature\demo.eww

此專案內之主程式 main() 程式碼列於 List 4.17。其中：

(1) 將 APP_I2C1 之 I^{2}C 通道設成 7-bit 之位址格式，其傳輸速度設定為 100000。

(2) 設定 ISTLM75 是操作在中斷模式、T_{OS} 臨界溫度值設定為 88°C，T_{HYS} 磁滯溫度值設定為 1°C，容忍時間設為「1」，OS*/INT 輸出訊號之動

作電位設為「Hi」。

(3) 執行 app_sensor_update() 函式，其主要目的是取得溫度感測器值並由七段顯示器輸出，其對應的程式碼列於 List 4.18。

List 4.17 溫度感測範例之 main() 程式碼

```c
void main (void)
{
        STLM75_CFG    stlm75_cfg;
        uint8_t       i2c_no = APP_I2C1;
        int           err;

        platform_board_init(SystemCoreClock);
        module_7segment_init();
        module_7segment_blank(APP_SEG1);
        err = module_i2c_init(i2c_no,                                              (1)
                              I2C_ADDRESS_7BIT,
                              100000);
        if (err != EPBB_I2C_OK){
            return ;
        }

        /* Configure the sensor.      */
        stlm75_cfg.FaultLevel    = (uint8_t)STLM75_FAULT_LEVEL_1;
        stlm75_cfg.HystTemp      = (int16_t)1;
        stlm75_cfg.IntPol        = (int)STLM75_INT_POL_HIGH;
        stlm75_cfg.Mode          = (int)STLM75_MODE_INTERRUPT;
        stlm75_cfg.OverLimitTemp = (int16_t)88;

        module_stlm75_cfg_set(i2c_no, &stlm75_cfg);                                (2)
        while (1){
            app_sensor_update(i2c_no);
            VK_DELAY_MS(100);
        }
}
```

List 4.18 app_sensor_update( ) 程式碼

```c
static int
app_sensor_update (uint8_t i2c_id)
{
static    int16_t    pre_AppTempSensorDegC;
          int16_t    temp_sensor;

          if (module_stlm75_temp_get(i2c_id,
                    (uint8_t) STLM75_TEMP_UNIT_CELSIUS,
                    (int16_t *)&temp_sensor) != EPBB_SENSOR_OK){

              return (EPBB_SENSOR_ERR);
          }

          AppTempSensorDegC        = temp_sensor;
          //AppTempSensorDegF       = ((temp_sensor * 9)/5) + 32;

          if (pre_AppTempSensorDegC != AppTempSensorDegC){
              pre_AppTempSensorDegC = AppTempSensorDegC;
              module_7segment_put_number(APP_SEG1, AppTempSensorDegC%10);
              TRACE_MSG("current Temp.=%d\n", AppTempSensorDegC);
          }

          return (EPBB_SENSOR_OK);
}
```

4.10　UART/RS-232

　　非同步串列傳輸 (Universal Asynchronous Receiver Transmitter, UART) 即 RS-232 傳輸應用介面，為 EIA 協會 (Electronic Industries Association) 所制定的標準，廣泛應用於微電腦系統中，此標準通常被用在終端機 (Data Terminal Equipment，DTE 即為電腦端) 與數據機 (Data Communication Equipment，DCE 即為 Modem 端)，或其他周邊設備間的串列傳輸介面標準，其連接方式如圖 4.13 所示。

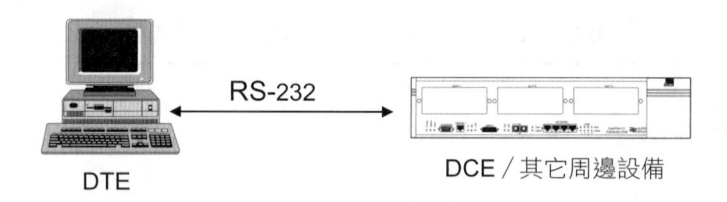

圖 4.13　DTE 與 DCE 或其他設備之連接

在傳輸過程中，最重要的即是接收端與傳送端之資料接收同步問題。因為傳送端送出的串列資料有一定的傳輸速率，接收端也必須具有相同的接收速率，而且在取樣資料時必須在資料穩定的時刻，因此最好能在每個位元寬度的一半時間取樣，也就是在位元時序的中間取樣最安全。

因此在非同步串列傳輸裡，傳送端與接收端必須選擇相同的傳輸速率 (如：1200, 2400, 4800, 9600 等等)，單位為鮑率 (baud rate)，其定義為每秒傳輸線上訊號變化的速率。要注意的是鮑率並不定等於資料傳輸之速率 (data rate)，因有可能一個傳輸訊號會代表多個位元值，如此 data rate 將遠大於 baud rate。如：若 baud rate 為 1 kHz，而每個訊號變化可代表 2-bit 資料，則其 data rate 即為 1 kHz × 2 = 2 kbps (bit per second)，即每秒可傳送 2 kbits 資料。

RS-232 之連接接頭，目前主要採用 9-pin 之 DB-9 接頭，如圖 4.14 所示，於這九個接腳中，會使用有三個接腳，分別為第 2、第 3 與第 5 接腳。

第 2 腳：資料傳送接腳 (TxDATA),

第 3 腳：資料傳送接腳 (RxDATA),

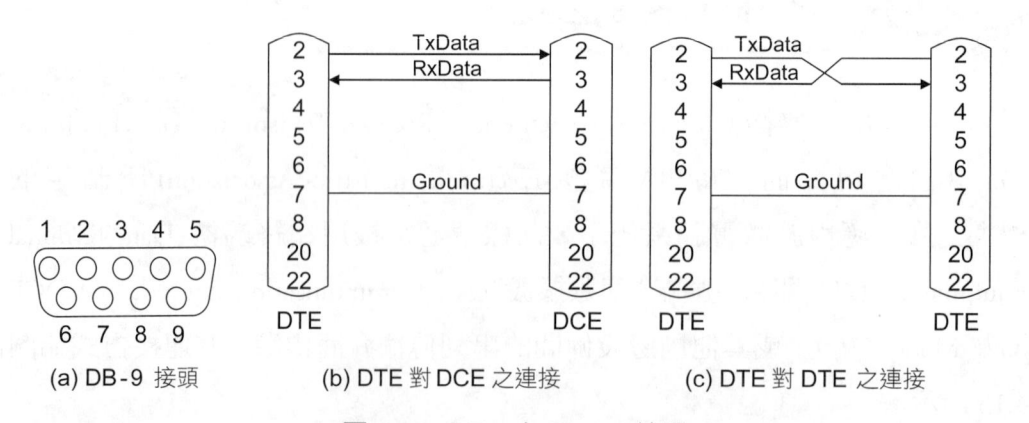

(a) DB-9 接頭　　(b) DTE 對 DCE 之連接　　(c) DTE 對 DTE 之連接

圖 4.14　DB-9 之 RS-232 接頭

第 5 腳：接地腳 (signal ground)。

RS-232 為全雙工式之通訊傳輸，最簡單的連接方式僅需三條 (TxDATA、RxDATA 與接地線) 即可達到傳輸目的，如圖 4.14(b) 與 4.14(c) 所示，圖 4.14(b) 為 DTE (如：電腦端或其他周邊設備) 對 DCE (如：Modem 端) 之連接法，而圖 4.14(c) 為 DCE 對 DCE 之連接方式。

圖 4.15 為 PTK 平台所提供的 RS-232 介面，表 4.15 為系統提供給應用程式關於 RS-232 介面之服務函式，使用者可利用這些函式來使用 RS-232 介面。

ePBB 軟體架構下，提供 RS-232 傳輸介面之範例專案，請於 IAR EWARM 環境下開啟下列專案：

ePBB\Applications\Projects\PTK-STM32F207\EWARM-V6\OS-None\base_uart\demo.eww

此專案內之主程式 main() 程式碼列於 List 4.19。其中：

(1) 設定 APP_UART1 RS-232 介面之傳輸格式為：baud rate 是 115200、每次傳輸之資料長度為 8-bit、1 個結束位元，無同位元檢查。
(2) 由 p_uart_infor 所記錄之 RS-232 之 descriptor，傳送「\nHello World !!!\n」內容，其中「\n」為換行之意思。
(3) 由 p_uart_infor 所記錄之 RS-232 之 descriptor 中，取得一字元，存於 &ch 位址。
(4) 由 p_uart_infor 所記錄之 RS-232 之 descriptor，傳送一個 ch 字元。
(5) 傳送字元為換行『\r』時，則傳送「\n」才可真正換行。

圖 4.15
PTK 平台所提供之
RS-232 介面

表 4.15 RS-232 介面之服務函式

MODULE_UART_INFO_Typedef*	module_uart_init(int port, uint32_t u32Config)

typedef struct uart_info_st
{
  void   *user_data;
  uint32_t c_flag;
  uint8_t   irq_no;
  uint8_t   init;
  uint8_t   dummy[2];
  uint16_t so_buf_put_idx, so_buf_get_idx;
  uint16_t si_buf_put_idx, si_buf_get_idx;
  uint8_t   si_buf[SI_BUF_LEN];
  uint8_t   so_buf[SO_BUF_LEN];
} MODULE_UART_INFO_Typedef;
	設定 RS-232 介面傳輸之基本參數：baud rate、資料長度、結束位元長度與是否有同位元，若有的話為奇同位或偶同位。此處之 port 為 APP_UART1。呼叫此函式之回傳值為記錄使用此 RS-232 介面所需參數之 uart_info_st 之結構，即回傳值可看此 RS-232 之 descriptor

int	module_uart_put_char(MODULE_UART_INFO_Typedef *uart_info, char ch)
	*uart_info 為 RS-232 之 descriptor，經由此 descriptor 所描述之 RS-232 介面傳輸一個字元 (ch)
int	module_uart_put_nbytes(MODULE_UART_INFO_Typedef *uart_info, unsigned char *ch, uint16_t u16DataSizes)
	*uart_info 為 RS-232 之 descriptor，經由此 descriptor 所描述之 RS-232 介面傳輸 u16DataSizes 個字元，所傳輸字元之啟始位址為 ch
int	module_uart_put_str(MODULE_UART_INFO_Typedef *uart_info, char *str)
	*uart_info 為 RS-232 之 descriptor，經由此 descriptor 所描述之 RS-232 介面傳輸一個字串，字串啟始位址為 *str
int	module_uart_printf(MODULE_UART_INFO_Typedef *p_uart_port, char *fmt,...)
	*p_uart_port 為 RS-232 之 descriptor，經由此 descriptor 所描述之 RS-232 介面傳輸一個 printf 之格式內容，其格式內容記錄於 *fmt
int	module_uart_get_char(MODULE_UART_INFO_Typedef *uart_info, char *ch)
	*uart_info 為 RS-232 之 descriptor，經由此 descriptor 所描述之 RS-232 介面接收一個字元，將此字元存於 *ch
int	module_uart_query_char(MODULE_UART_INFO_Typedef *p_uart_port)
	*uart_info 為 RS-232 之 descriptor，經由此 descriptor 所描述之 RS-232 介面詢問其 receiver buffer 之狀態

List 4.19　溫度感測範例之 main() 程式碼

```
void main (void)
{
        MODULE_UART_INFO_Typedef *p_uart_info;
        char ch;

        platform_board_init(SystemCoreClock);
        p_uart_info = module_uart_init(APP_UART1,
                            (B115200 | CS8 | CSTOP_1 | PAR_NONE)
                            );                                                   (1)
        module_uart_printf(p_uart_info, "\nHello World !!!\n");                   (2)

        while (1){
            if (module_uart_get_char(p_uart_info, &ch) == EPBB_UART_OK){          (3)
                module_uart_put_char(p_uart_info, ch);                            (4)
                if (ch == '\r'){
                    module_uart_put_char(p_uart_info, '\n');                      (5)
                }
            }
        }
}
```

4.11　EEPROM

　　PTK 平台使用 YMC 公司所生產之 Y24LC02 提供 256 byte EEPROM 記憶體，使用者可利用 I²C 介面對此晶片做資料讀寫之動作，其中，將資料寫到晶片之方法有兩種，說明於下：

● **Byte write**：啟動一次 I²C 傳輸 (所謂傳輸即為啟始條件與結束條件之間) 僅寫 1-byte 資料至 EEPROM，其寫入之時序如圖 4.16 所示。寫入傳輸的開始，是由啟始條件帶頭，接著 MCU 會送出 7-bit address + R/W# bit，以告知是對哪一個 I²C 元件操作，而操作的目的為做資料寫入。在 R/W# 位元之後 Y24LC02 會回傳一個 Ack 位元，MCU 收到 Ack 訊號後，即接著送出 8-bit 之

EEPROM 位址，告知是對哪一個記憶體位址做寫入。在 EEPROM 位址之後，Y24LC02 會回傳 Ack-bit，當收到 Y24LC02 所回傳之 Ack-bit，若是 MCU 要寫至 EEPROM 的資料，則 MCU 立即傳送 8-bit 之資料。當 HT24LC04 收到 8-bit 資料後，先將其暫存至內部緩衝器 (buffer)，並立即回傳一個 Ack 位元給 MCU，當 MCU 收到 Ack-bit 時，即產生 stop 條件，以結束此次傳輸。

- **Page Write**：Page Write 傳輸和 Byte Write 相似，差別在於 MCU 收到第一筆寫入資料的 Ack-bit 時，並不立即停止傳輸，而是繼續傳送要寫入的資料，此時，Y24LC02 會自動將內部 EEPROM 位址的低 3-bit 做加 1 的動作，即每啟動一次 Page Write 資料寫入傳輸，最多可寫入 8-byte 資料。如圖 4.17 所示，當第一個 data 寫入後，當 MCU 收到 Y24LC02 回傳的 Ack-bit 後，並不是立即產生 stop 條件，而是可繼續傳送 data，最多可再傳送 7-byte 資料，最後才是產生 stop 條件以結束 page write 之傳輸。Y24LC02 之 EEPROM 資料讀取方式和寫入方式類似，差別在於當 I^{2}C 元件位址後緊接著之 R/W# 位元值為「1」，對 Y24LC02 而言，其讀取模式有三種：目前位址讀取、隨機讀取與

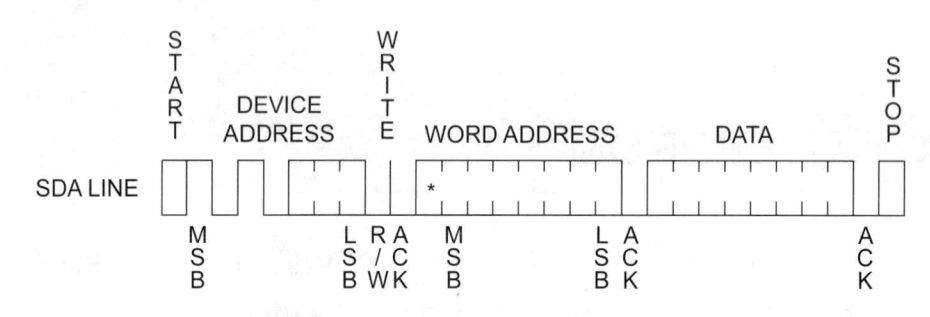

圖 4.16 Byte write 寫入之時序協定

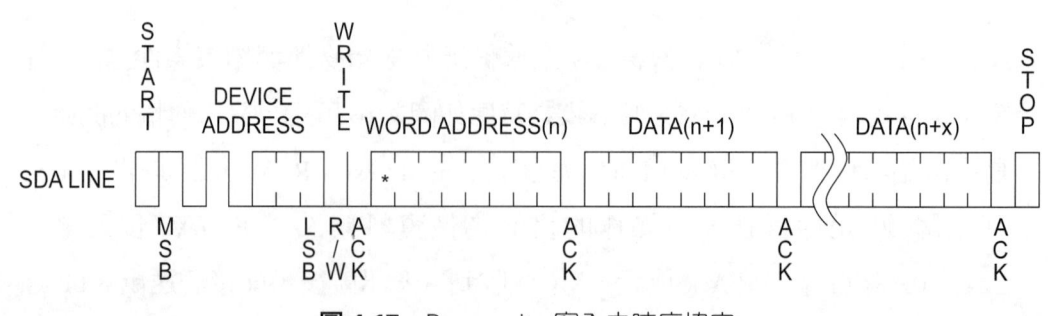

圖 4.17 Page write 寫入之時序協定

循序讀取。

- **目前位址讀取** (Current address read)：以目前內部所記錄之 EEPROM 位址，做資料讀取。當對目前位址讀取資料時，內部 EEPROM 位址計數器內容會自動加 1，當溢位時 (即 11111111à00000000)，則資料是由最後一個 page 的最後一個位元組，到第一個 page 的第一個位元組。圖 4.18 為目前位址讀取模式之時序圖，當 MCU 收到資料時，需回一個 No Ack 與結束信號給 Y24LC02，以告知讀取傳輸的結束。

- **隨機讀取** (Random read)：圖 4.19 為隨機讀取模式之時序，其有兩個啟始條件，第一個啟始條件主要是將要讀取之記憶體位址寫入內部記憶體位址計數器，而第二個啟始條件才是真正由記憶體讀取資料，當資料讀到時，MCU 需回一個 No Ack 與結束信號給 Y24LC02，以告知讀取傳輸的結束。

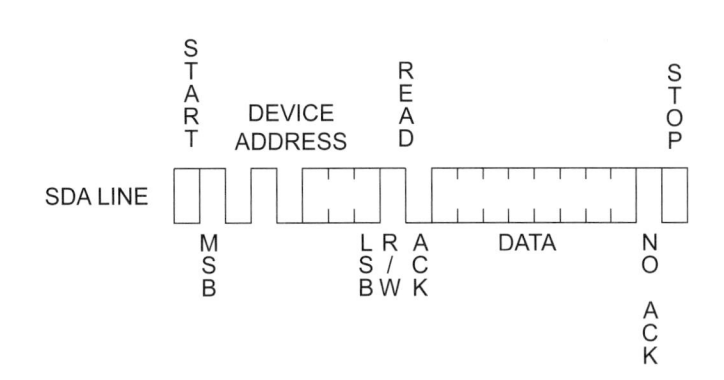

圖 4.18 目前位址讀取模式之時序

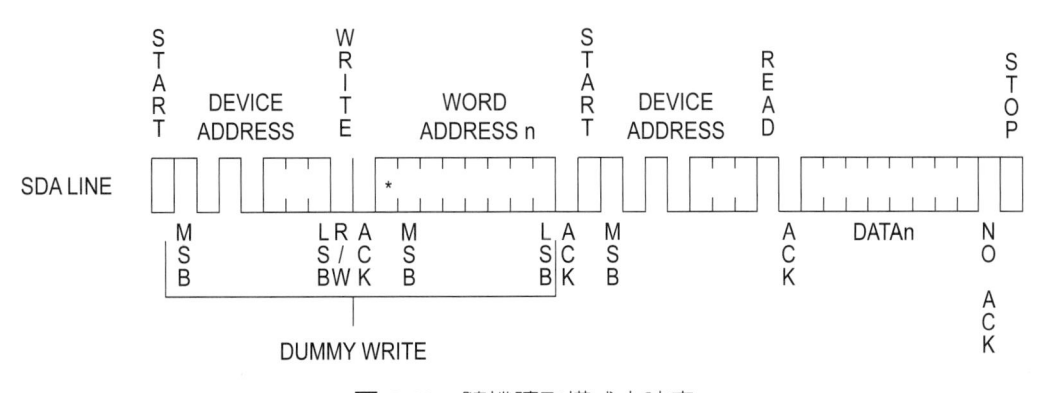

圖 4.19 隨機讀取模式之時序

● **循序讀取** (Sequential read)：循序讀取模式所開始讀取之記憶體位址為目前 EEPROM 內部所記錄之位址或是以隨機讀取模式方式，指定啟始讀取之位址。圖 4.20 是以目前內部記憶體位址計數器之內容為位址開始讀取多筆資料，當 MCU 讀取到資料之最後一個位元組時，需回一個 No Ack 與結束信號給 Y24LC02，以告知循序讀取傳輸的結束。

表 4.16 為系統提供給應用程式關於 EEPROM 記憶體服務函式，使用者可利用這些函式對 EEPROM 記憶體做讀寫動作。

ePBB 軟體架構下，提供 RS-232 傳輸介面之範例專案，請於 IAR EWARM 環境下開啟下列專案：

ePBB\Applications\Projects\PTK-STM32F207\EWARM-V6\OS-None\ base_eeprom \ demo.eww

此專案內之主程式 main() 程式碼列於 List 4.20。其中：
(1) 設定 EEPROM 元件所使用之 I^2C 編號。
(2) 初始化所使用之 I^2C 介面。
(3) 範例程式之主體，其對應的程式碼列於 List 4.21。

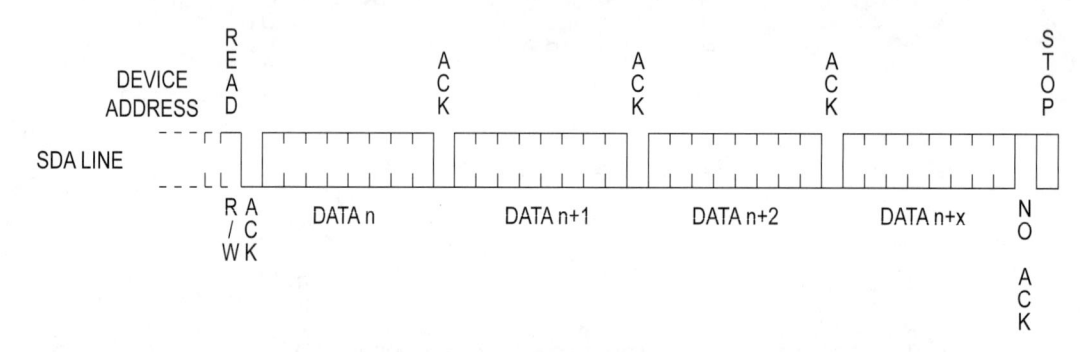

圖 4.20 循序讀取模式之時序

表 4.16 EEPROM 記憶體之服務函式

int	module_eeprom_wr_byte(i2c_no, eeprom_addr, 0, u08Data)
可能的回傳值：EPBB_I2C_OK EPBB_I2C_ERR	寫 1-byte 資料至 EEPROM。其中，i2c_no 為 EEPROM 所接之 I^{2}C 編號，目前 EEPROM 所用到的 I^{2}C 編號為「APP_I2C3」，透過 APP_I2C3 介面寫 1-byte 資料至 EEPROM，其中 eeprom_addr 為 EEPROM 之 I^{2}C 位址，其值為「I2C_ADDR_Y24LC02」，u08Data 為要寫入之資料。
int	module_eeprom_rd_byte(i2c_no, eeprom_addr, 0, &u08Data)
可能的回傳值：EPBB_I2C_OK EPBB_I2C_ERR	由 EEPROM 讀取 1-byte 資料。其中 i2c_no 為「APP_I2C3」，eeprom_addr 為「I2C_ADDR_Y24LC02」，&u08Data 則為所讀取 1-byte 資料所要放置之變數位址。
int	module_eeprom_wr_word(i2c_no, eeprom_addr, 0, u16Data)
可能的回傳值：EPBB_I2C_OK EPBB_I2C_ERR	寫 1-word (2-byte) 資料至 EEPROM。其中，i2c_no 為「APP_I2C3」，eeprom_addr 為「I2C_ADDR_Y24LC02」，u16Data 為要寫入之資料。
int	module_eeprom_rd_word(i2c_no, eeprom_addr, 0, &u16ReadData)
可能的回傳值：EPBB_I2C_OK EPBB_I2C_ERR	由 EEPROM 讀取 1-word (2-byte) 資料。其中 i2c_no 為「APP_I2C3」，eeprom_addr 為「I2C_ADDR_Y24LC02」，&u16Read 為所讀取 1-word 資料所要放置之變數位址。
int	module_eeprom_wr_nbytes(i2c_no, eeprom_addr, 0, write_buf, nbytes)
可能的回傳值：EPBB_I2C_OK EPBB_I2C_ERR	寫 n-byte 資料至 EEPROM。其中，i2c_no 為「APP_I2C3」，eeprom_addr 為「I2C_ADDR_Y24LC02」，第三個參數固定為「0」，write_buf 為要寫入之資料陣列位址，nbytes 為要寫入之 byte 數目。
int	module_eeprom_rd_nbytes(i2c_no, eeprom_addr, 0, read_buf, nbytes)
可能的回傳值：EPBB_I2C_OK EPBB_I2C_ERR	由 EEPROM 讀取 n-byte 資料。其中，i2c_no 為「APP_I2C3」，eeprom_addr 為「I2C_ADDR_Y24LC02」，第 3 個參數固定為「0」，read_buf 為要存放所讀取之資料位址，nbytes 為要讀取之 byte 數目。

List 4.20 EEPROM 範例之 main() 程式碼

```
void
main (void)
{
        int     err;
        uint8_t i2c_no = APP_I2C3;                          (1)

        platform_board_init(SystemCoreClock);
        err = module_i2c_init(i2c_no,                       (2)
                              I2C_ADDRESS_7BIT,
                              400000);
        if (err != EPBB_I2C_OK){
            return ;
        }

        test_eeprom(i2c_no);                                (3)
        while(1){};
}
```

(1) 寫入 1-byte 資料至 EEPROM 後再由 EEPROM 讀出 1-byte，比對所讀的值是否與所寫入的值相同。

(2) 寫入 1-word 資料至 EEPROM 後再由 EEPROM 讀出 1-word，比對所讀的值是否與所寫入的值相同。

(3) 設定 write_buf 陣列之內容。

(4) 將 read_buf 陣列內容皆設為 0。

(5) 寫入 255-byte 資料至 EEPROM 後再由 EEPROM 讀出 255-byte。

(6) 比對所讀的值是否與所寫入的值相同。

List 4.21 test-eeprom 程式碼

```
static void
test_eeprom (uint8_t i2c_no)
{
        uint8_t   write_buf[255], read_buf[255];
        int       eeprom_cnt, i, loop;
        uint16_t  u16Data, u16ReadData;
        uint8_t   eeprom_addr;
        uint8_t   nbytes ;
        uint8_t   u08Data;

        eeprom_cnt = 0;
```

```c
            eeprom_addr = I2C_ADDR_Y24LC02;
            for (loop=0; loop < 2; loop++){
                // write/read byte from EEPROM
                u08Data = 0;
                if (module_eeprom_wr_byte(i2c_no, eeprom_addr, 0, u08Data)    ==              (1)
                                        EPBB_I2C_OK &&
                        module_eeprom_rd_byte(i2c_no, eeprom_addr, 0, &u08Data) ==
                                        EPBB_I2C_OK && u08Data == 0){
                }
                else{
                    eeprom_cnt++;
                }

                // write/read word from EEPROM
                u16Data = 0x1234;
                u16ReadData = 0;
                if (module_eeprom_wr_word(i2c_no, eeprom_addr, 0, u16Data)    ==              (2)
                                        EPBB_I2C_OK &&
                        module_eeprom_rd_word(i2c_no, eeprom_addr, 0, &u16ReadData) ==
                                        EPBB_I2C_OK &&
                        u16ReadData == u16Data){
                }
                else{
                    eeprom_cnt++;
                }

                // write/read nbyte from EEPROM
                for (i=0; i < 255; i++){
                    write_buf[i] = (uint8_t)i;                                                (3)
                    read_buf[i] = 0;                                                          (4)
                }
                nbytes = 255;
                if (module_eeprom_wr_nbytes(i2c_no, eeprom_addr, 0, write_buf, nbytes) ==
                                        EPBB_I2C_OK &&
                    module_eeprom_rd_nbytes(i2c_no, eeprom_addr, 0, read_buf, nbytes) ==     (5)
                                        EPBB_I2C_OK ){
                    for (i=0; i < 255; i++){
                        if (read_buf[i] != write_buf[i]){                                    (6)
                            eeprom_cnt++;
                        }
                    }
                }
                else {
                    eeprom_cnt++;
                }
                VK_DELAY_MS(100);
            }
        }
```

4.12　LCD 顯示器

　　PTK 平台提供一個 320 × 240 的 LCD 螢幕，MCU 是藉由 SPI 介面與 LCD 溝通與決定顯示內容。對 LCD 螢幕而言，其左上角為座標的起點，於繪圖模式下，X 為水平軸，Y 為垂直軸；於文字模式下，每個文字大小為 8 × 8 pixel，即 320 × 240 的 LCD 螢幕被分割為 30 列 (row, 0~29) × 40 行 (column, 0~39) 的文字顯示。圖 4.21 為 PTK 平台所提供的 320 × 240 的 LCD 螢幕，表 4.17 為系統提供給應用程式關於 LCD 螢幕之文字模式顯示相關的服務函式，使用者可利用這些函式來驅動 LCD 螢幕輸出顯示，表 4.18 為 LCD 螢幕之繪圖模式顯示相關的服務函式。

圖 4.21　PTK 平台所提供之 320 × 240 的 LCD 螢幕

表 4.17　LCD 螢幕之文字模式顯示相關的服務函式

void	module_gui_init(void)
	針對 LCD 溝通之 SPI 介面做初始化
void	module_gui_backlight(int enabled)
	控制 LCD 之背光是否開啟，若未開啟，則 LCD 無法顯示，enabled 之值可為 DEF_ENABLED (開啟背光) 或 DEF_DISABLED(關掉背光)
void	module_gui_delay_ms(uint32_t ms)
	提供多少 ms 的 delay 時間，ms 值為欲 delay 的時間

表 4.17　LCD 螢幕之文字模式顯示相關的服務函式（續）

void	module_gui_clear(uint32_t Color)
	以所給的參數顏色覆蓋整個 LCD 螢幕，其中 color 可以為： GUI_RED、GUI_GREEN、GUI_BLUE、GUI_CYAN、GUI_MAGENTA、GUI_YELLOW、GUI_ORANGE、GUI_PURPLE、GUI_GRAY、GUI_MAROON、GUI_SILVER、GUI_BROWN、GUI_WHITE、GUI_BLACK 或 GUI_RGB(r,g,b) 函式自己決定 r, g, b 之值
void	module_gui_set_color(uint32_t TextColor, uint32_t BackColor)
	設定文字的字體顏色 (TextColor) 與其底色 (BackColor)
void	module_gui_set_text_color(uint32_t TextColor)
	設定文字的字體顏色 (TextColor)
void	module_gui_set_back_color(uint32_t BackColor)
	設定文字的底色 (BackColor)
void	module_gui_get_color(uint32_t *pTextColor, uint32_t *pBackColor)
	取得目前游標所在位置之字體顏色與其底色設定值，字體顏色由 *pTextColor 回傳，字體底色由 *pBackColor 回傳
void	module_gui_text_char(int ch)
	由目前游標所在位置顯示一個字元, 其字元為 ch
void	module_gui_text_string(char *p_string)
	由目前游標所在位置顯示一字串內容, *p_string 記錄要顯示的字串位址
void	module_gui_text_printf(char *fmt,...)
	由目前游標所在位置以 printf 的格式顯示，*fmt 記錄 printf 要顯示輸出之格式位址，如： module_gui_text_printf("open %s fail\n", pFilename);
void	module_gui_text_char_line(int x, int y, int ch)
	由指定座標 (x, y) 中顯示一字元 ch
void	module_gui_text_string_line(int line, char *p_string)
	指定由第 line 列開始顯示一字串，*p_string 為欲顯示之字串位址
void	module_gui_text_printf_line(int line, char *fmt,...)
	指定由第 line 列開始，以 printf 格式顯示，*fmt 記錄 printf 要顯示輸出之格式位址

表 4.17　LCD 螢幕之文字模式顯示相關的服務函式（續）

void	module_gui_text_printf_line_column(int line, int column, char *fmt,...)
	由指定座標 (line, column) 中，以 printf 格式顯示，*fmt 記錄 printf 要顯示輸出之格式位址
void	module_gui_text_char_at(int ch, int x, int y, uint32_t text_color, uint32_t bk_color)
	由指定座標 (x, y) 中顯示一字元 ch，其顯示之字元顏色為 text_color，背景顏色為 bk_color
void	module_gui_text_string_at (char *pString, int x, int y, uint32_t text_color, uint32_t bk_color)
	由指定座標 (x, y)，以 printf 格式顯示，*pString 記錄 printf 要顯示輸出之格式，其顯示之顏色為 text_color，背景顏色為 bk_color
void	module_gui_text_clear_line(int line)
	以目前所設定之顯示背景顏色，覆蓋第 line 列，即將第 line 列清除
int	module_gui_get_xsize()
	回傳 LCD 螢幕 x 軸之 pixel 數
int	module_gui_get_ysize()
	回傳 LCD 螢幕 y 軸之 pixel 數

表 4.18　LCD 螢幕之繪圖模式顯示相關的服務函式

void	module_gui_draw_pixel(int x, int y, uint32_t color)
	於指定之 (x,y) 座標位置的點 (pixel) 以 color 之顏色顯示
void	module_gui_draw_line(int x1, int y1, int x2, int y2, uint32_t color)
	由座標 (x1, y1) 至座標 (x2, y2) 畫一條以 color 顏色顯示之直線
void	module_gui_draw_hline(int x, int y, uint16_t Len, uint32_t Color)
	由座標 (x, y) 開始，畫一條以 color 顏色顯示之水平直線，其直線長度為 len 個 pixel
void	module_gui_draw_vline(int x, int y, uint16_t Len, uint32_t Color)
	由座標 (x, y) 開始，畫一條以 Color 顏色顯示之垂直直線，其直線長度為 len 個 pixel
void	module_gui_draw_rect(int x, int y, int Height, int Width)
	由座標 (x, y) 開始，畫一矩形，矩形之高度為 height 個 pixel，寬度為 width 個 pixel

表 4.18 LCD 螢幕之繪圖模式顯示相關的服務函式（續）

void	module_gui_draw_rect_color(int x, int y, int Height, int Width, uint32_t Color)
	以 color 顏色於座標 (x, y) 開始，畫一矩形，矩形之高度為 height 個 pixel，寬度為 width 個 pixel
void	module_gui_draw_rect_fill_color(int x, int y, int Height, int Width, uint32_t Color)
	於座標 (x, y) 開始，畫一矩形，矩形之高度為 height 個 pixel，寬度為 width 個 pixel，並將此矩形以 color 顏色填滿
int	module_gui_bmp_draw(int x, int y, &fp)
	由 SD 卡讀取 &fp 所指之 bitmap 檔案，並將其顯示於座標 (x, y)

ePBB 軟體架構下，提供 LCD 顯示之範例專案，請於 IAR EWARM 環境下開啟下列專案：

ePBB\Applications\Projects\PTK-STM32F207\EWARM-V6\OS-None\per_lcd\demo.eww

此專案內之主程式 main() 程式碼列於 List 4.22。其中：

(1) LCD 螢幕之 SPI 傳輸介面初始化。

(2) 設定顯示的文字為黑底白字。

(3) 以 printf 格式由第 0 列印字「Hello」並換列。

(4) delay 一小段時間。

(5) 呼叫 test_bitmap() 副程式，由 SD 卡讀取照片（bit map 檔），以繪圖模式顯示照片於 LCD 螢幕上。

(7) 以 au32Color[i] 陣列所設的顏色清除 LCD 螢幕。

(6) 呼叫 test_draw_line() 副程式，以繪圖模式於 LCD 螢幕畫線。

(7) 以藍色為底清除 LCD 螢幕。

List 4.23 test_bitmap() 副程式說明如下：

(1) 設定以 FATF 格式讀取 SD 卡。

(2) 由 SD 卡開啟 pFilename 所指之檔案名稱，並將其 file descriptor 記錄於 &fp。

(3) 將 &fp 所對應的 bitmap 檔由 SD 卡讀出並顯示於 LCD 螢幕之 (0,0) 座標。

List 4.22 LCD 顯示範例之 main() 程式碼

```
void
main (void)
{
        uint32_t au32Color [] = {
            GUI_RED,      GUI_GREEN,    GUI_BLUE,
            GUI_WHITE,    GUI_BLACK
        };
        int i, cnt;

        platform_board_init(SystemCoreClock);

        module_gui_init();                                              (1)
        module_gui_set_color(GUI_WHITE, GUI_BLACK);                     (2)
        cnt = 1;
        while (1){
            // display string
            module_gui_text_printf_line(0, "Hello %d\n", cnt++);        (3)
            module_gui_delay_ms(GUI_DEMO_DELAY);                        (4)

            // display bitmap
            test_bitmap();                                              (5)

            // clear screen with color
            for (i=0; i < ARRAY_LENGTH(au32Color); i++){
                module_gui_clear(au32Color[i]);                         (6)
                module_gui_delay_ms(GUI_DEMO_DELAY);
            }

            // display line function.
            test_draw_line();                                           (7)

            module_gui_clear(GUI_BLUE);                                 (8)
        }
}
```

List 4.23 LCD 顯示範例之 test_bitmap() 程式碼

```
static void
test_bitmap (void)
{
        char        *aFilename[]= {"ballon.bmp"};
        char        *pFilename;
        FIL         fp;
        FRESULT     FileReturn;
        int         i;

        f_mount(0, &g_FATFs[0]);                                        (1)

        for (i=0; i < ARRAY_LENGTH(aFilename); i++){
            pFilename = aFilename[i];
            FileReturn = f_open(&fp, pFilename, FA_OPEN_EXISTING | FA_READ); (2)
            if (FileReturn == FR_OK){
                if (module_gui_bmp_draw(0, 0, &fp) != EPBB_GUI_OK){     (3)
                    module_gui_text_printf("Draw %s fail\n", pFilename);
                }
                f_close(&fp);
            }
            else{
                module_gui_text_printf("open %s fail\n", pFilename);

            }
            module_gui_delay_ms(GUI_DEMO_DELAY);
        }
}
```

List 4.24 test_draw_line() 副程式說明如下：

(1) 取得 x- 軸之最大值。

(2) 取得 y- 軸之最大值。

(3) 由左上角至右下角畫一對角線。

(4) 由左下角至右上角畫一對角線。

(5) 由座標 (10,10) 畫一高 30-pixel，寬 50-pixel 之矩形。

List 4.24 LCD 顯示範例之 test_draw_line() 程式碼

```
static void
test_draw_line (void)
{
        int     xres, yres;
        int     x1,    y1, height, width;

        xres = module_gui_get_xsize();                                  (1)
        yres = module_gui_get_ysize();                                  (2)

        module_gui_draw_line(0, 0, xres -1, yres-1, GUI_WHITE);         (3)
        module_gui_draw_line(0, yres-1, xres-1, 0, GUI_WHITE);          (4)

        x1 = 10; y1 = 10; height = 30; width = 50;
        module_gui_draw_rect(x1, y1, height, width);                    (5)
        module_gui_delay_ms(GUI_DEMO_DELAY);
}
```

4.13 觸控面板

　　PTK 平台於 320 × 240 的 LCD 螢幕上貼有相對的觸控面板 (Touch Panel)，此觸控面板是藉由 I2C 介面與 MCU 溝通，使用者可藉由表 4.19 所提供之函式，使用觸控面板功能，取得螢幕接觸位置，取得之觸控位置除了水平軸 X 與垂直軸 Y 之座標值外，Z- 軸之值代表該 (X,Y) 點之壓力，即判定是否有被按下，基本上，Z 值大於 20 表示有按下。

　　ePBB 軟體架構下，提供觸控面板之範例專案，請於 IAR EWARM 環境下開啟下列專案：

ePBB\Applications\Projects\PTK-STM32F207\EWARM-V6\OS-None\per_touch\demo.eww

表 4.19 觸控面板相關的服務函式

int	module_touch_init(int i2c_idx)
	對觸控面板之 I²C 溝通介面做初始化，此處之 i2c_idx 為 APP_I2C9，為觸控面板之 I²C 的通道編號
int	module_touch_active_x(int i2c_idx)
	利用 i2c_idx 之 I²C 通道啟動觸控面板之 X- 軸感測
int	module_touch_active_y(int i2c_idx)
	利用 i2c_idx 之 I²C 通道啟動觸控面板之 Y- 軸感測
int	module_touch_active_z(int i2c_idx)
	利用 i2c_idx 之 I²C 通道啟動觸控面板之 Z- 軸感測 (判斷是否有被按下)
int	module_touch_measure_x(int i2c_idx)
	利用 i2c_idx 之 I²C 通道取得目前觸控面板之 X- 軸感測值
int	module_touch_measure_y(int i2c_idx)
	利用 i2c_idx 之 I²C 通道取得目前觸控面板之 Y- 軸感測值
int	module_touch_measure_z(int i2c_idx)
	利用 i2c_idx 之 I²C 通道取得目前觸控面板之 Z- 軸感測值
void	module_touch_isr_enable(int i2c_idx)
	利用 i2c_idx 之 I²C 通道，設定觸控面板若有被按下時，主動對 MCU 產生中斷
void	module_touch_isr_callback_set(FNCT_VOID Callback)
	設定觸控面板驅動程式之 call back function，即觸控面板產生中斷時，驅動程式將呼叫此 Callback function，即時取得被按下之位置資訊
void	module_touch_isr_disable(int i2c_idx)
	利用 i2c_idx 之 I²C 通道，關掉觸控面板被按下之中斷功能

此專案內之主程式 main() 程式碼列於 List 4.25。其中：

(1) 針對觸控面板之 I²C 溝通介面做初始化。

(2) 執行 app_display() 副程式，主要是經由 APP_I2C9 溝通啟動觸控面板之 X- 軸、Y- 軸、Z- 軸之感測，並取得其感測值，顯示於 LCD 螢幕，List 4.26 為 app_display() 副程式之內容。

List 4.25 觸控面板範例之 main() 程式碼

```
void
main (void)
{
        uint8_t     i2c_no = APP_I2C9;

        platform_board_init(SystemCoreClock);

        module_gui_init();
        module_gui_clear(GUI_WHITE);
        module_gui_set_color(GUI_BLUE, GUI_WHITE);

        module_touch_init(i2c_no);                                          (1)
        while (1){
            app_display(i2c_no);                                            (2)
            VK_DELAY_MS(10);
        }
}
```

List 4.26 觸控面板範例之 app_display() 副程式碼

```
static void
app_display (int i2c_idx)
{
        int    x, y, z, pressed;
        int    err;
        err = module_touch_active_x(i2c_idx);
        if (err == -1){
            return;
        }
        VK_DELAY_MS(1);
        x = module_touch_measure_x(i2c_idx);
        if (x == -1){
            return;
        }
        err = module_touch_active_y(i2c_idx);
        if (err == -1){
            return;
        }
        VK_DELAY_MS(1);
        y = module_touch_measure_y(i2c_idx);
```

```c
        if (y == -1){
            return;
        }
        err = module_touch_active_z(i2c_idx);
        if (err == -1){
            return;
        }
        VK_DELAY_MS(1);
        z = module_touch_measure_z(i2c_idx);
        if (z == -1){
            return;
        }

        pressed = (z > 20);

        module_gui_text_printf_line(2, "x=%04d, y=%04d, Pen:%s", x, y, pressed ? "Down" : "Up   ");
}
```

CHAPTER 5

uC/OS-II 即時作業系統

　　大部分嵌入式系統皆應用於即時作業環境 (Real-time System)，即其對外部事件的反應有時間上的限制 (time constraint)，需於時間內 (deadline 前) 對外部事件做出適度反應，否則將對系統造成不同程度之影響。對即時性嵌入式系統而言，其程式的撰寫不單單只考慮邏輯的正確性，尚需考量時間因素，方可讓系統正常運作。例如應用於戰鬥機之控制系統，當雷達發現有飛彈發射過來時，控制器收到此訊號，必須於飛彈擊中飛機前做出適度反應，若未能即時做出反應將造成嚴重結果。為了讓程式設計者，有效的管理／使用系統資源，減少即時性嵌入式系統程式撰寫的複雜度，通常會仰賴即時性作業系統 (Real-time Operating Systems, RTOS)，提供多工程式撰寫 (multi-task programming) 環境，以滿足系統即時性之反應需求，圖 5.1 為具 RTOS 之嵌入式系統架構。

圖 5.1
具 RTOS 之嵌入式系統架構

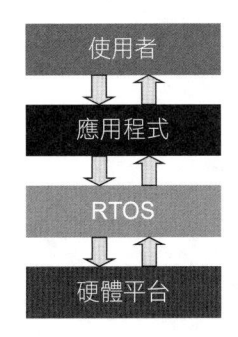

5.1 即時性作業系統簡介

即時性嵌入式系統運作的正確性需同時考量「邏輯的正確性」與「反應時間的即時性」(符合事件反應時間的 deadline 需求),當無法符合 deadline 要求 (miss deadline),針對所造成的影響程度,可將即時性嵌入式系統分為:

Hard Real-time:當 miss deadline 時,會造成系統嚴重危害,如飛機對飛彈的反應時間,若 miss deadline,飛機將可能被飛彈打到,造成嚴重後果。

Firm Real-time:當 miss deadline 時,會造成系統運作錯誤,但不至於造成嚴重危害,如天氣預報系統。

Soft Real-time:當 miss deadline 時,會讓人覺得系統效能不好,但並不影響系統運作的正確性,如手機對按鍵的反應時間,當使用者按下按鍵後,若手機無法即時做出反應,僅會讓使用者覺得不舒服,無不會造成手機無法正常運作。

即時性應用的軟體設計,基本上比不具即時性要求的軟體設計要困難得多,對程式設計者而言,其於嵌入式系統所撰寫之程式架構可分為:

- **單工程式架構** (Single-task programming):系統上只有一個程式 (task) 在執行,其執行順序是程式設計者事先決定好,設計上較為簡單,圖 5.2 為 single-task 程式示意圖,主程式依一定的順序,依序呼叫副程式執行,當有外部事件發生時,較無法即時做出反應動作。
- **多工程式架構** (Multi-task programming):系統上同時有多個程式 (multi-task) 在執行,其執行順序並不固定,是依外部事件發生的時間點來決定,此架構可較即時的對外部事件做出反應,圖 5.3 為 Multi-task 程式示意圖。

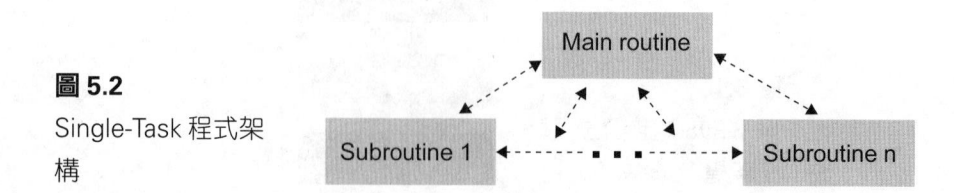

圖 5.2
Single-Task 程式架構

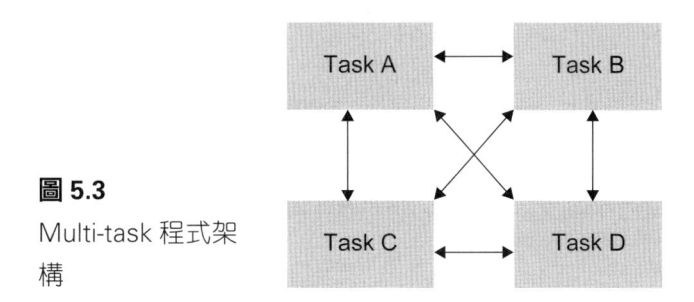

圖 5.3
Multi-task 程式架構

5.1.1 單工程式架構

由於單工程式具有簡單、低系統負擔 (overhead) 等優點，較適合應用於低複雜之較小系統環境，依其是否提供中斷服務，可分為兩類：

● **循環執行 (Cyclic executive) 架構**：圖 5.4 為 cyclic execution 之基本程式架構，其主程式是一無窮迴圈，依序呼叫相關副程式，在此架構下，副程式的執行順序已於程式撰寫時固定下來，當有一外部事件發生時，需等到對應的副程式被執行到才能反應，所以最差情況，外部事件的等待反應時間為迴圈跑一圈之最長時間，即此架構之系統幾無任何即時反應之能力。另一方面，I/O 副程式在讀取 I/O 之前需先 polling I/O 是否 Ready，若 Ready 才可做 I/O 讀取，此種 I/O polling 方式除了造成 CPU 效能的浪費外，亦讓迴圈執行時間變

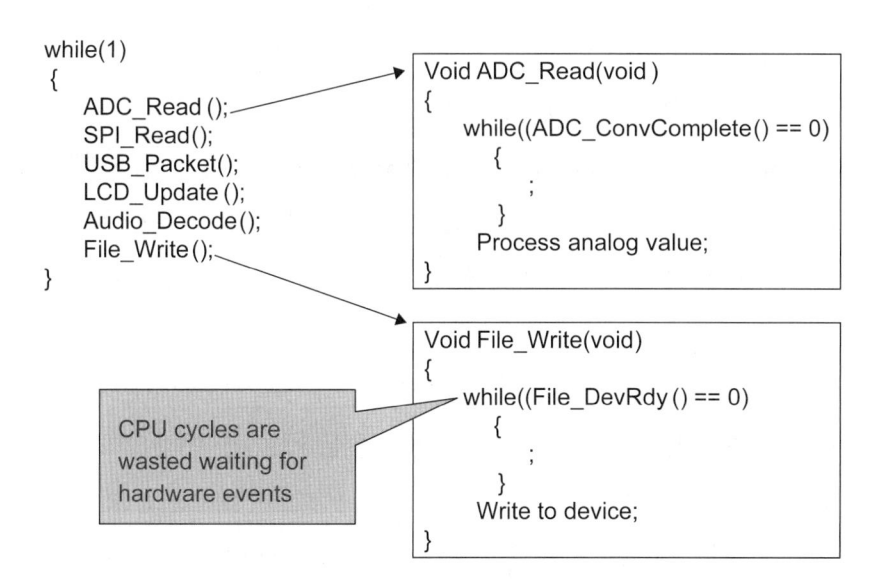

```
while(1)
{
    ADC_Read ();
    SPI_Read();
    USB_Packet();
    LCD_Update ();
    Audio_Decode();
    File_Write();
}
```

```
Void ADC_Read(void )
{
    while((ADC_ConvComplete() == 0)
    {
        ;
    }
    Process analog value;
}
```

```
Void File_Write(void)
{
    while((File_DevRdy () == 0)
    {
        ;
    }
    Write to device;
}
```

CPU cycles are wasted waiting for hardware events

圖 5.4 Cyclic execution 之程式架構

```
int main (void)
{
  unsigned short i;
    i = 0;
    while (1)
    {
        ADC_Read();
        if (i % 8192) == 0)
          {
             SPI_Read();
          }
        USB_Packet();
        LCD_Update();
        if (i % 1024) == 0)
          {
             Audio_Decode();
          }
        File_Write();
        i++;
     }
}
```

> Within the background there are multiple rates of execution

> All rates are based on the execution time of the loop

圖 5.5 以 counter 控制 cyclic execution 架構下副程式執行率

得無法掌握。圖 5.5 是以 counter 控制 cyclic execution 架構下副程式執行率，由圖中可知 SPI_Read() 與 Audio_Decoder() 並不是每一次廻圈皆會執行，對 SPI_Read() 副程式而言是每 8192 之廻圈才執行一次，而 Audio_Decoder() 則是每 1024 廻圈執行一次。

● **Forground/background 架構：** 由於有些較小之嵌入式系統，仍有部分事件只有即時反應之需求，無法等待廻圈跑一圈時才處理，因此有 Cyclic execution + Interrupt 之程式架構，稱為 Forground/background 程式架構，其中 cyclic execution 稱為 background 程式，Interrupt 之 ISR，此架構下系統所要處理的事件可分為「一般事件」與「即時事件」，一般事件，是仰賴 background 程式加以處理，程式稱為 foreground 程式。以一無窮廻圈，依固定順序去呼叫副程式，由副程式去 polling 周邊事件是否發生，以進行處理反應。而即時事件，則以中斷方式通知 MCU，經由其中斷服務副程式 (ISR) 做即時之處理反應，圖 5.6 為此架構之示意圖。

圖 5.6(a) 為不允許巢式中斷之情況，即當 MCU 在執行某一 ISR 時 (如 Event B 之 ISR)，將關掉 MCU 之中斷服務功能，此時若有外部事件之中斷需求 (如

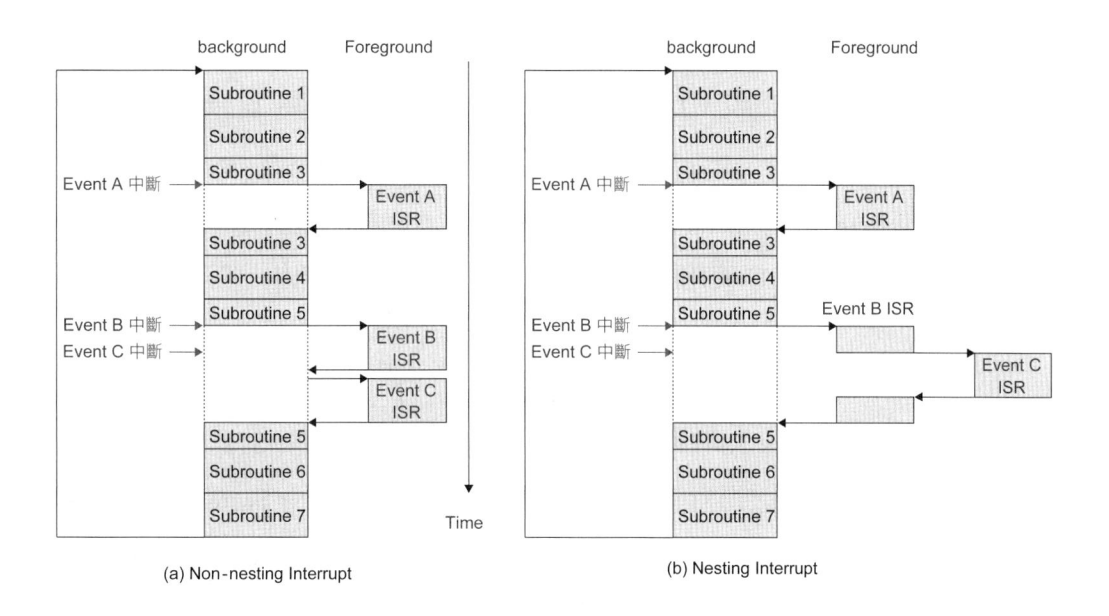

圖 5.6 Forground/background 程式架構

Event C 之中斷)，將等目前所服務之 ISR (Event B 之 ISR) 執行完畢後，才會去執行新的中斷服務（Event C 之 ISR）。在此架構下，高優先權的事件需等待目前正在執行的低優先權中斷服務程式執行完畢後，才可執行，即其等待時間最長是一個低優先權 ISR 程式執行時間。

圖 5.6(b) 為允許巢式中斷之情況，即當 MCU 在執行某一 ISR 時 (如 Event B 之 ISR)， MCU 仍可服務更高優先權之中斷要求 (如 Event C 之中斷要求)，由於 Event C 之中斷優先權高於 Event B 之中斷，當 MCU 在執行 Event B 之 ISR 程式時，若 Event C 中斷發生，此時 MCU 將放下 Event B 之 ISR 程式執行，立即跳去執行 Event C 之 ISR，直至 Event C 之 ISR 執行完畢，才會回來繼續服務 Event B 之 ISR。在此架構下，高優先權的中斷事件，可立即被 MCU 服務反應，不用等低優先權的中斷服務執行完後才執行，即高優先權之中斷事件具有較即時之反應服務。

5.1.2　RTOS 之 Task

即時性作業系統 (RTOS) 即為多工程式作業系統 (Multi-task Operating System)，其主要著重於：

- **Real Time**：代表系統對外部事件的反應時間要具有即時性，此處所說之即時性定義是依事件所定義的「deadline」為主，當事件發生時，只要其反應時間不超過 deadline 的要求，我們即稱系統滿足即時性之要求。
- **Operating System**：提供使用者與硬體間的介面，負責硬體驅動程式、記憶體管理、中斷管理、MCU 使用的排程管理、檔案管理與通訊協定等等功能。

函式 (function 或稱 subroutine) 依其被呼叫後，是否可立即返回可分為：

- **Blocking 函式**：當 Task 為取得某一服務／資源而呼叫函式，若此服務／資源無法立即完成服務／取得資源，則 RTOS 將會執行 Context Switch，將 MCU 使用權交給其他 Task 執行，而原呼叫此函式之 Task 將停在函式內，直到完成服務／資源取得後，才會再繼續被執行，此種類型之函式稱為 Blocking 函式。
- **Non-blocking 函式**：當 Task 為取得某一服務／資源而呼叫函式，不管此服務／資源是否可立即取得，函式皆會立即返回所呼叫的 Task，此種類型之函式稱為 Non-blocking 函式。

在 RTOS 環境下，最基本的軟體區塊稱為 Task（有時也會稱為 Process），對一個嵌入式系統而言，其系統功能是由多個 Task 所組成，每一個 Task 為獨立運作的程式 (有自己的變數、自己的堆疊)，Task 與 Task 間無法直接呼叫，其溝通方式需仰賴全域變數 (global variable) 或 IPC (Inter-Process Communication) 技巧來處理。圖 5.7 為多工環境下，多個 Task 之關係，每個 Task 有一個 TCB (Task Control Block) 負責記錄 Task 狀態，其對應的堆疊位址，Task 優先權等資訊，當要做 context switch 時，將目前 CPU 內的暫存器內容複製至要移出 Task 的堆疊與 TCB 內，而要移入的 Task，則依其 TCB 與 stack 所記載內容，複製至 CPU 暫存器，完成 context switch。

Task 在 RTOS 環境執行會有三種基本狀態，如圖 5.8 所示：

- **Ready state**：代表此 Task 可以被 CPU 執行，但不一定可以馬上被執行，因為 CPU 只有一個 (在此假設 CPU 只有一個)，在眾多 ready tasks 中，到底哪一

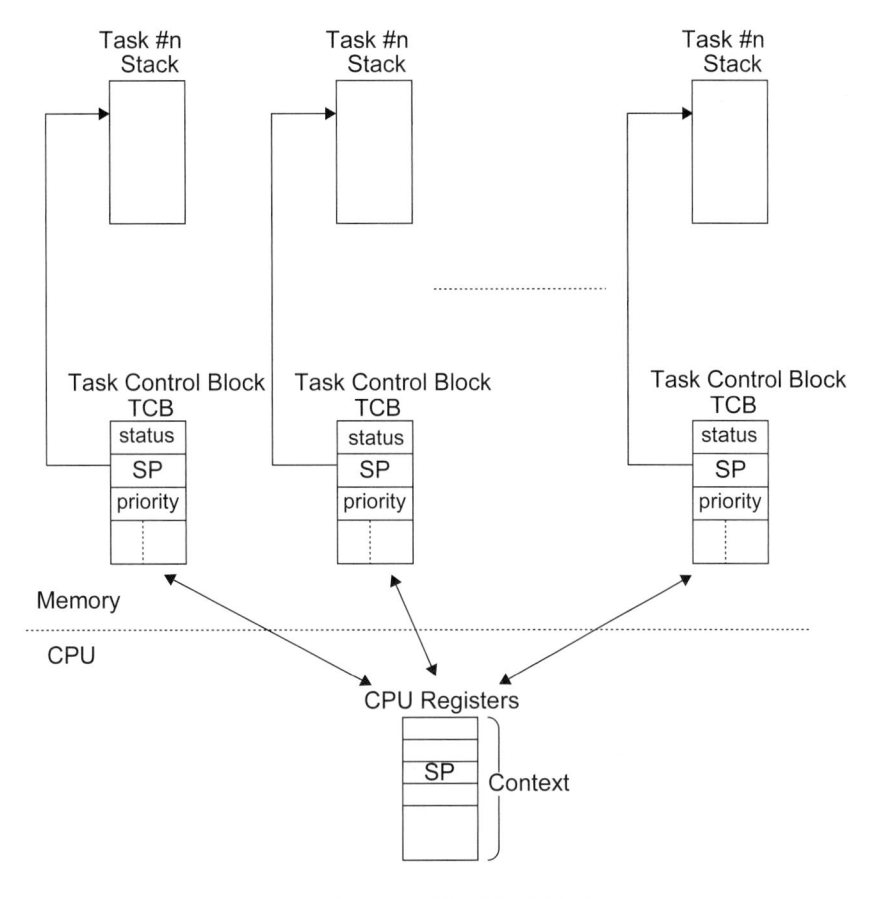

圖 5.7 多工環境之 Tasks

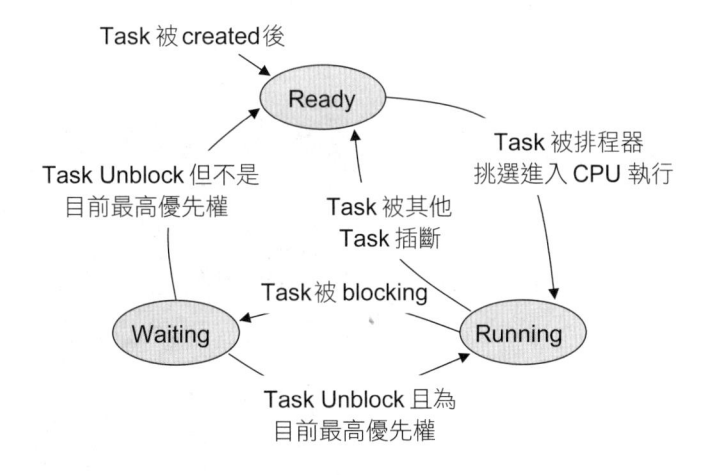

圖 5.8 RTOS 下 Task 狀態轉換圖

個 Task 要進到 CPU 執行，則由 RTOS 內之排程器 (scheduler) 決定，依其排程機制，選一個 task 進到 CPU 執行。

- **Running state**：當 Ready Task 被排程器選進 CPU 執行時，則此 Task 狀態將由 Ready 轉為 Running，即只有正在被 CPU 執行的 Task 其狀態才為 Running，其餘的 Task 不是為 Ready state 就是 Waiting state。Running state 的 Task 只有在下列兩種情況，其狀態才會改變，

  (1) 排程器選擇其他更高位優先權 Task 進 CPU 執行，此時 RTOS 會執行 Context Switch，即目前在執行的 Task 會由 Running state 轉為 Ready state，而被 Context Switch 進來的 Task 會由 Ready state 轉為 Running state。

  (2) Task 被 blocking，即 Task 執行到 Blocking 函式時，需等待 I/O 指令執行或需等待某一事件 (Event) 發生，此時其狀態會由 Running state 轉為 Waiting state。

- **Waiting State**：當 Task 在 Waiting state 代表是在等待 I/O 執行完成或事件發生，當等待的情況消失（I/O 執行完成或事件已產生）時，則其狀態將由 Waiting 轉為 Ready。

圖 5.9 為基本多工程式設計架構，主程式 main() 除了做基本 RTOS 環境設定外，主要是產生系統所需之 Task，在 Priority-based RTOS，每個 Task 除了 Task 名稱外，亦需設定其優先權。

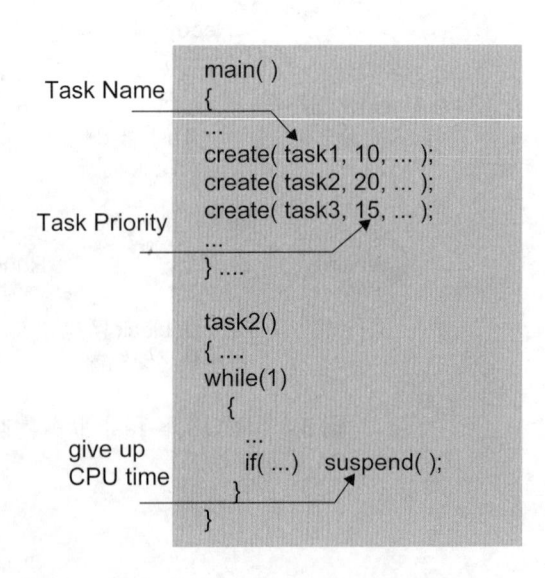

```
                          main( )
           Task Name      {
                          ...
                          create( task1, 10, ... );
                          create( task2, 20, ... );
           Task Priority  create( task3, 15, ... );
                          ...
                          } ....

                          task2()
                          { ....
                          while(1)
                            {
           give up          ...
           CPU time         if( ...)   suspend( );
                            }
                          }
```

圖 **5.9**
多工程式設計架構
圖

如圖 5.9 所示，每個 Task 為一無窮迴圈所組成，無窮迴圈內定會呼叫需放棄 CPU 的函式或 blocking 函式，如此，才能將 CPU 使用權適度釋放給較低優先權的 Task 執行。

5.1.3　RTOS 之排程

於 RTOS 環境，CPU 要執行哪一個 Task 是由排程器決定，排程器依其 Task 排程機制決定該選哪一個 Task 進系統執行。當 CPU 由某一 Task 換至另一個 Task 執行的轉換過程稱為「Context Switch」，RTOS 根據系統對即時性需求的不同，而有不同的排程機制，這些排程機制最主要差別是 context switch 時機的不同，大致可分為：

- **Round-Robin 排程**（Time-sharing 排程）：每個 Ready Tasks 依一定順序輪流執行，每個 Task 每次可執行時間為固定配額，以 Dt 表示（稱 Time Slice)，當 Task 的配額 Dt 時間執行完，即要做 context switch，將 MCU 的控制權交給下一個 Task，如此輪流執行各 Task 的時間配額，圖 5.10 為 round-robin 排程之示意圖，Task 將被切割為不連續的多個時間配額來執行，如此，雖然所有的 Task 共用一個 MCU，但由於每一個時間配額為非常短時間，就如同多個 Tasks 同時在執行。

- **Priority-based Non-preemptive 排程**（又稱 Cooperative Multi-task）：每一個 Task 皆會設定一個執行的優先權，當目前在執行的 Task 工作告一段時，排程器會選擇目前最高優先權的 Task 進入 MCU 執行，此種排程器是仰賴 Task 間

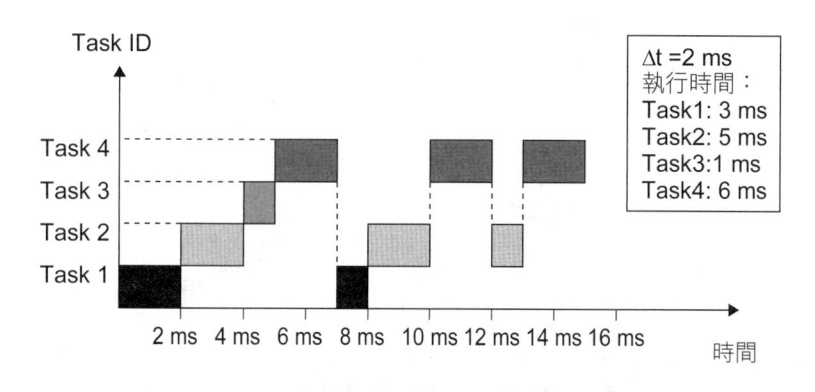

圖 5.10　Round-Robin 排程示意圖

彼此協調使用 MCU，即佔用 MCU 的 Task 要主動釋放 MCU 控制權，以讓其他較高優先權的 Task 有機會執行，若是一個 Task 佔據 MCU 時間不放，排程器將沒有機會執行 context switch，即沒有其他程式有機會被執行到。在此排程架構下，若有一個 Task 當掉或設計不良，則可能會使得整個系統當掉，圖 5.11 為 Non-preemptive Priority-based 排程之執行順序示意圖，如圖 5.11 所示，當 Task 2 在執行時，較高優先權的 Task 4 ready 時，Task 4 仍要等到 Task 2 釋放 MCU 時才可執行。

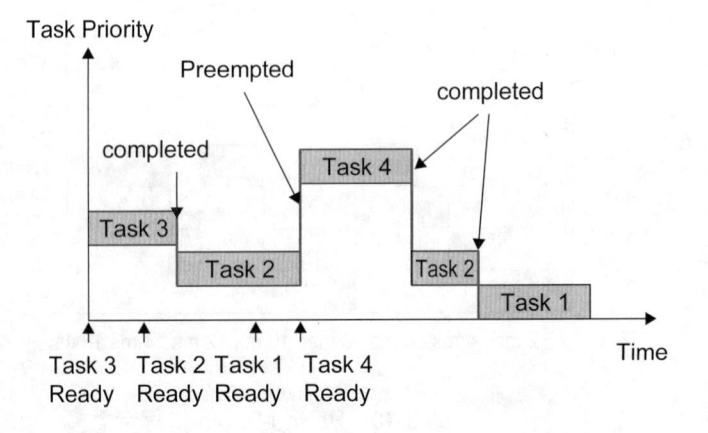

- **Priority-based Preemptive 排程**：每一個 Task 皆會指定一個執行的優先權，當有較高優先權的 Task ready 時，排程器會立即插斷 (preemptive) 目前在執行的 Task，啟動 context switch，改由較高優先權的 Task 來執行，圖 5.12 為 Preemptive Priority-based 排程之執行順序示意圖，如圖 5.11 所示，當 Task 2

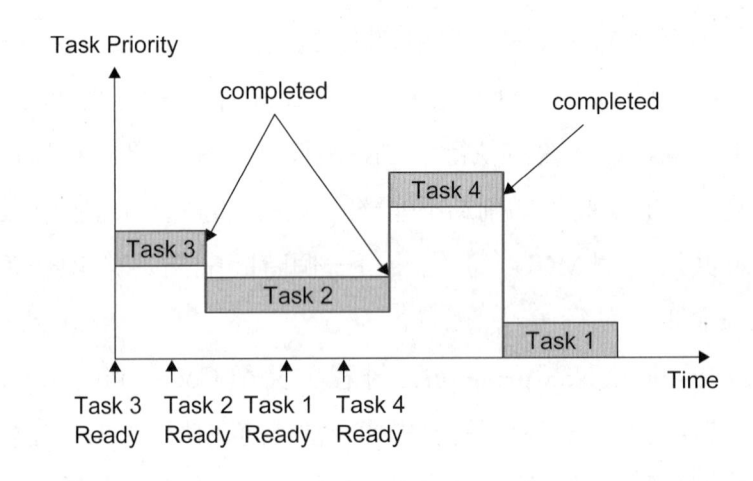

圖 5.11
Non-preemptive Priority-based 排程

圖 5.12
Priority-based Preemptive 排程

在執行時，雖然 Task1 ready，但由於 Task 1 之優先權低於 Task 2，所以 Task 2 可以繼續執行，但當 Task 4 ready 時，由於 Task 4 優先權高於 Task 2，此時 Task 4 立即插斷 Task 2 的執行，而改由 Task 4 執行，當 Task 4 執行完後，此時 Task 2、Task 1 皆 Ready，但因為 Task 2 優先權高於 Task 1，故排程器選擇 Task 2 進來執行，等 Task 2 執行完後才換 Task 1 執行。

Priority-based Preemptive 排程之 RTOS 具有最佳之即時反應能力，本書所採用的 MC/OS-II 即時作業系統是採用 priority-based preemptive 排程機制，相關議題說明如下。

5.1.4 Task Mutual Exclusion

在多工環境下，Tasks 間最簡單溝通方式即為「Share Data structure」，其為 global variable，每個 Task 皆看得到且可以存取，但需注意的是，要避免多個 Tasks 同時存取 share data，否則容易產生資料不一致性 (inconsistent)，造成錯誤執行結果。

在 Priority-based Preemptive 之 RTOS 多工作業環境下，MCU 永遠執行最高優先權的 ready task，一個基本觀念：「一個 Task 的執行，隨時可能會被比它更高優先權的 Task 插斷 (Preemptive)」，因此，在多工環境下，除了 share data 要避免多個 Tasks 同時存取外，函式也有依其是否允許多個 Tasks 同時執行而分為：

- **Reentrancy 函式**：若有一 Task 呼叫某一函式，執行中途被其他較高優先權的 Task 中斷，且此較高優先權的 Task 亦會呼叫此函式，當較高優先權的 Task 執行完此函式，且將 MCU 控制權歸還給原被中斷的 Task 繼續執行此函式，雖然原 Task 執行此函式被中斷，但最後並不會影響此函式之執行結果，則此種函式稱為 Reentrancy 函式。即 Reentrancy 函式，執行中不管被中斷幾次皆不影響其執行結果。

- **Non-reentrancy 函式**：一個函式在執行過程中被中斷，當下次取得 MCU 執行權後，繼續執行未執行完之內容，其執行結果可能因中間被中斷，而影響其結果，此種函式稱為 Non-reentrancy 函式，其不允許多個 Tasks 同時對其存取。

圖 5.13 為 Non-reentrancy 函式於 RTOS 環境操作時，若無特別保護可能會造系執行錯誤，如圖 5.13 所示，當低優先權的 Task 執行 swap() 函式，當執行完「Temp=*s」指令後，Temp 值為 1，此時發生中斷造成 context switch，改為執行高優先權的 Task，當高優先權的 Task 執行完後，Temp 值為 3，此時系統再次回到低優先權的 Task 執行，當執行完後，y 的值為 3，但實際上，y 的值應為 1，即 Non-reentrancy 函式在 RTOS 環境下，造成執行的錯誤。如圖 5.13 所示，造成 swap() 函式為 non-reentrancy 函式的主要原因是其內部使用了全域 (global) 變數 Temp，當多個 Tasks 同時存取時，造成資料的不一致性。

與 Non-reentrancy 函式同樣概念的另一個名詞為「Critical Section」，其為一段程式碼，其執行過程中，不允許被其他 Task 插斷，否則可能會造成執行結果的錯誤，則此段程式碼稱為「Critical Section」，造成 critical section 的原因亦是其內部使用到多個 tasks 所共用之 shared resources (如：全域變數)。圖 5.14 以 shared resource-print 這為例，因為沒有做執行保護，造成 Task 1 與 Task 2 輪流插斷對方，造成列印結果的錯誤。

確保全域變數、non-reentrancy 函式、critical section 或印表機等 shared resources 同一時間只能有一個 Task 執行之限制，稱為「mutual exclusion」。在 RTOS 環境下，要確保 mutual exclusion 之方法如圖 5.15 所示，即要進入 shared resources 前先執行「entry code」，而離開 critical section 時，執行「exit code」，以確保同一時間只有一個 Task 可使用 shared resources。而要達到 mutual exclusion 之方法主要有：

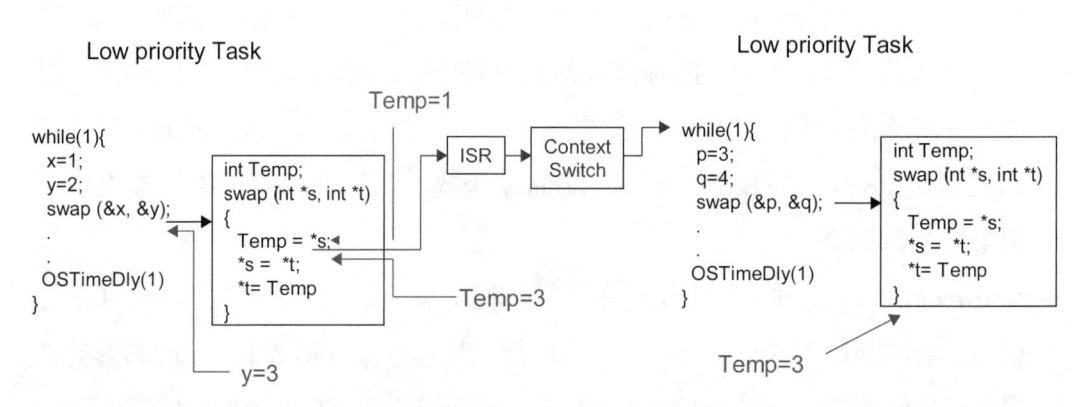

圖 5.13 Non-reentrancy 函式

```
task1( ... )
{
    ...
    printf("This  is task 1.");
    ...
}
task2( ... )
{
    ...
    printf("This  is task 2.");
    ...
}
```

Results may be:

　　ThiThsi siis ttasaks k12..

圖 5.14
Shared resource-printer 沒有保護造成執行結果錯誤

```
task()
{ ....
    while(1)
    {
        ...
               entry code
                    shared resources
               exit code
                    remainder section
    }
}
```

圖 5.15
Critical Section 保護

- **Disable 中斷 (Interrupt)**：RTOS 的 Task 執行順序是依實際事件發生的順序來決定，故 RTOS 的 Task 執行又稱為 Event Driven 方式執行。於 RTOS 環境下，一個事件的發生是利用中斷來通知 CPU，當 CPU 收到中斷訊號後，會去執行相對之中斷服務副程式 (Interrupt Service Routine, ISR)，而 ISR 會將等待此事件的 Waiting Task，由 Waiting state 轉為 Ready state，此時，若其優先權比現在正在執行的 Task 優先權高，則將會出現 context switch。因此，當某一 Task 在開始執行 critical section 前，可先 disable 中斷 (即 entry code 為 disable 中斷)，避免被別的 Task 插斷，直至執行完 critical section 後才再由 exit code 執行 enable 中斷。

- **Disable 排程 (Scheduling)**：和 disable 中斷同義，當要使用 shared resources 前先將排程器關掉（disable 排程器），如此，即不會有任何 context switch 機會，當使用完 shared resources 後，再 enable 排程器，以達到 mutual exclusion

目的。

- **使用令牌** (Semaphore)：Semaphore 為 Task 間同步的機制，即擁有 Semaphore 的 Task 才可繼續往前執行，否則必須等待 semaphore 的取得 (waiting state)，直至拿到 Semaphore 後 (由 waiting state 轉為 ready state) 才可繼續往前執行。Semaphore 雖用於 Task 間同步，但亦可應用於 mutual exclusion 問題。所謂 Semaphore 其實就是一個變數 (variable)，其只允許兩個函式讀取／改變，即 P 函式 (又稱 pend 函式) 與 V 函式 (又稱 post 函式)。如：Semaphore 為 S，則 P 函式 P(S) 之運作方式為：

   If S > 0
   　　S = S-1;
   Else
   　　wait on S;

而 V 函式 V(S) 之運作方式為：

   If (有 Task 在等待 S)
   　　則由等待的 Task 中，選一個 Task
   　　將其由 waiting state 轉為 ready state
   Else
   　　S = S +1;

簡單來說，P(S) 即是去 pend 令牌 S，若有令牌則拿走一個令牌，然後繼續執行，若沒有令牌，則需等待直至拿到令牌後才可繼續執行。而 V(S) 則是 Post 令牌 S，即歸還令牌，當執行完 critical section 後，執行 V(S) 歸還令牌給有需要的 Task 可以繼續往前執行。

Semaphore 本身即為一個變數，根據 Semaphore 變數初始值的大小，可分為：

(1) Counting Semaphore：指 Semaphore 變數的值可 > 1。

(2) Binary Semaphore：指 Semaphore 變數的值只能「0」或「1」。

圖 5.16 為以 Semaphore 保護 critical section 之範例，即將 Semaphore 變數 S 設為 1，而 Task 要進入 critical section 前，需執行 P(S) 函式，而離開

```
task()
{
    Semaphore 變數 S=1;
    while(1)
    {
        ...
        P(S)
              Shared resources
        V(S)
              remainder section
    }
}
```

圖 5.16 Semaphore 之 mutual exclusion 保護

critical section 後需執行 V(S)，以確保同一時間，只有一個 Task 可進入 critical section。

5.1.5　Task 同步／溝通

在 RTOS 環境下，一個系統是被分成多個互相獨立的 Task 來完成，而各 Task 間彼此互相獨立，各有各的堆疊與記憶體空間，但為了共同完成系統功能，Task 間彼此仍有執行同步 (Synchronization) 與溝通 (Inter-process Communication, IPC) 問題，才可讓系統運作正確。為了提供個別獨立的 Task 間可以互相溝通／同步，最簡單的方法是就是宣告全域變數，但全域變數為 critical section，程式撰寫時，程式設計者要特別注意對這些全域變數做相關保護，方可避免資料讀取之不一致性。為了讓程式設計者有較單純的設計環境，RTOS 通常會提供一些同步與 IPC 方法，供程式設計者使用，其中，Task 間同步之方法主要有 semaphore 與 Event Flags，其中 semaphore 是用於單一事件觸發的同步，而 Event Flags 則用於多事件觸發的同步。

圖 5.17 是以 Semaphore 做單向同步示意圖。當某一事件發生，對 CPU 產生中斷，此時 CPU 會放下手邊的工作，跑去執行對應事件的 ISR 程式，通常 ISR 程式要愈短愈好，以得到較佳之事件反應時間，所以 ISR 程式只做基本事件中斷處理，真正事件的處理則留給 Task 來做。圖 5.17(a) 為 ISR 對 Task 單向同步示意圖，ISR 程式做基本中斷處理後 post 一個 semaphore 給 Task 1，通知事件已

產生，而 Task 1 需呼叫 semaphore pend，等待事件產生，達到 ISR 與 Task 1 間單向同步目的。要注意的是 ISR 可產生事件給 Task，而 Task 只能產生事件給其他 Task，不可產生事件給 ISR，主要原因是 ISR 要盡快完成，不可因要等待事件，而被 blocking。

圖 5.17(b) 則是利用 semaphore 提供 Task 2 與 Task 3 單向同步之目的，即 Task 2 產生某資料後，以 semaphore post 方式通知 Task 3 接著處理資料，而 Task 3 則需做 semaphore pend 等待資料的出現。圖 5.17 所示之單向執行同步，又稱為 unilateral rendezvous。圖 5.18 利用兩個 semaphore 做雙向執行同步之示意圖，Task1 產生資料後利用 semaphore 1 通知 Task 2 接著處理，緊接著，Task 1 則去 Pend semaphore 2，等待 Task 2 完成處理後，再接著處理。Task 2 則先 Pend semaphore 1 等待 Task 1 所產生的資料，當 Task 2 處理完資料後，則 Post semaphore 2 以通知 Task 1 接著執行，如此 Task 1、Task 2 輪流執行，以達到雙向同步之目的。

當一個 Task 需等待多個事件發時才能執行，此種功能則需仰賴 Event flags 來完成，圖 5.19 為利用 Event flags 做多事件觸發單一 Task 同步執行示意圖，以 Event flags 做多事件觸發同步有兩種情形：(1) 多事件中任一事件發生即觸發 Task 執行，(2) 多事件皆要發生才觸發 Task 執行。圖 5.19(a) 為任一事件發生觸發 Task 執行之示意圖，而 5.19(b) 為多事件要皆發生才觸發 Task 執行之示意

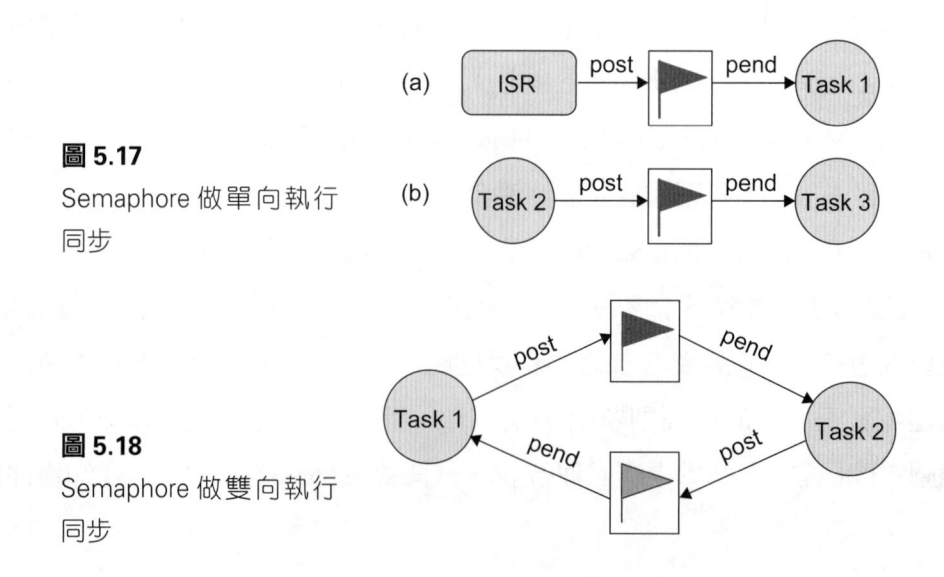

圖 5.17
Semaphore 做單向執行同步

圖 5.18
Semaphore 做雙向執行同步

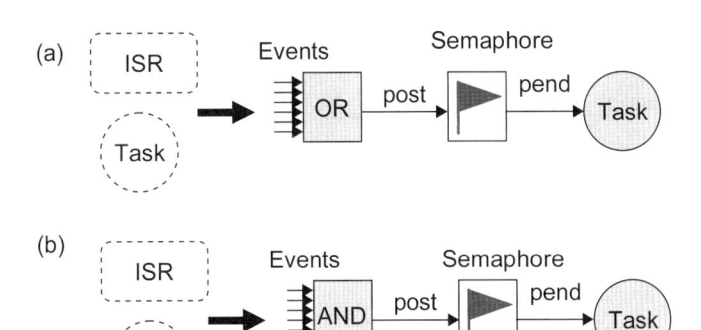

圖 5.19 Event Flags 多事件觸發單一 Task 同步執行

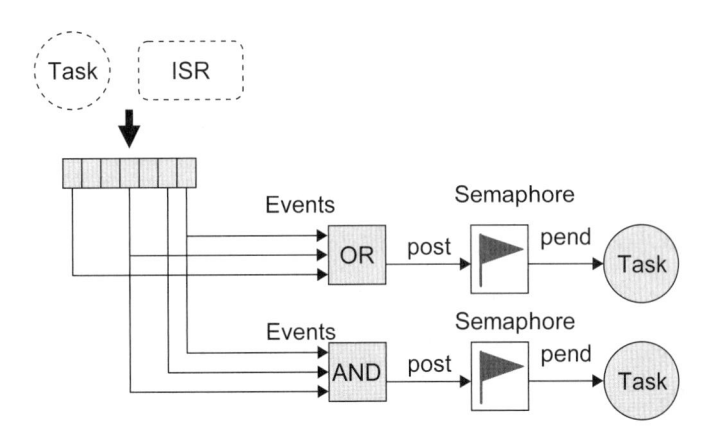

圖 5.20 Event Flags 多事件觸發多個 Task 同步執行

圖。圖 5.20 為以 Event Flags 做多事件觸發多個 Task 同步執行之示意圖，其可選擇以那些事件、是任一事件發生觸發或多事件皆發生才觸發做 Task 同步執行。

在某些情況，Task 或 ISR 需要與其他 Task 做資料傳遞溝通，這種資料傳遞之方式稱為 Inter-process Communication (IPC) 或稱為 Inter-task Communication。提供 IPC 功能有兩個方法：(1) 全域變數，(2) 訊息傳送 (Sending Message)。由於全域變數屬於 critical section，需做 mutual exclusive 保護，並不建議使用，而訊息傳送方式，RTOS 核心 (kernel) 主要提供 Mailbox 與 Message queue 兩種方式。

- **Mailbox**：為 RTOS kernel 提供的服務，Task 或 ISR 程式可利用此服務傳送單筆訊息 (message) 的指標 (pointer) 至 Mailbox，而其他 Task 可經由 kernel 之 Mailbox 服務讀取此訊息，要注意的是，訊息的格式／內容，傳收雙方必須要

清楚瞭解。圖 5.21 為使用 Mailbox 做訊息傳送示意圖。對接收訊息的 Task 而言，當其以 message pend 接收 Mailbox 訊息時，若 Mailbox 是空的，則此 Task 會被放到此 Mailbox 的 waiting list 內，而進入 Waiting state，另外，Kernel 允許 Task 接收訊息時，可設定等待時間，若等待時間 timeout 後，則該 Waiting state 的 Task 仍會被叫起（轉為 Ready state），但會回傳一個 error message，以圖 5.21 為例，其設的 timer 為 10 ms。

當 Task 或 ISR post 一個訊息至 Mailbox 時，此時若沒有 Task 在等待訊息，則直接將此訊息存放於 Mailbox；若有多個 Task 在等待訊息，則有兩種讀取訊息之方式：

1. First-In-First-Out (FIFO)：將訊息給最先進到 Mailbox 等待的 Task。

2. Highest Priority First：將訊息給所有在 Waiting list 等待的 Task 中，優先權最高的 Task。

● **Message Queue**：為 kernel 提供的服務，Task 或 ISR 程式可利用此服務傳送多筆訊息 (message) 的指標 (pointer) 至 Message queue，而其他 Task 可經由 kernel 所提供之 Message queue 服務讀取此訊息。圖 5.22 為使用 Message queue 做訊息傳送示意圖。對接收訊息的 Task 而言，其呼叫 Queue pend 函式去接收 Message queue 訊息時，可能有下列兩種狀況：

1. 若 Queue 是空的，則此 Task 會被放到此 Message queue 的 waiting list 內，而進入 Waiting state，另外，Kernel 允許 Task 接收訊息時，可設定等待時間，若等待時間 timeout 後，則該 Waiting state 的 Task 仍會被叫起 (轉為 Ready state)，但會回傳一個 error message。

圖 5.21 Mailbox 訊息傳送示意圖

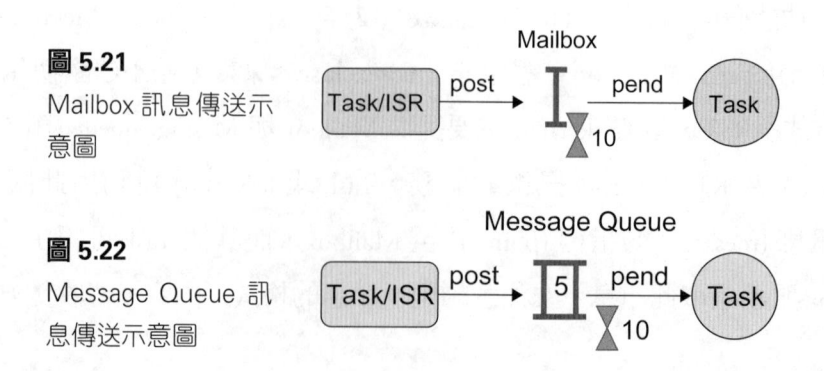

圖 5.22 Message Queue 訊息傳送示意圖

2. 若 Queue 內有多筆訊息，則可設定是以 First-In-First-Out (FIFO) 方式或 Last-In-First-Out (LIFO) 方式讀取訊息。

同樣地，當 Task 或 ISR post 一個訊息至 Message queue 時，此時若沒有 Task 在等待訊息，則直接將此訊息存放於 Message queue；若有多個 Task 在等待訊息，則將此訊息給那一個 Task，可設定為 First-In-First-Out (FIFO) 或 Highest Priority First。圖 5.22 Message queue 內之 5 代表 queue 之最大容量（即同時可存放 5 筆 messages）。

5.2　uC/OS-II 即時作業系統

本書以 uC/OS-II RTOS 環境，介紹如何於 PTK-Base 平台，做多工程式設計，完成系統功能。在開始介紹應用程式設計前，先對 uC/OS-II RTOS 環境、kernel 提供那些重要服務給使用者做說明。

5.2.1　Critical Section 保護

針對 Critical Section 保護，uC/OS-II 提供兩個函式服務：OS_ENTER_CRITICAL() 與 OS_EXIT_CRITICAL()，其主要是利用 Disable 中斷方式來保護 Critical Section。使用方式如下：

```
{
    …
    OS_ENTER_CRITICAL();
        Critical Section Code
    OS_EXIT_CRITICAL();
    …
}
```

5.2.2 uC/OS-II 排程技巧

uC/OS-II 為 Preemptive Priority-based RTOS，每個 Task 在創建 (create) 時，需指定其執行優先權，各個 Task 的優先權不可重覆，在 uC/OS-II 下，優先權值即可代表該 Task 之 Task ID，倘若系統可允許最多 64 個 Task，則其優先權值設定範圍為 0~63，其中優先權「0」是最高優先權，優先權「63」是最低優先權。

於 uC/OS-II 環境下，所有 Ready 可執行的 Task (在 Ready state 的 Task) 是記錄於 Ready List，系統排程器永遠是由 Ready List 中挑選最高優先權的 Task 來執行 (由 Ready state 轉為 Running state)，為了減少由 Ready List 中挑選最高優先權 Task 所需時間，uC/OS-II 的 Ready List 是由兩個變數所組成：OSRdyGrp 與 OSRdyTbl[ ]，圖 5.23 為 uC/OS-II Ready List 資料結構。其中 OSRdyTbl[ ] 的每一位元組的每一位元代表 Task ID（Task ID 即為 Task 優先權），當位元值為「1」表該 Task 在 Ready state。OSRdyGrp 的每一位元代表 8 個 Tasks，所代表的 8 個 Tasks 中只要有一個 Task 是在 ready state，其對應的 OSRdyGrp 的位元值即設為「1」。舉例來說，當優先權值 9 之 Task 在 Ready State 由圖 2-23 所示，優先權值 9 是對應於 OSRdyGrp 的第二位元，所以 OSRdyGrp 的 bit1 需設為 1；又優先權值 9 是在 OSRdyTbl[1] 的 bit1，所以 OSRdyTbl[1] 的 bit1 需設為 1。假設有一 Ready Task 之優先權值為「prio」，則其 OSRdyGrp 與 OSRdyTbl[] 設定方法為：

　　OSRdyGrp　　　　　　|= OSMapTbl[prio>>3];

　　OSRdyTbl[prio >> 3] |=OSMapTbl[prio & 0x07];

由圖 5.23 所示，一個 Task 的優先權值的 bit5~bit3 這三位元代表其在 OSRdyGrp 的那一個 group，與其在 OSRdyTbl[] 陣列的那一個索引 (index)；而 bit2~bit0 代表其在 OSRdyTbl[] 的那一個位元。表 5.1 為 OSMapTbl[] 之內容。

在圖 5.23 之 Ready List 結構下，排程器只要三個動作即可求得所有 Ready Task 中，最高優先權的 Ready Task，其方法如下：

　　y = OSUnMapTbl[OSRdyGrp];

　　x = OSUnMapTbl[OsRdyTbl[y]];

　　Highest priority = (y<<3) + x;

變數 Highest priority 即代表最高優先權的 Ready Task。而所用到的 OSUnMapTbl[]

第五章 uC/OS-II 即時作業系統

之內容列於表 5.2。舉例來說，若 OSRdyGrp 的值為「01101000(0x68)」，則經過 OSUnMapTbl[OSRdyGrp] 後，y =「3」，代表目前 Ready List 中，最高優先

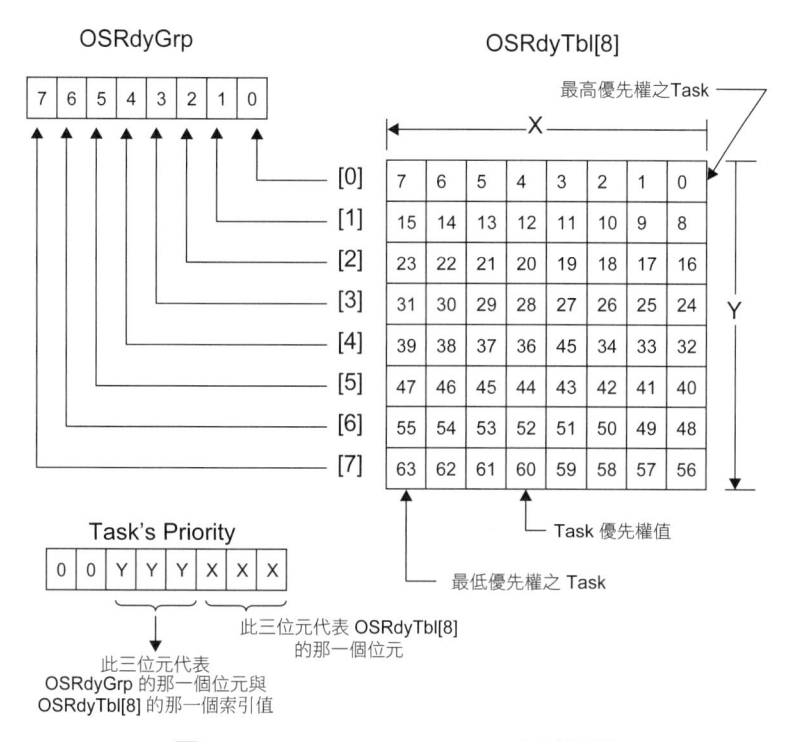

圖 5.23 uC/OS-II Ready List 資料結構

表 5.1 OSMapTbl[] 內容

index	Bit Mask (Binary)
0	00000001
1	00000010
2	00000100
3	00001000
4	00010000
5	00100000
6	01000000
7	10000000

表 5.2 OSUnMapTbl[] 內容

```
INT8U constOSUnMapTbl[] = {
0, 0, 1, 0, 2, 0, 1, 0, 3, 0, 1, 0, 2, 0, 1, 0,
4, 0, 1, 0, 2, 0, 1, 0, 3, 0, 1, 0, 2, 0, 1, 0,
5, 0, 1, 0, 2, 0, 1, 0, 3, 0, 1, 0, 2, 0, 1, 0,
4, 0, 1, 0, 2, 0, 1, 0, 3, 0, 1, 0, 2, 0, 1, 0,
6, 0, 1, 0, 2, 0, 1, 0, 3, 0, 1, 0, 2, 0, 1, 0,
4, 0, 1, 0, 2, 0, 1, 0, 3, 0, 1, 0, 2, 0, 1, 0,
5, 0, 1, 0, 2, 0, 1, 0,③0, 1, 0, 2, 0, 1, 0,
4, 0, 1, 0, 2, 0, 1, 0, 3, 0, 1, 0, 2, 0, 1, 0,
7, 0, 1, 0, 2, 0, 1, 0, 3, 0, 1, 0, 2, 0, 1, 0,
4, 0, 1, 0, 2, 0, 1, 0, 3, 0, 1, 0, 2, 0, 1, 0,
5, 0, 1, 0, 2, 0, 1, 0, 3, 0, 1, 0, 2, 0, 1, 0,
4, 0, 1, 0, 2, 0, 1, 0, 3, 0, 1, 0, 2, 0, 1, 0,
6, 0, 1, 0, 2, 0, 1, 0, 3, 0, 1, 0, 2, 0, 1, 0,
4, 0, 1, 0, 2, 0, 1, 0, 3, 0, 1, 0, 2, 0, 1, 0,
5, 0, 1, 0,②0, 1, 0, 3, 0, 1, 0, 2, 0, 1, 0,
4, 0, 1, 0, 2, 0, 1, 0, 3, 0, 1, 0, 2, 0, 1, 0
};
```

權的 Task 在 bit 3 之 group；若此時 OSRdyTbl[3] 的值為「11100100(0xE4)」，則經過 OSUnMapTbl[OsRdyTbl[3]] 後，x =「2」，則最高優先權的 Ready Task 為 (y<<3)+x=26。

5.2.2　uC/OS-II 所提供之服務

　　uC/OS-II 核心針對如何啟動 RTOS、Task 如何產生、Task 間之 Semaphore 與 Event Flags 同步、Task 間之 Mailbox 與 Message Queue 訊息傳遞及記憶體管理等功能提供相關的服務函式，依序說明如下：

- **uC/OS-II RTOS 核心啟動**

　　在 uC/OS-II 環境，main() 為一開始的程式進入點，需於 main() 函式內對作業系統初始化、產生第一個 Task 與啟動作業系統，List 5.1 為啟動 uC/OS-II 之範例程式。

List 5.1　啟動 uC/OS-II 之範例程式

```
int main (void)
{
        OSInit();                                           (1)
          /*Create your startup task –TaskStart()          (2)
        OSStart();                                          (3)
}

void TaskStart (void *p_arg)
{
   /* Initial System Tick */                                (4)
#if (OS_TASK_STAT_EN > 0)
        OSStatInit();                                       (5)
#endif
/*Create your application tasks    */                       (6)
for(;;) {
   /* Code for TaskStart() goes here! */                    (7)
}
```

List 5.1 啟動 uC/OS-II 之範例程式說明如下：

(1) 對 uC/OS-II 而言，在執行任何 kernel 程式前，一定要先執行 OSInit() 以對 RTOS 初始化。OSInit() 會自動產生兩個系統基本 Task：

OS_TaskIdle()：為 Idle Task，當 RTOS 沒有任何的 Ready Task 可執行時，則 CPU 即去執行此 Idle Task，消耗 CPU 時間。此 Idle Task 的優先權是設成最低的 (OS_LOWEST_PRI/O)。當 Idle Task 的執行時間愈久，代表系統負載愈輕，大部分時間 CPU 皆在 Idle 狀態。

OS_TaskStat()：統計系統效能的 Task，其優先權設為比 Idle Task 少 1 (OS_LOWEST_PRI/O-1)，此統計效能的 Task 每一秒會計算 Idle Task 執行多少時間，以統計出 CPU 的使用效率。

(2) 在此產生第一個 Task，此處將第一個 Task 名稱，如第一個 Task 名稱設為 TaskStart()。

(3) 啟動 RTOS，控制權轉移至 RTOS 排程器，此時，RTOS 排程器會挑選最高優先權的 Ready Task 出來執行，在執行 OSStart() 時，系統有三個 Tasks: Idle Task (執行 OSInit 時產生的)、統計 Task (執行 OSInit 時產生的) 與 TaskStart() (使用者自己產生的)，由於 TaskStart() 在三個 Task 中優先權最高，所以 RTOS 啟動後，排程器挑選 TaskStart() 來執行。

(4) TaskStart() 一開始需設定 RTOS 之 Tick Clock 大小。

(5) 若 OS_CFG.H 內之 OS_Task_STAT_EN 參數設為「1」，則才會執行 OSStatInit()。

(6) 執行 OSStatInit() 後，OS_TaskStat() 才會統計系統執行效能，若沒有執行 OSStatInit() 則 OS_TaskStat() 是不會去統計系統執行效能的，要特別注意，在執行 OSStatInit() 之前使用者只能自己產生一個 Task，且需於此 Task 內執行 OSStatInit() 後才可以產生其他 Task。

(7) 為 TaskStart() 之主體程式。

● **Task 產生**

為了讓 uC/OS-II 管理 Task 的執行，我們必須使用 kernel 所提供之函式來產生 Task，Task 產生的時間點可以在 OSStart() 前或由執行中的 Task 產生，Task 不可由 ISR 產生，每個 Task 為一無窮迴圈。uC/OS-II 提供兩個函式供使用者產生 Task：OSTaskCreate() 與 OSTaskCreateExt()。

(1) OSTaskCreate()

```
INT8U OSTaskCreate(void (*task)(void *pd),
                   void *pdata,
                   OS_STK *ptos,
                   INT8U prio);
```

參數：

　*pd：所要產生之 Task 程式碼位址。

　*pdata：所產生之 Task 一開始執行時，要傳遞給 Task 之參數位址，例如：若所產生的 Task 為控制 RS-232 讀取，則可藉由 *pdata 傳遞所要控制 RS-232 之「那一個 RS-232 埠」、「鮑率」、「資料位元數」、「是否有同位元」、「結束位元數」等資訊。

　*ptos：指向所使用堆疊的啟始位址，而啟始位址是堆疊的最低位址或最高位址，是由設定參數 OS_STK_GROWTH 為 1 或 0 決定，若 OS_STK_GROWTH = 1，則堆疊是由高位址往低位址使用，所以堆疊啟始位址為最高位址；反之，堆疊啟始位址為最低位址。

　prio：為所產生之 Task 的優先權值。要注意的是，優先權值 0, 1, 2, 3, OS_LOWEST_PRI/O-3, OS_LOWEST_PRI/O-2, OS_LOWEST_PRI/O-1, and OS_LOWEST_PRI/O 為 uC/OS-II 系統所使用，不可指定給所產生之 Task。

List 5.2 為 OSTaskCreate() 函式之範例程式，其所產生之 Task 名稱為「Task1」，沒有傳參數給此 Task，所使用的堆疊啟始位址為 Task1Stk[1023]，指定的優先權為 25。

List 5.2　OSTaskCreate() 函式範例

```
OS_STK Task1Stk[1024];
void main (void)
{
        INT8U err;
            …
        OSInit(); /* Initialize μC/OS-II */
```

```
            ...
        OSTaskCreate(Task1,
                    (void *)0,
                    &Task1Stk[1023],
                    25);
            ...
        OSStart(); /* Start Multi-task */
}
void Task1 (void *p_arg)
{
        (void)p_arg; /* Prevent compiler warning */
        for (;;) {
            … /* Task code */
            …
        }
}
```

(2) OSTaskCreateExt()：和 OSTaskCreate() 類似，但可提供更多資訊／要求給 uC/OS-II 核心。

```
INT8U OSTaskCreateExt(void (*task)(void *pd),
                      void *pdata,
                      OS_STK *ptos,
                      INT8U prio,
                      INT16U id,
                      OS_STK *pbos,
                      INT32U stk_size,
                      void *pext,
                      INT16U opt);
```

參數：

　　*pd、*pdata、*ptos、prio 這四個參數的使用與 OSTaskCreate() 函式相同。

　　id：為所產生的 Task ID 值，目前 uC/OS-II 核心並無使用此參數，可將此值設成與 Task 的優先權值相同。

*pbos：指向所使用堆疊的結束位址，其值亦依 OS_STK_GROWTH 參數決定。

stk_size：為所使用之堆疊大小。

*pext：為一記憶體結構之位址，為系統預留給 TCB(Task Control Block) 擴充用。

opt：提供給 kernel 的 option 值，告知如何對所產生 Task 相關操作。其 option 值可以為：

    OS_TASK_OPT_NONE：為沒有任何 options。

    OS_TASK_OPT_STK_CHK：告知 kernel 要對此 Task 的堆疊檢查其使用率。

    OS_TASK_OPT_STK_CLR：告知一開始時，要將此 Task 的堆疊內容皆設為「0」。

    OS_TASK_OPT_SAVE_FP：告知所使用的 MCU 有 floating-point 硬體，Context Switch 時要儲存 floating-point 暫存器。

List 5.3 為 OSTaskCreateExt() 函式之範例程式，其所產生之 Task 名稱為「Task」，沒有傳參數給此 Task，所使用的堆疊啟始位址為 TaskStk[1023]，指定的優先權值與其 ID 值皆為 10，堆疊啟始位址為 TaskStk[0]，堆疊大小為 1024，傳遞給 TCB 擴充的結構為 OS_TASK_USER_DATA，要 kernel 針對此 Task 做堆疊使用率之統計分析。

List 5.3　OSTaskCreateExt() 函式範例

```
typedef struct { /* User defined data structure */ (1)
            char OSTaskName[20];
            INT16U OSTaskCtr;
            INT16U OSTaskExecTime;
            INT32U OSTaskTotExecTime;
         } OS_TASK_USER_DATA;
OS_STK TaskStk[1024];
TASK_USER_DATA TaskUserData;
```

```
void main (void)
{
    INT8U err;

    OSInit(); /* Initialize μC/OS-II */
    .
    strcpy(TaskUserData.TaskName, "MyTaskName"); /* Name of task */ (2)
    err = OSTaskCreateExt(Task,
                    (void *)0,
                    &TaskStk[1023], /* Stack grows down (TOS) */ (3)
                    10,
                    10,
                    &TaskStk[0], /* Stack grows down (BOS) */ (3)
                    1024,
                    (void *)&TaskUserData, /* TCB Extension */
                    OS_TASK_OPT_STK_CHK); /* Stack checking enabled */ (4)
    .
    OSStart(); /* Start Multi-task */
}
void Task(void *p_arg)
{
    (void)p_arg; /* Avoid compiler warning */
    for (;;) {
            . /* Task code */
            .
    }
}
```

● **Task 同步**

　　uC/OS-II 提供給 Task 間同步之機制主要有 Semaphore 與 Event Flags，說明如下：

　　表 5.3 為 uC/OS-II 與 Semaphore 相關之函式，程式設計者可利用 OSSemCreate() 產生一個 Semaphore，利用 OSSemPost() 歸還 Semaphore（即將歸還的 Semaphore 變數值加 1），利用 OSSemPend() 或 OSSemAccept() 去要求 Semaphore，此兩個函式使用上最主要的差別為：當目前的 Semaphore 變數為 0 時，OSSemPend() 將會被 blocking 直至取得 Semaphore 為止，而

Table 5.3 Semaphore 相關之函式

Semaphore 相關之函式	OS_CFG.H 需設定之參數
OSSemCreate()	
OSSemPost()	
OSSemPend()	
OSSemAccept()	OS_SEM_ACCEPT_EN = 1

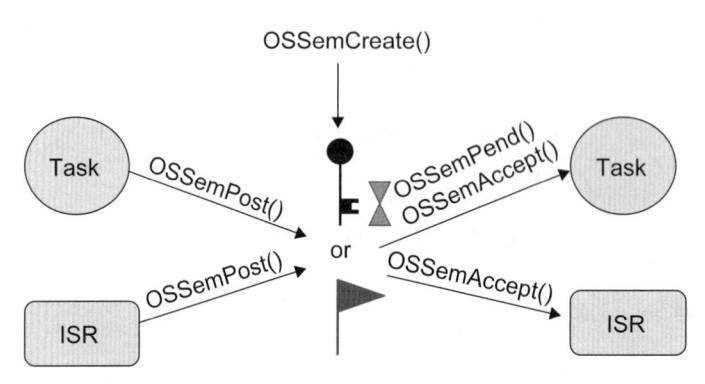

圖 5.24 Semaphore 函式與 Task/ISR 之關係

OSSemAccept() 則會立即返回，呼叫者不會被 Blocking。圖 5.24 為 Semaphore 函式與 Task/ISR 之關係。由圖中知，Task 或 ISR 皆可 Post Semaphore，而只有 Task 可 Pend Semaphore，若 ISR 想要藉由取得 Semaphore 與其他 Task 或 ISR 同步時，則只能用 OSSemAccept() 函式。

OSSemCreate()

    OS_EVENT *OSSemCreate(INT16U value);

(1) 參數：

　　value：為 semaphore 之初始值，其值為 0~65535 之間，其值的大小代表一開始有多少資源 (resources)，若其值設為 0，表示一開始是沒有任何資源的。

(2) 回傳值：

OSSemCreate() 函式回傳值為一個指向 Semaphore 結構的指標，若已不允許產生新的 Semaphore 時，其回傳值為「NULL」。

List 5.4 為 OSSemCreate() 函式之範例程式，其所產生之 Semaphore 名稱為「DispSem」，其用於確保同一時間只有一個 Task 可使用 Display，由於系統只有一個 Display，所以產生 DispSem 時其初始值設為「1」。

List 5.4　OSSemCreate() 函式範例

```
OS_EVENT *DispSem;                                                      (1)
void main (void)
{
        ...
        OSInit(); /* Initialize μC/OS-II */
        ...
        DispSem = OSSemCreate(1); /* Create Display Semaphore */        (2)
        ...
        OSStart(); /* Start Multi-task */
}
```

OSSemPost()

```
    INT8U OSSemPost(OS_EVENT *pevent);
```

(1) 參數：

　　pevent：為指向某 semaphore 結構的指標，其值為 0~65535 之間，其值的大小代表一開始有多少資源 (resources)，若其值設為 0，表示一開始是沒有任何資源的。

(2) 回傳值：

　　OSSemPost() 函式可能的回傳值為：

　　OS_ERR_NONE：正常，沒有錯誤。

　　OS_ERR_SEM_OVF：semaphore 值已超過預設值。

　　OS_ERR_EVENT_TYPE：所給的參數 pevent 不是指向某一 semaphore 結構。

　　OS_ERR_PEVENT_NULL：所給的參數 pevent 為「NULL」值。

　　List 5.5 為 OSSemPost() 函式之範例程式，所 Post 之 Semaphore 名稱為「DispSem」。

List 5.5 OSSemPost() 函式範例

```
OS_EVENT *DispSem;

void TaskX (void *p_arg)
{
        INT8U err;
        (void)p_arg;
        for (;;) {
                …
                err = OSSemPost(DispSem);
                switch (err) {
                        case OS_ERR_NONE:
                            /* Semaphore signaled */
                            break;
                        case OS_ERR_SEM_OVF:
                            /* Semaphore has overflowed */
                            break;
                        …
                }
                …
        }
}
```

OSSemPend()

```
        void OSSemPend(OS_EVENT *pevent,
                       INT32U timeout,
                       INT8U *perr);
```

(1) 參數：

　　pevent：為指向某 semaphore 結構的指標。

　　Timeout：此值為呼叫 OSSemPend() 函式時，最久等待 Semaphore 之時間，若等待時間 Timeout 則 OSSemPend() 仍會返回，但會回傳一個錯誤碼，當此值設為「0」時，表無限期等待直至拿到 Semaphore 止。

　　Perr：為 OSSemPend() 函式回傳值，其可能的回傳值有：

　　　　OS_ERR_NONE：有取得 Semaphore。

OS_ERR_TIMEOUT：未取得 Semaphore，但可等待時間已 Timeout。

OS_ERR_EVENT_TYPE：所給的 pevent 參數不是指向一個 semaphore 結構。

OS_ERR_PEND_ISR：為 ISR 呼叫 OSSemPend()，此是不允許的。

OS_ERR_PEND_LOCKED：當呼叫 OSSemPend() 時，排程器是被 disable。

OS_ERR_PEVENT_NULL：所給的 pevent 參數為「NULL」指標。

(2) 回傳值：無。

List 5.6 為 OSSemPend() 函式之範例程式，其會去 Pend「DispSem」Semaphore，設的 Timer 值為 0，即會一直等到拿到 Semaphore 後才會繼續往下執行。

List 5.6 OSSemPend() 函式範例

```
OS_EVENT *DispSem;
void DispTask (void *p_arg)
{
        INT8U err;
        (void)p_arg;
        for (;;) {
                ...
                OSSemPend(DispSem, 0, &err);
                . /* The only way this task continues is if _ */
                . /* _ the semaphore is signaled! */
        }
}
```

OSSemAccept()

   INT16U OSSemAccept(OS_EVENT *pevent);

(1) 參數：

pevent：為指向某 semaphore 結構的指標。

(2) 回傳值：

回傳值只有兩種情況：「大於 0」或「等於 0」。若「大於 0」表示有拿到 Semaphore；若「等於 0」表示沒有拿到 Semaphore 即返回。

List 5.7 為 OSSemAccept() 函式之範例程式。

List 5.7　OSSemAccept() 函式範例

```
OS_EVENT *DispSem;
void DispTask (void *p_arg)
{
        INT8U err;
        (void)p_arg;
        for (;;) {
                ...
                value = OSSemAccept(DispSem); /* Check resource availability */
                if (value > 0) {
                        ... /* Resource available, process */
                }
        }
}
```

表 5.4 為 uC/OS-II 提供的 Event Flags 相關函式，程式設計者可利用 OSFlagCreate() 產生一個 Event Flags，利用 OSFlagPost() 去設定 Event Flags 對應的位元 (代表對應的事件已發生)，利用 OSFlagPend() 或 OSFlagAccept() 去等待所要的事件群組是否發生，若沒有發生，OSFlagPend() 會持續等待 (Blocking) 而 OSFlagAccept() 則會立即返回，呼叫者不會被 Blocking。圖 5.25 為 Event Flags 函式與 Task/ISR 之關係。由圖中知，Task 或 ISR 皆可 Post Event Flags，但只有 Task 可 Pend Event Flags，若 ISR 想要藉由 Event Flags 與其他 Task 或 ISR 同步時，則只能用 OSFlagAccept() 函式。

表 5.4　Event Flags 相關之函式

Event Flags 相關之函式	OS_CFG.H 需設定之參數
OSFlagCreate()	
OSFlagPost()	
OSFlagPend()	
OSFlagAccept()	OS_Flag_ACCEPT_EN = 1

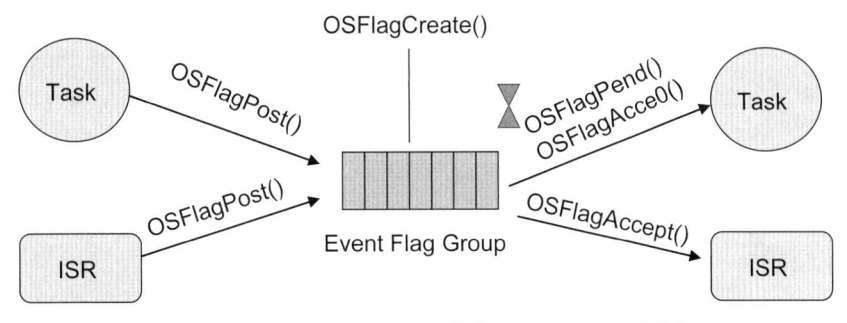

圖 5.25 Event Flags 函式與 Task/ISR 之關係

OSFlagCreate()

>   OS_FLAG_GRP *OSFlagCreate(OS_FLAGS flags,
>   INT8U *perr);

(1) 參數：

flags：為設定所產生的 Event Flags 初始值。

perr：為一指標，指向錯誤碼變數，其可能之變數值為：

OS_ERR_NONE：代表成功產生 Event Flags。

OS_ERR_CREATE_ISR：表示要由 ISR 程式產生 Event Flags，這在 uC/OS-II 是不允許的。

OS_ERR_FLAG_GRP_DEPLETED：代表系統已無資源可產生 Event Flags。

(2) 回傳值：

OSFlagCreate() 函式回傳值為一個指向 Event Flags 結構的指標，若已不允許產生新的 Event Flags 時，其回傳值為「NULL」。

List 5.8 為 OSFlagCreate() 函式之範例程式，其所產生之 Event Flags 名稱為「EngineStatus」，其初始狀態為 0x00。

List 5.8 OSFlagCreate() 函式範例

```
OS_FLAG_GRP *EngineStatus;
void main (void)
{
        INT8U err;
        ...
        OSInit(); /* Initialize μC/OS-II */
        ...
        /* Create a flag group containing the engine s status */
        EngineStatus = OSFlagCreate(0x00, &err);
        ...
        OSStart(); /* Start Multi-task */
}
```

OSFlagPost()

```
OS_FLAGS OSFlagPost(OS_FLAG_GRP *pgrp,
                    OS_FLAGS flags,
                    INT8U opt,
                    INT8U *perr);
```

(1) 參數：

pgrp：為指向某一 Event Flags 結構的指標。

flags：描述要將 Event Flags 的哪幾個位元設為 1 或 0（由 opt 參數決定），若 opt 參數為 OS_FLAG_SET，則將 flags 參數所指定的位元設為 1；若 opt 為 OS_FLAG_CLR，則設為 0。舉例來說，若想設定 Event Flags 的第 0, 4, 5 位元，則 flag 需設為 0 × 31。

opt：描述 flags 所指定的位元要設為 1 (OS_FLAG_SET) 或 0 (OS_FLAG_CLR)。

perr：指向執行結果之錯誤碼變數，其值可以為：

OS_ERR_NONE：執行正常，沒有錯誤。

OS_ERR_FLAG_INVALID_PGRP: 表示 pgrp 參數是指向 NULL。

OS_ERR_EVENT_TYPE：表示 pgrp 參數所指向的結構有誤。

OS_ERR_FLAG_INVALID_OPT：表示 opt 參數值有誤。

(2) 回傳值：回傳設定後的 Event Flags 值。

List 5.9 為 OSFlagPost() 函式之範例程式，所要設定之 Event Flags 名稱為「EngineStatusFlags」，其第三個位元若為「1」代表「Engine Start」事件，List 5.9 即利介紹如何利用 OSFlagPost 函式將 EngineStatusFlags 的「Engine Start」事件位元 (第三個位元) 設為「1」。

List 5.9 OSFlagPost() 函式範例

```
#define ENGINE_OIL_PRES_OK 0x01
#define ENGINE_OIL_TEMP_OK 0x02
#define ENGINE_START 0x04

OS_FLAG_GRP *EngineStatusFlags;

void TaskX (void *p_arg)
{
        INT8U err;
        (void)p_arg;
        for (;;) {
                ...
                err = OSFlagPost(EngineStatusFlags,
                                 ENGINE_START,
                                 OS_FLAG_SET,
                                 &err);
                ...
        }
}
```

OSFlagPend()

```
OS_FLAGS OSFlagPend(OS_FLAG_GRP *pgrp,
                    OS_FLAGS flags,
                    INT8U wait_type,
                    INT32U timeout,
                    INT8U *perr);
```

(1) 參數：

pgrp：為指向某 Event Flags 結構的指標。

flags：設定所要等待 Event Flags 的那些事件位元。

wait_type：描述所要等待的 Event Flags 之所有事件位元是全為 1 或全為 0，或是依 flags 參數所描述的事件位元全為 1 或全為 0，其設定的參數值可以為：

 OS_FLAG_WAIT_CLR_ALL：要等待 Event Flags 的所有事件位元需皆為 0。

 OS_FLAG_WAIT_CLR_ANY：要等待 Event Flags 中依 flags 參數所設定的事件位元需皆為 0。

 OS_FLAG_WAIT_SET_ALL：要等待 Event Flags 的所有事件位元需皆為 1。

 OS_FLAG_WAIT_SET_ANY：要等待 Event Flags 中依 flags 參數所設定的事件位元需皆為 1。

除了上述之設定外，亦可設定當要等待的事件位元符合時，是否要將這些發生的事件位元再清除為 0 或設為 1，則可利用 wait_type 參數設為

 OS_FLAG_WAIT_SET_ANY + OS_FLAG_CONSUME

timeout：此值為呼叫 OSFlagPend() 函式時，最久要等待 Event Flags 事件之時間，若等待時間 Timeout 則 OSFlagPend() 仍會返回，但會回傳一個錯誤碼，當此值設為「0」時，表無限期等待直至所要等待的事件位元組已發生。

perr：為 OSSemPend() 函式回傳值，其可能的回傳值有：

 OS_ERR_NONE：表正常無誤。

 OS_ERR_PEND_ISR：表由 ISR 程式呼叫 OSFlagPend，此狀況在 uC/OS-II 是不允許的。

 OS_ERR_FLAG_INVALID_PGRP：表 pgrp 參數所指的內容為 NULL。

 OS_ERR_EVENT_TYPE：表 pgrp 參數所指的內容非 Event Flags 結構。

 OS_ERR_TIMEOUT：表設定的等待時間已 Timeout。

OS_ERR_FLAG_WAIT_TYPE：表所給的 wait_type 參數有錯誤。

(2) 回傳值：若為 0 代表有問題，若非 0 值，為所要等待 Event Flags 之值。

List 5.10 為 OSFlagPend() 函式之範例程式，其會去等待 Event Flags「EngineStatus」之第一事件位元與第二事件位元皆為 1 之情況，而願意的等待時間為 10 個 Ticks，當等待事件發生後，同時將其對應的事件位元清除為 0。

List 5.10 OSFlagPend() 函式範例

```c
#define ENGINE_OIL_PRES_OK 0x01
#define ENGINE_OIL_TEMP_OK 0x02
#define ENGINE_START 0x04
OS_FLAG_GRP *EngineStatus;

void Task (void *p_arg)
{
    INT8U err;
    OS_FLAGS value;
    (void)p_arg;
    for (;;) {
        value = OSFlagPend(EngineStatus,
                           ENGINE_OIL_PRES_OK + ENGINE_OIL_TEMP_OK,
                           OS_FLAG_WAIT_SET_ALL + OS_FLAG_CONSUME,
                           10,
                           &err);
        switch (err) {
            case OS_ERR_NONE:
                /* Desired flags are available */
                break;
            case OS_ERR_TIMEOUT:
                /* The desired flags were NOT available before .. */
                /* .. 10 ticks occurred */
                break;
        }
        ...
    }
}
```

OSFlagAccept()

> OS_FLAGS OSFlagAccept(OS_FLAG_GRP *pgrp,
> OS_FLAGS flags,
> INT8U wait_type,
> INT8U *perr);

(1) 參數：其參數值與 OSFlagPend() 函式除了 timeout 參數外，其餘皆相同。

pgrp：為指向某 Event Flags 結構的指標。

flags：設定所要等待 Event Flags 的那些事件位元。

wait_type：描述所要等待的 Event Flags 之所有事件位元是全為 1 或全為 0，或是依 flags 參數所描述的事件位元全為 1 或全為 0，其設定的參數值可以為：

　　OS_FLAG_WAIT_CLR_ALL：要等待 Event Flags 的所有事件位元需皆為 0。

　　OS_FLAG_WAIT_CLR_ANY：要等待 Event Flags 中依 flags 參數所設定的事件位元需皆為 0。

　　OS_FLAG_WAIT_SET_ALL：要等待 Event Flags 的所有事件位元需皆為 1。

　　OS_FLAG_WAIT_SET_ANY：要等待 Event Flags 中依 flags 參數所設定的事件位元需皆為 1。

除了上述之設定外，亦可設定當要等待的事件位元皆符合時，是否要這些發生的事件位元再清除為 0 或設為 1，則此 wait_type 參數可設為

　　OS_FLAG_WAIT_SET_ANY + OS_FLAG_CONSUME

perr：為 OSSemPend() 函式回傳值，其可能的回傳值有：

　　OS_ERR_NONE：表正常無誤。

　　OS_ERR_EVENT_TYPE：表 pgrp 參數所指的內容非 Event Flags 結構。

　　OS_ERR_FLAG_WAIT_TYPE：表所給的 wait_type 參數有錯誤。

OS_ERR_FLAG_INVALID_PGRP：表 pgrp 參數所指的內容為 NULL。

OS_ERR_FLAG_NOT_RDY：表沒有等到所要等待的事件發生即返回。

(2) 回傳值：若為 0 代表有問題或沒有等到事件發生即返回，若非 0 值，為所要等待 Event Flags 之值。

List 5.11 為 OSFlagAccept() 函式之範例程式，其主要是去看 Event Flags「EngineStatus」之第一事件位元與第二事件位元是否皆有為 1（皆已發生），不管有沒有發生皆會立即返回，利用回傳值與 err 參數可進一步分辨是何種情況返回。

List 5.11 OSFlagAccept() 函式範例

```c
#define ENGINE_OIL_PRES_OK 0x01
#define ENGINE_OIL_TEMP_OK 0x02
#define ENGINE_START 0x04
OS_FLAG_GRP *EngineStatus;

void Task (void *p_arg)
{
    INT8U err;
    OS_FLAGS value;
    (void)p_arg;
    for (;;) {
        value = OSFlagAccept(EngineStatus,
                    ENGINE_OIL_PRES_OK + ENGINE_OIL_TEMP_OK,
                    OS_FLAG_WAIT_SET_ALL,
                    &err);
        switch (err) {
            case OS_ERR_NONE:
                    /* Desired flags are available */
                break;
            case OS_ERR_FLAG_NOT_RDY:
                    /* The desired flags are NOT available */
                break;
        }
        ...
}
```

● **Task 訊息傳遞**

uC/OS-II 提供給 Task/ISR 間訊息傳遞機制主要有 Mailbox 與 Message Queue，其中 Mailbox 一次只能傳遞一個訊息，若訊息尚未被拿走而又傳送新訊息時，則新訊息會蓋掉舊訊息；而 Message Queue 可設定 Queue 之容量，只要訊息量不要超過 Queue 的容量，雖然訊息沒被拿走，也不會被新訊息覆蓋掉。

MailBox：

表 5.5 為 uC/OS-II 提供關於 Mailbox 相關之函式，程式設計者可利用 OSMboxCreate() 產生一個 Mailbox 做訊息傳遞用，利用 OSMboxPost() 與 OSMboxPostOpt() 來傳送訊息，利用 OSMboxPend() 或 OSMboxAccept() 來接收訊息。OSMboxPend() 與 OSMboxAccept() 兩者最主要的差別在於 OSMboxPend() 函式是會 Blocking 而 OSMboxAccept() 則為不會 Blocking 函式。而 OSMboxPost() 與 OSMboxPostOpt() 之差別為 OSMboxPost() 所傳送的訊息只能給一個 Task/ISR 接收，而 OSMboxPostOpt() 則允許所傳送的訊息同時送給所有正在等待的 Tasks。圖 5.26 為 Mailbox 函式與 Task/ISR 之關係。由

表 5.5 Mailbox 相關之函式

Mailbox 相關之函式	OS_CFG.H 需設定之參數
OSMboxCreate()	
OSMboxPost()	OS_Mbox_Post_EN = 1
OSMboxPostOpt()	OS_Mbox_Post_OPT_EN = 1
OSMboxPend()	
OSMboxAccept()	OS_Mbox_ACCEPT_EN = 1

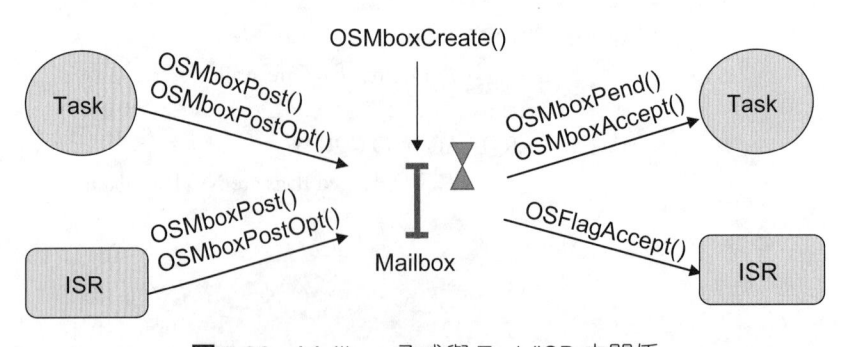

圖 5.26 Mailbox 函式與 Task/ISR 之關係

圖中知，Task 或 ISR 皆可發送／接收訊息，但要注意的是 ISR 只能用 OSMboxAccept() 函式接收訊息。

OSMboxCreate(): 產生一個 Mailbox

> OS_EVENT *OSMboxCreate(void *pmsg);

(1) 參數：

　　pmsg：指向所產生之 Mailbox 初始訊息之位址，若其值為「NULL」表示
　　　　　所產生的 Mailbox 沒有任何初始內容。

(2) 回傳值：

　　OSMboxCreate() 函式回傳值為一個指向 Mailbox 結構的指標，若系統已無資源可產生新的 Mailbox 時，其回傳值為「NULL」。

　List 5.12 為 OSMboxCreate() 函式之範例程式，其所產生之 Mailbox 名稱為「CommMbox」，其初始內容為「NULL」。

List 5.12 OSMboxCreate() 函式範例

```
OS_EVENT *CommMbox;
void main (void)
{
        ...
        OSInit(); /* Initialize μC/OS-II */
        ...
        CommMbox = OSMboxCreate((void *)0); /* Create COMM mailbox */
        OSStart(); /* Start Multi-task */
}
```

OSMboxPost()：傳送一個訊息。

> INT8U OSMboxPost(OS_EVENT *pevent,
> 　　　　　　　　　void *pmsg);

(1) 參數：

　　pevent：為一指標，指向 Mailbox 結構，為所傳送訊息要存放之 Mailbox
　　　　　　位址。

　　pmsg：為一指標，指向所要傳送訊息之位址。

(2) 回傳值：回傳值為執行此函式之結果。

可能之回傳值有：

OS_ERR_NONE：表執行正確，訊息已放入 Mailbox。

OS_ERR_MBOX_FULL：表之前傳送至 Mailbox 的訊息尚未被取走，新傳送的訊息已覆蓋在 Mailbox 內之舊訊息。

OS_ERR_EVENT_TYPE：表 pevent 參數不是指向 Mailbox 結構。

OS_ERR_PEVENT_NULL：表 pevent 參數是指向 NULL。

OS_ERR_POST_NULL_PTR：表 pmsg 參數為 NULL 指標，這是不允許的。

List 5.13 為 OSMboxPost() 函式之範例程式，其要傳送之訊息內容放於 CommRxBuf[100]。

List 5.13 OSMboxPost() 函式範例

```
OS_EVENT *CommMbox;
INT8U CommRxBuf[100];

void CommTaskRx (void *p_arg)
{
        INT8U err;
        (void)p_arg;
        for (;;) {
                ...
                err = OSMboxPost(CommMbox, (void *)&CommRxBuf[0]);
                ...
        }
}
```

OSMboxPostOpt()：傳送一個訊息，但可利用 opt 參數，決定該訊息如何給等待的 Task。

```
INT8U OSMboxPostOpt(OS_EVENT *pevent,
                    void *pmsg,
                    INT8U opt);
```

(1) 參數：

　　pevent：為一指標，指向 Mailbox 結構，為所傳送訊息要存放之 Mailbox
　　　　　　位址。

　　pmsg：為一指標，指向所要傳送訊息之位址。

　　opt：可藉由此參數決定如何將所傳送的訊息給等待的 Task，其可能的參
　　　　 數內容有：

　　　　OS_POST_OPT_NONE：將訊息送給等待 Task 中，優先權最高的
　　　　　　　　　　　　　Task。

　　　　OS_POST_OPT_BROADCAST：將訊息廣播給所有等待 Tasks。

　　　　OS_POST_OPT_NO_SCHED：將訊息送給等待 Task 中，優先權最
　　　　　　　　　　　　　　　高的 Task，但此函式執行完後，不
　　　　　　　　　　　　　　　會呼叫排程器做排程。

　　注意，opt 參數是可以聯集使用，如：

　　　　OS_POST_OPT_BROADCAST | OS_POST_OPT_NO_SCHED

(2) 回傳值：回傳值為執行此函式之結果。

　　可能之回傳值有：

　　OS_ERR_NONE：表執行正確，訊息已放入 Mailbox。

　　OS_ERR_MBOX_FULL：表之前傳送至 Mailbox 的訊息尚未被取走，新傳
　　　　　　　　　　　送的訊息已覆蓋在 Mailbox 內之舊訊息。

　　OS_ERR_EVENT_TYPE：表 pevent 參數不是指向 Mailbox 結構。

　　OS_ERR_PEVENT_NULL：表 pevent 參數是指向 NULL。

　　OS_ERR_POST_NULL_PTR：表 pmsg 參數為 NULL 指標，這是不允許
　　　　　　　　　　　　　的。

　　List 5.14 為 OSMboxPostOpt() 函式之範例程式，其傳送 CommRxBuf[100]
之內容至 CommMbox，以廣播方式給所有等待 CommMbox 之 Tasks。

List 5.13 OSMboxPostOpt() 函式範例

```
OS_EVENT *CommMbox;
INT8U CommRxBuf[100];
void CommRxTask (void *p_arg)
{
        INT8U err;
        (void)p_arg;
        for (;;) {
                ...
                err = OSMboxPostOpt(CommMbox,
                                    (void *)&CommRxBuf[0],
                                    OS_POST_OPT_BROADCAST);
                ...
        }
}
```

OSMboxPend()：由 Mailbox 取得訊息。

```
void *OSMboxPend(OS_EVENT *pevent,
                 INT32U timeout,
                 INT8U *perr);
```

(1) 參數：

　　pevent：為一指標，指向某一 Mailbox 之結構，要由此 Mailbox 取得訊息，若目前沒有訊息，則會 Blocking 在此函式。

　　timeout：為設定最長等待訊息之時間，若等待時間到期，則仍返回原呼叫程式，若此參數設為 0 表示無窮等待，直至收到訊息為止。

　　perr：為執行 OSMboxPend() 之回傳錯誤碼，其可能之值為：

　　　　OS_ERR_NONE：表正常無誤。

　　　　OS_ERR_TIMEOUT：表設定的等待時間已 Timeout。

　　　　OS_ERR_PEND_ABORT：表別的 Task 或 ISR 執行 OSMboxPendAbort() 而取消掉 Mailbox Pend 的等待。

　　　　OS_ERR_EVENT_TYPE：表 pevent 參數所指的內容非 Mailbox 結構。

OS_ERR_PEND_LOCKED：表執行此函式時，排程器被暫停，而立即返回。

OS_ERR_PEND_ISR：表由 ISR 程式呼叫 OSMboxPend，此狀況在 uC/OS-II 是不允許的。

OS_ERR_PEVENT_NULL：表 pevent 參數所指的內容為 NULL。

(2) 回傳值：若為 0 代表有問題，若非 0 值，為所取得之訊息指標。

List 5.14 為 OSMboxPend() 函式之範例程式，其要由 CommMbox 取得訊息，若目前沒有訊息，則願意的等待時間為 10 個 ticks。

List 5.14 OSMboxPend() 函式範例

```
OS_EVENT *CommMbox;

void CommTask(void *p_arg)
{
        INT8U err;
        void *pmsg;
        (void)p_arg;
        for (;;) {
                ...
                pmsg = OSMboxPend(CommMbox, 10, &err);
                if (err == OS_ERR_NONE) {
                        ...
                        . /* Code for received message */
                } else {
                        ...
                        . /* Code for message not received within timeout */
                }
                ...
        }
}
```

OSMboxAccept()：由 Mailbox 取得訊息，不管現在有沒有訊息可拿，皆會立即返回。

```
void *OSMboxAccept(OS_EVENT *pevent);
```

(1) 參數：

pevent：為一指標，指向某一 Mailbox 之結構，要由此 Mailbox 取得訊息，若目前沒有訊息，則不會 Blocking 在此函式，會立即返回。

(2) 回傳值：若為 NULL 代表沒有取得訊息即返回，若為非 0 值，即為所取得訊息之位址。

List 5.15 為 OSMboxAccept() 函式之範例程式。

List 5.15　OSMboxAccept() 函式範例

```
OS_EVENT *CommMbox;

void Task (void *p_arg)
{
        void *pmsg;
        (void)p_arg;
        for (;;) {
                pmsg = OSMboxAccept(CommMbox); /* Check mailbox for a message */
                if (pmsg != (void *)0) {
                        … /* Message received, process */
                } else {
                        … /* Message not received, do .. */
                        … /* .. something else */
                }
                ...
        }
}
```

Message Queue：

表 5.6 為 uC/OS-II 提供給 Message Queue 功能之相關函式，程式設計者可利用 OSQCreate() 產生一個 Message Queue 做訊息傳遞用，利用 OSQPost() 與 OSQPostOpt() 來傳送訊息，利用 OSQPend() 或 OSQAccept() 來接收訊息。OSQPend() 與 OSQAccept() 兩者最主要的差別為 OSQPend() 函式為 Blocking 函式而 OSQAccept() 則為不會 Blocking 函式。而 OSQPost() 與 OSQPostOpt() 之差別為 OSQPost() 所傳送的訊息只能給一個 Task/ISR 接收，而 OSQOpt() 則允許所傳送的訊息同時送給所有正在等待的 Tasks。圖 5.27 為 Message

表 5.6 Message Queue 相關之函式

相關之函式	OS_CFG.H 需設定之參數
OSQCreate()	
OSQPost()	OS_Q_Post_EN = 1
OSQPostOpt()	OS_Q_Post_OPT_EN = 1
OSQPend()	
OSQAccept()	OS_Q_ACCEPT_EN = 1
OSQFlush()	OS_Q_FLUSH_EN = 1

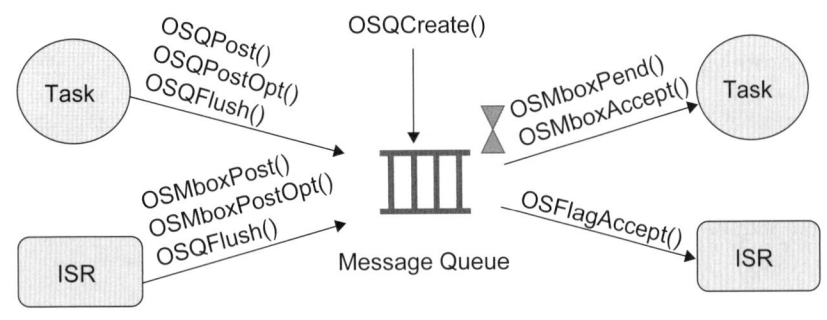

圖 5.27 Message Queue 函式與 Task/ISR 之關係

Queue 函式與 Task/ISR 之關係。由圖中知，Task 或 ISR 皆可發送／接收訊息，但要注意的是 ISR 只能用 OSQAccept() 函式接收訊息。

OSQCreate()：產生一個 Message Queue

> OS_EVENT *OSQCreate(void **start,
>   INT8U size);

(1) 參數：

　　start：指向所產生之 Message Queue 存放訊息之陣列 (即 Message Queue Table) 位址，圖 5.28 為 Message Queue Table 與傳送之 Message 關係，其是記錄 Message 記憶體位址。

　　size：為所要產生之 Message Queue 存放訊息之陣列大小，即 Queue 長度。

(2) 回傳值：

　　OSQCreate() 函式回傳值為一個指向 Message Queue 結構的指標，若系統已無資源可產生新的 Message Queue 時，其回傳值為「NULL」。

```
                    Message Queue Table[]
```

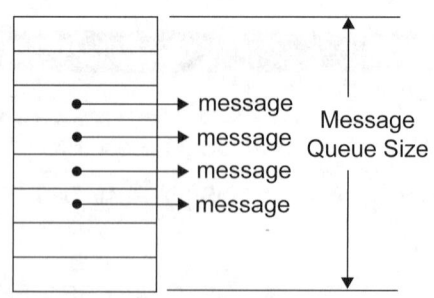

圖 5.28　Message Queue Table

　　List 5.16 為 OSQCreate() 函式之範例程式，其所產生之 Message Queue 名稱為「CommMsg」，其 Queue 長度為 10。

List 5.16　OSQCreate() 函式範例

```
OS_EVENT *CommQ;
void *CommMsg[10];
void main (void)
{
        OSInit(); /* Initialize μC/OS-II */
        …
        CommQ = OSQCreate(&CommMsg[0], 10); /* Create COMM Q */
        …
        OSStart(); /* Start Multi-task */
}
```

OSQPost()：傳送一個訊息至 Message Queue。

```
    INT8U OSQPost(OS_EVENT *pevent,
                  void *pmsg);
```

(1) 參數：

　　pevent：為一指標，指向 Message Queue 結構。

　　pmsg：為一指標，指向所要傳送訊息之位址。

(2) 回傳值：回傳值為執行此函式之結果。

　　可能之回傳值有：

　　OS_ERR_NONE：表執行正確，訊息已放入 Message Queue。

OS_ERR_Q_FULL：表之前傳送至 Message Queue 的訊息尚未被取走，新傳送的訊息已覆蓋在 Message Queue 內之舊訊息。

OS_ERR_EVENT_TYPE：表 pevent 參數不是指向 Message Queue 結構。

OS_ERR_PEVENT_NULL：表 pevent 參數是指向 NULL。

List 5.17 為 OSQPost() 函式之範例程式，Message Queue 為「CommQ」，而要傳送之訊息是放於 CommRxBuf[100]。

List 5.17 OSMboxPost() 函式範例

```
OS_EVENT *CommQ;
INT8U CommRxBuf[100];

void CommTaskRx (void *p_arg)
{
        INT8U err;
        (void)p_arg;
        for (;;) {
                ...
                err = OSQPost(CommQ, (void *)&CommRxBuf[0]);
                switch (err) {
                        case OS_ERR_NONE:
                                /* Message was deposited into queue */
                                break;
                        case OS_ERR_Q_FULL:
                                /* Queue is full */
                                break;
                        ...
                }
                ...
        }
}
```

OSMboxPostOpt()：傳送一個訊息至 Message Queue，但可利用 opt 參數，決定訊息是以何種方式給等待的 Task。

```
INT8U OSQPostOpt(OS_EVENT *pevent,
                 void *pmsg,
                 INT8U opt);
```

(1) 參數：

pevent：為一指標，指向 Message Queue 結構。

pmsg：為一指標，指向所要傳送訊息之位址。

opt：可藉由此參數決定如何將所傳送的訊息給等待的 Task，其可能的參數內容有：

OS_POST_OPT_NONE：將訊息送給等待 Task 中，優先權最高的 Task。

OS_POST_OPT_BROADCAST：將訊息廣播給所有等待 Tasks。

OS_POST_OPT_FRONT：將訊息放到 Message Queue 的最前面。

OS_POST_OPT_NO_SCHED：將訊息送給等待 Task 中，優先權最高的 Task，但此函式執行完後，不會呼叫排程器做排程。

注意，opt 參數是可以有如下聯集使用：

OS_POST_OPT_FRONT + OS_POST_OPT_BROADCAST

OS_POST_OPT_FRONT + OS_POST_OPT_BROADCAST + OS_POST_OPT_NO_SCHED

(2) 回傳值：回傳值為執行此函式之結果。

可能之回傳值有：

OS_ERR_NONE：表執行正確，訊息已放入 Message Queue。

OS_ERR_Q_FULL：表之前傳送至 Message Queue 的訊息尚未被取走，新傳送的訊息已覆蓋在 Message Queue 內之舊訊息。

OS_ERR_EVENT_TYPE：表 pevent 參數不是指向 Message Queue 結構。

OS_ERR_PEVENT_NULL：表 pevent 參數是指向 NULL。

List 5.18 為 OSQPostOpt() 函式之範例程式，Message Queue 為「CommQ」，而要傳送之訊息是放於 CommRxBuf[100]，該訊息是以廣播方式給每一個在等待訊息的 Tasks。

List 5.18　OSMboxPostOpt() 函式範例

```
OS_EVENT *CommQ;
INT8U CommRxBuf[100];

void CommRxTask (void *p_arg)
{
        INT8U err;
        (void)p_arg;
        for (;;) {
                ...
                err = OSQPostOpt(CommQ,
                                    (void *)&CommRxBuf[0],
                                    OS_POST_OPT_BROADCAST);
                ...
        }
}
```

OSQPend()：由 Message Queue 取得訊息。

```
void *OSQPend(OS_EVENT *pevent,
                INT32U timeout,
                INT8U *perr);
```

(1) 參數：

　　pevent：為一指標，指向某一 Message Queue 之結構，要由此 Message Queue 取得訊息，若目前沒有訊息，則會 Blocking。

　　timeout：為設定最長等待訊息之時間，若等待時間到期，則仍返回原呼叫程式，若此參數設為 0 表示無窮等待，直至收到訊息為止。

　　perr：為執行 OSMboxPend() 之回傳錯誤碼，其可能之值為：

　　　　OS_ERR_NONE：表正常無誤。

　　　　OS_ERR_TIMEOUT：表設定的等待時間已 Timeout。

　　　　OS_ERR_PEND_ABORT：表別的 Task 或 ISR 執行 OSQPendAbort() 取消掉 Message Queue Pend 的等待。

　　　　OS_ERR_EVENT_TYPE：表 pevent 參數所指的內容非 Message Queue 結構。

OS_ERR_PEND_LOCKED：表執行此函式時，排程器被暫停，而立即返回。

OS_ERR_PEND_ISR：表由 ISR 程式呼叫 OSQPend，此狀況在 uC/OS-II 是不允許的。

OS_ERR_PEVENT_NULL：表 pevent 參數所指的內容為 NULL。

(2) 回傳值：若為 0 代表有問題，若非 0 值，為一指標，指向所取得訊息位址。

List 5.19 為 OSQPend() 函式之範例程式，其要由 CommQ 取得訊息，若目前沒有訊息，則願意的等待時間為 100 個 ticks。

List 5.19 OSQPend() 函式範例

```
OS_EVENT *CommQ;

void CommTask(void *p_arg)
{
        INT8U err;
        void *pmsg;
        (void)p_arg;
        for (;;) {
                ...
                pmsg = OSQPend(CommQ, 100, &err);
                if (err == OS_ERR_NONE) {
                        ...
                        . /* Code for received message within 100 ticks*/
                } else {
                        ...
                        . /* Code for message not received, must have timeout */
                }
                ...
        }
}
```

OSQAccept()：由 Message Queue 取得訊息，不管現在有沒有訊息可拿，皆會立即返回。

```
void *OSQAccept(OS_EVENT *pevent,
                INT8U *perr);
```

(1) 參數：

pevent：為一指標，指向某一 Message Queue 之結構，要由此 Message Queue 取得訊息，若目前沒有訊息，則不會 Blocking，會立即返回。

perr：指向執行結果錯誤碼位址，可能之錯誤碼內容有：

OS_ERR_NONE：表正常無誤。

OS_ERR_EVENT_TYPE：表 pevent 參數所指的內容非 Message Queue 結構。

OS_ERR_PEVENT_NULL：表 pevent 參數所指的內容為 NULL。

OS_ERR_Q_EMPTY：表 Message Queue 是空的，沒有訊息。

(2) 回傳值：若為 NULL 代表沒有取得訊息即返回，若為非 0 值，即為所取得訊息之位址。

List 5.20 為 OSQAccept() 函式之範例程式。

List 5.20 OSQAccept() 函式範例

```
OS_EVENT *CommQ;

void Task (void *p_arg)
{
        void *pmsg;
        (void)p_arg;
        for (;;) {
                pmsg = OSQAccept(CommQ); /* Check message queue for a message */
                if (pmsg != (void *)0) {
                        … /* Message received, process */
                } else {
                        … /* Message not received, do .. */
                        … /* .. something else */
                }
                ...
        }
}
```

OSQFlush()：清空 Message Queue 內的訊息。

INT8U *OSQFlush(OS_EVENT *pevent);

(1) 參數：

　　pevent：為一指標，指向某一 Message Queue 之結構。

(2) 回傳值：回傳值為執行此函式之結果。

　　可能之回傳值有：

　　OS_ERR_NONE：表執行正確，已將 Message Queue 之訊息清空。

　　OS_ERR_EVENT_TYPE：表 pevent 參數不是指向 Message Queue 結構。

　　OS_ERR_PEVENT_NULL：表 pevent 參數是指向 NULL。

　List 5.21 為 OSQFlush() 函式之範例程式。

List 5.21 OSQFlush() 函式範例

```
OS_EVENT *CommQ;

void main (void)
{
        INT8U err;
        OSInit(); /* Initialize μC/OS-II */
        ...
        err = OSQFlush(CommQ);
        ...
        OSStart(); /* Start Multi-task */
}
```

　　在 ADC (類比／數位轉換) 應用環境，如溫度／煙霧等感測器，仰賴 ADC 電路週期性將測器感測的頻比訊號轉成數位資料，在此應用場景，可以利用 Message Queue 取代 OSTimeDly() 函式，提供週期性的 ADC 轉換與特殊情況，緊急處理之彈性。圖 5.29 為 Message Queue 於 ADC 環境之應用範例，ADC Task 以設定等待時間方式呼叫 OSQPend()，若沒有收到任何訊息，則將會發生 Timeout，此時 ADC Task 即可得到週期性之時間，以通知 ADC 控制器，對類比通道做訊號轉換；當系統其他 Task 因臨時需求，需立即取得某一類比通道的數位資料時，則可藉由 OSQPost() 選出訊息，求立即做 ADC 轉換，此時，ADC Task 可以立即收到訊息，並根據訊息內容，對 ADC 設定以取得所要的類比通道資料。

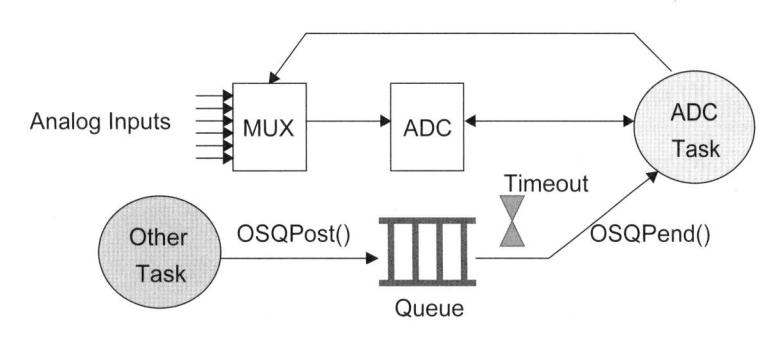

圖 5.29 Message Queue 於 ADC 環境之應用

● **記憶體管理**

對 ANSI C 而言，可使用 malloc() 與 free() 函式動態要求記憶體與釋放記憶體，但這種方式易造成記憶體片段，對較小的嵌入式系統而言，此種記憶體管理過於複雜，為了方便記憶體管理，uC/OS-II 是採用 Partition 方式的記憶體管理，表 5.7 為 uC/OS-II 記憶體管理相關函式，使用者要動態使用記憶體前，需事先利用 OSMemCreate() 函式產生所需之記憶體 Partition，每個 Partition 內為多個相同大小的記憶體區塊所成，當 Task 有需要記憶體時，再根據其所需記憶體大小，利用 OSMemGet() 與 OSMemPut() 函式向 Partition 取得記憶體或釋放記憶體。

OSMemCreate()：產生一個記憶體 Partition。

```
OS_MEM *OSMemCreate(void *addr,
                    INT32U nblks,
                    INT32U blksize,
                    INT8U *perr);
```

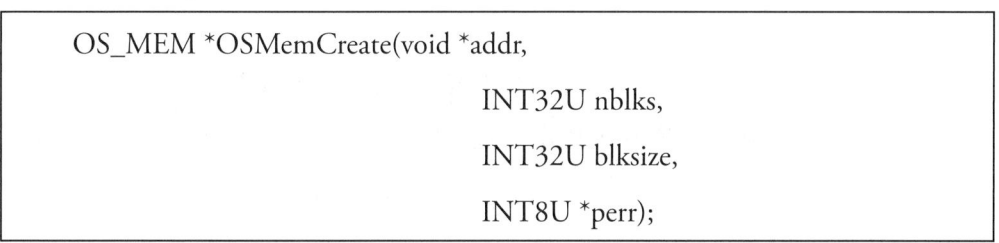

表 5.7 記憶體管理相關之函式

相關之函式	OS_CFG.H 需設定之參數
OSMemCreate()	
OSMemGet()	
OSMemPut()	

(1) 參數：

　　addr：指向所要管理的 Partition 記憶體空間的啟始位址，在使用 OSMemCreate() 函式前，需先宣告一記憶體空間做為 uC/OS-II 記憶體 Partition，由於記憶體 alignment 問題，若為 32-bit CPU，則所宣告的記憶體空間與其啟始位址要為 4 的倍數。

　　nblks：描述所要產生之 Partition 是由多少個記憶體區塊 (block) 所組成，至少要有兩個 blocks。

　　blksize：描述每一個記憶體 block 是多少 byte，若為 32-bit CPU，則每個記憶體區塊空間需為 4 的倍數。

　　perr：為執行 OSMemCreate() 函式後，回傳執行結果之錯誤碼，其值可能為：

　　OS_ERR_NONE：表記憶體 Partition 產生無誤。

　　OS_ERR_MEM_INVALID_ADDR：表「addr」參數有問題，可能是一個「NULL」指標或所提供的記憶體啟始位址和 CPU 沒有 alignment。

　　OS_ERR_MEM_INVALID_PART：表系統已無資源可以新增一個記憶體 Partition。

　　OS_ERR_MEM_INVALID_BLKS：表「nblks」參數值小於 2。

　　OS_ERR_MEM_INVALID_SIZE：表「blksize」參數太小 (小於 4-byte) 或沒有 alignment。

(2) 回傳值：回傳值為一指標，指向記憶體 Partition 之結構，或為「NULL」，表示已無系統資源或有其他問題。

　　List 5.22 為 OSMemCreate() 函式之範例程式，在執行 OSMemCreate() 函式前，需先宣告一個記憶體空間，供 Partition 管理使用，此處所宣告的記憶體空間為 CommBuf[16][32]，即代表有 16 個記憶體區塊，每個記憶體區塊有 32 個 4-byte。

List 5.22 OSMemCreate () 函式範例

```
OS_MEM *CommMem;
INT32U CommBuf[16][32];

void main (void)
{
        INT8U err;
        OSInit(); /* Initialize µC/OS-II */
        ...
        CommMem = OSMemCreate(&CommBuf[0][0], 16, 32 * sizeof(INT32U), &err);
        ...
        OSStart(); /* Start Multi-task */
}
```

OSMemGet()：由記憶體 Partition 取得記憶體區塊。

> void *OSMemGet(OS_MEM *pmem,
>
> INT8U *perr);

(1) 參數：

pmen：為一指標，指向記憶體 Partition 結構。

perr：為執行 OSMemCreate() 函式後，回傳執行結果之錯誤碼，其值可能為：

OS_ERR_NONE：表記憶體 Partition 產生無誤。

OS_ERR_MEM_NO_FREE_BLKS：表 Partition 內已無記憶體區塊。

OS_ERR_MEM_INVALID_PMEM：表「pmem」參數為一「NULL」指標。

(2) 回傳值：回傳值為一指標，指向所取得之記憶體區塊，或為「NULL」，表示該 Partition 已無記憶體區塊。

List 5.23 為 OSMemGet() 函式之範例程式，其由 CommMem Partition 取得一記憶體區塊，要注意的是，在嵌入式系統環境，程式撰寫者要自己要知道那一個 Partition 所管理的記憶體區塊大小為何，當有需要記憶體時，要向哪一個記憶體 Partition 要記憶體區塊。

List 5.23　OSMemGet () 函式範例

```
OS_MEM *CommMem;
void Task (void *p_arg)
{
        INT8U *pmsg;
        (void)p_arg;
        for (;;) {
                pmsg = OSMemGet(CommMem, &err);
                if (pmsg != (INT8U *)0) {
                ... /* Memory block allocated, use it. */
                }
                ...
        }
}
```

OSMemPut()：將記憶體區塊歸還給記憶體 Partition。

```
INT8U OSMemPut(OS_MEM *pmem,
               void *pblk);
```

(1) 參數：

　　pmen：為一指標，指向記憶體 Partition 結構。

　　pblk：為一指標，指向記憶體區塊，即要將此記憶體區塊歸還給「pmem」參數所指之記憶體 Partition。

(2) 回傳值：

　　可能的回傳值如下：

　　OS_ERR_NONE：表函式執行無誤，將記憶體區塊歸還給 Partition。

　　OS_ERR_MEM_FULL：表記憶體 Partition 已無空間可以再接收記憶體區塊。

　　OS_ERR_MEM_INVALID_PMEM：表「pmem」參數是指向 NULL。

　　OS_ERR_MEM_INVALID_PBLK：表「pblk」參數是指向 NULL。

　　List 5.24 為 OSMemPut() 函式之範例程式，將 CommMem 所指之記憶體區塊歸還給 CommMem Partition，要注意的是，所歸還之記憶體區塊大小與 Partition 所管理的記憶體區塊大小要一致。

List 5.24　OSMemPut () 函式範例

```
OS_MEM *CommMem;
INT8U *CommMsg;

void Task (void *p_arg)
{
        INT8U err;
        (void)p_arg;
        for (;;) {
                err = OSMemPut(CommMem, (void *)CommMsg);
                if (err == OS_ERR_NONE) {
                  .... /* Memory block released */
                }
                …
                }
}
```

圖 5.30 為 uC/OS-II 環境下，使用 Memory Partition 之應用範例，其有兩個 Tasks，一個為 ADC Task，主要是讀取外部感測訊號，判定是否有問題；Error Handler Task 主要是根據感測值是否有何特殊狀況，做相關後續處理。當 ADC Task 取得外部感測訊號 (如溫度、煙霧或壓力等) 時，若有超過預定的臨界值 (意外狀況)，則利用 OSMemGet() 取得記憶體區塊，利用

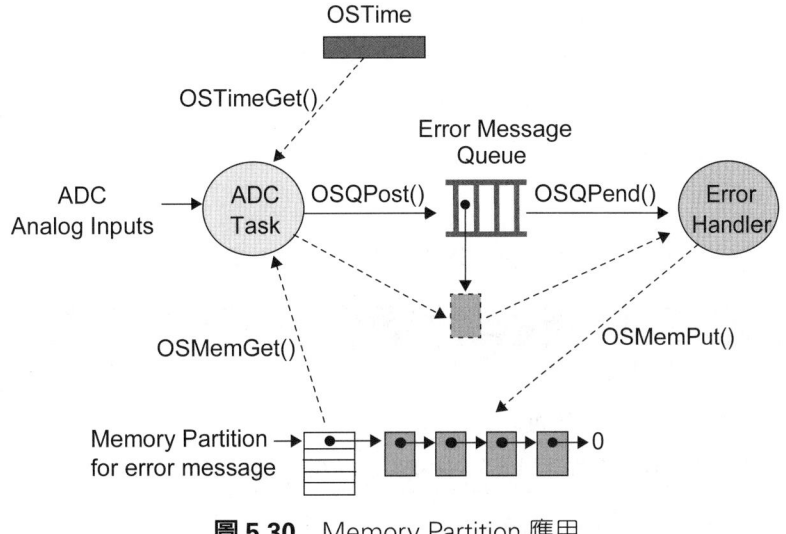

圖 5.30　Memory Partition 應用

OSTimeGet() 取得目前時間，將意外狀況與目前時間填寫至記憶體區塊 (即 Error Message)，將 Error Message 以 OSQPost() 傳送至 Message Queue；而 Error Handler Task 則利用 OSQPend() 取得 Error Message，並根據 Error Message 內容做後續反應處理，同時，將存放 Error Message 之記憶體區塊利用 OSMemPut() 歸還給 Memory Partition。

- **時間管理**

Tick Clock 為 RTOS 一個重要的時間參考依據，其為一週期性的中斷 (Tick)，如同 RTOS 的心跳，利用此週期性的中斷，RTOS 即可做時間上的管理，表 5.8 為 uC/OS-II 依據 Tick Clock 所提供之時間管理函式，Task 可呼叫 OSTimeDly() 函式，決定要 delay 多少個 Tick time (即多少個 Tick Clock 週期) 或利用 OSTimeDlyHMSM() 函式描述要 Delay 多少時、分、秒、毫秒。對 uC/OS-II 而言，其時間管理主要是仰賴內部所維護的 32-bit counter，當執行 OSStart() 函式啟動 uC/OS-II 時，此 counter 會被歸零，接下來，每產生 Tick Clock 中斷，此 counter 內容即加 1，倘若 Tick Clock rate 為 100Hz (10ms 的中斷週期)，則 32-bit counter 會 overrun 的時間為 497 天，使用者可利用 OSTimeGet() 取得此 32-bit counter 值，以得知目前系統已執行多少時間，亦可利用 OSTimeSet() 函式來設定此 counter 值。

OSTimeDly()：Delay 多少 tick time。

```
void OSTimeDly(INT32U ticks);
```

(1) 參數：

ticks：delay 多少 ticks 時間。

表 5.8　時間管理相關之函式

相關之函式	OS_CFG.H 需設定之參數
OSTimeDly()	
OSTimeDlyHMSM()	OS_Q_Post_EN = 1
OSTimeGet()	OS_Q_Post_OPT_EN = 1
OSTimeSet()	

(2) 回傳值：無。

List 5.25 為 OSTimeDly() 函式之範例程式，當 TaskX 執行至 OSTimeDly() 函式時，TaskX 會進入 Waiting State，直至 10 個 ticks 時間後，才會再次回到 Ready state。

List 5.25　OSTimeDly () 函式範例

```
void TaskX (void *p_arg)
{
        for (;;) {
                …
                OSTimeDly(10); /* Delay task for 10 clock ticks */
                …
        }
}
```

OSTimeHMSM()：以時、分、秒、毫秒描述要 delay 的時間。

```
void OSTimeDlyHMSM (INT8U hours,
                    INT8U minutes,
                    INT8U seconds,
                    INT16U ms);
```

(1) 參數：

hours：描述 Task 要 delay 多少小時，其值的設定範圍為 0～255。

minutes：描述 Task 要 delay 多少分，其值的設定範圍為 0～59。

seconds：描述 Task 要 delay 多少秒，其值的設定範圍為 0～59。

ms：描述 Task 要 delay 多少毫秒，其值的設定範圍為 0～999，要注意此值的解析度是依 Tick Clock 週期而定，若 Tick Clock 週期為 10 ms，則此值需為 10 ms 的倍數，若不是 10 ms 倍數，內部自動會做四捨五入。

(2) 回傳值：

此函式可能的回傳值為：

OS_ERR_NONE：此函式設定正確，執行無誤。

OS_ERR_TIME_INVALID_MINUTES：「minutes」參數設定值超過 59。

OS_ERR_TIME_INVALID_SECONDS：「second」參數設定值超過 59。

OS_ERR_TIME_INVALID_MS：「ms」參數設定值超過 999。

OS_ERR_TIME_ZERO_DLY：四個參數值皆為「0」，即沒有 delay。

OS_ERR_TIME_DLY_ISR：由 ISR 呼叫此函式，這是不允許的。

List 5.26 為 OSTimeDlyHMSM() 函式之範例程式，TaskX 利用 OSTimeDlyHMSM() 函式 delay 1 秒。

List 5.26　OSTimeDlyHMSM () 函式範例

```
void TaskX (void *p_arg)
{
        for (;;) {
                ...
                OSTimeDlyHMSM(0, 0, 1, 0); /* Delay task for 1 second */
                ...
        }
}
```

OSTimeGet()：取得系統內部時間管理之 32-bit counter 值。

```
    INT32U OSTimeGet(void);
```

(1) 參數：無

(2) 回傳值：目前 32-bit counter 值。

List 5.27 為 OSTimeGet() 函式之範例程式，TaskX 利用 OSTimeGet() 函式取得 32-bit counter 值。

List 5.27　OSTimeGet () 函式範例

```
void TaskX (void *p_arg)
{
        INT32U  clk;
        for (;;) {
                ...
                clk = OSTimeGet(); /* Get current value of system clock */
                ...
        }
}
```

OSTimeSet()：設定系統內部之 32-bit counter 值。

> INT32U OSTimeSet(INT32U ticks);

(1) 參數：

ticks：相要設定給 32-bit counter 之值

(2) 回傳值：無。

List 5.28 為 OSTimeSet() 函式之範例程式，TaskX 利用 OSTimeSet() 函式將 32-bit counter 值歸零。

List 5.28 OSTimeSet () 函式範例

```
void TaskX (void *p_arg)
{
        for (;;) {
                …
                OSTimeSet(0L); /* Reset the system clock */
                …
        }
}
```

5.3　PTK 平台之 uC/OS-II 多工程式

List 5.29 為於 PTK 平台下 uC/OS-II 多工程式範例，程式進入點為 main() 函式，關於 PTK 平台的硬體設定函式與 uC/OS-II 系統設計與啟動函式執行有一定順序，說明如下：

(1) 將 PTK 平台的中斷訊號全部 disable，避免 uC/OS-II 作業環境尚未設定好，若產生中斷，會造成系統運作錯誤。

(2) 對 uC/OS-II 作業環境做初始化，此時會產生兩個 RTOS 系統運作所需的 Tasks: idle task (優先權為 OS_LOWEST_PRI/O) 與 statistical task（優先權為 OS_LOWEST_PRI/O-1）。idle task 是在沒有任何 Task 可執行時，即會去執行此 idle task，而 statistical task 若有被啟動後，則每一秒會統

計 CPU 的使用率，以得知系統 loading 大小。

(3) 產生第一個應用程式的 Task，其優先權值為 25，在正式啟動 uC/OS-II 作業系統前，至少要產生一個應用程式 Task，若要啟動 statistical task，則在啟動 statistical task 前只能啟動一個應用程式 Task，這是 uC/OS-II 的限制，請特別注意。

(4) 啟動 uC/OS-II RTOS，此時，即會挑選最高優先權的 Task 來執行，由於目前系統內只有三個 task：App_TaskStart（優先權 25），statistical task（優先權 OS_LOWEST_PRI/O-1），idle task（優先權 OS_LOWEST_PRI/O\1，由於 App_TaskStart 具有最高優先權，所以接下來即會執行 App_TaskStart。

(5) 於 App_TaskStart，首先執行 BSP_Init() 以對 PTK 平台硬用做初始化設定。

(6) 對 CPU 的相關暫存器做初始化設定。

(7) 根據 PTK 平台的工作頻率，計算 uC/OS-II 之 Tick Clock 與 PTK 平台工作頻率的關係，即以 PTK 工作頻率計數多少次即為一個 Tick Clock 週期。

(8) 啟動 Statistical Task，記得在啟動之前，只能產生一個應用程式 Task。

(9) 設定 Tick Clock 的計數頻率。

(10) 產生其他應用程式所需的 Tasks。

(11) 為 App_TaskStart 的主體，對 RTOS Task 而言，每一個 Task 的主體為一無窮迴圈，在無窮迴圈內定要呼叫會讓 Task 釋放 CPU 使用權的函式，如此，RTOS 才能正常運作。

(12) 產生 N_TASKS 個相同 Task，其優先權依序為 1, 2, …, N_TASKS+1，由此範例可知，不同的 Task 可以是相同程式碼，但其使用的 Stack 個別獨立，雖是相同程式碼，但有不同的優先權值，完全是個別獨立，個別運作。

(13) 因為要使用到 random() 函式，其為 N_TASKS 個 Tasks 皆會呼叫的函式，為 shared resource，critical section，所以使用 semaphore，確保同一時

間只有一個 Task 呼叫此函式。

(14) 使用 random() 函式。

(15) 釋放 semaphore，讓其他 Task 可以進入 critical section 執行。

(16) Delay 一個 tick clock 時間，進入 Waiting state，即會釋放 CPU 給其他 Task 執行。

List 5.29 uC/OS-II 之多工程式範例

```
static    OS_STK     App_TaskStartStk[APP_TASK_START_STK_SIZE];
static    OS_STK     App_TaskStk[N_TASKS][ APP_TASK_START_STK_SIZE];
static    char       TaskData[N_TASKS];

void main (void)
{
        INT8U err;
        BSP_IntDisAll();                                            (1)
        OSInit(); /* Initialize μC/OS-II */                         (2)
        OSTaskCreate(App_TaskStart,                                 (3)
                (void *)0,
                &App_TaskStartStk[APP_TASK_START_STK_SIZE-1],
                25);
        OSStart(); /* Start Multi-task */                           (4)
}
void App_TaskStart (void *p_arg)
{
        (void)p_arg;
        CPU_INT32U   cnts;
        BSP_Init();                                                 (5)
        CPU_Init();                                                 (6)
        cnts = BSP_CPU_ClkFreq() / (CPU_INT32U)OS_TICKS_PER_SEC;    (7)
        OS_CPU_SysTickInit(cnts);                                   (8)
        OSStatInit();                                               (9)
        App_TaskCreate();  /*Create your Application Tasks*/        (10)

        for (;;) { /* Task body, always an infinite loop. */        (11)
                /* Must call one of the following services: */
                /* OSMboxPend() */
                /* OSFlagPend() */
                /* OSQPend() */
                /* OSSemPend() */
```

```c
                        /* OSTimeDly() */
                        /* OSTimeDlyHMSM() */
                        ...
        }
}

static void TaskStartCreateTasks (void)
{
        INT8U i;
        for (i = 0; i < N_TASKS; i++) {                                         (12)
                TaskData[i] = '0' + i;   /* Each task will display its own letter */
                OSTaskCreate(Task,
                        (void *)&TaskData[i],
                        &TaskStk[i][TASK_STK_SIZE - 1],
                        i + 1);
        }
}

void Task (void *data)
{
        UBYTE x;
        UBYTE y;
        UBYTE err;
        for (;;) {
                OSSemPend(RandomSem, 0, &err);                                  (13)
                x = random(80);                                                 (14)
                y = random(16);
                OSSemPost(RandomSem);                                           (15)
                DispChar(x, y + 5, *(char *)data, DISP_FGND_LIGHT_GRAY); (4)
                OSTimeDly(1);                                                   (16)
        }
}
```

CHAPTER 6

uC/OS-II 應用範例

　　從本章開始，我們將於 uC/OS-II RTOS 環境下，針對 PTK 平台周邊之應用範例說明，圖 6.1 為 uC/OS-II 之軟體架構，其於 CPU 硬體之上，主要將其程式碼分為兩部分：「硬體相依程式碼 (Processor-Specific Code)」與「硬體不相依程式碼 (Processor-Independent Code)」。「硬體相依程式

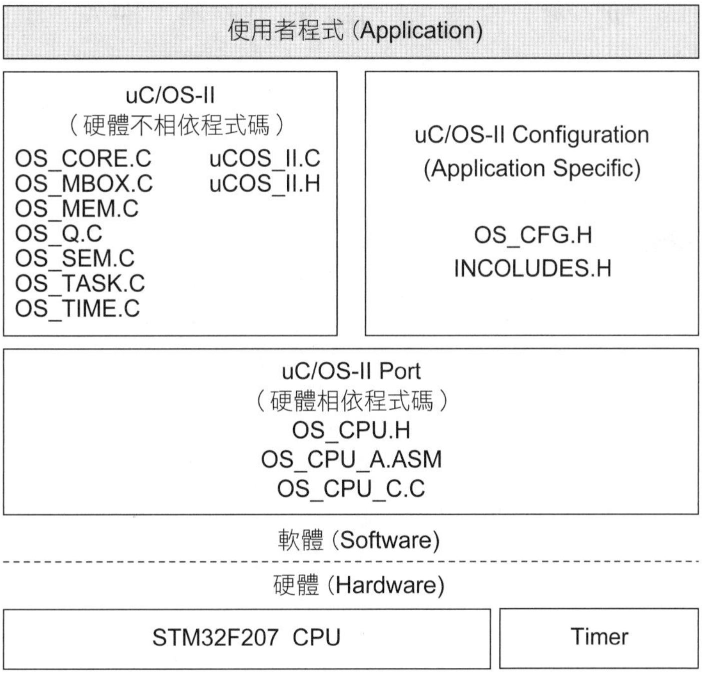

```
┌─────────────────────────────────────────────────┐
│             使用者程式 (Application)              │
├──────────────────────┬──────────────────────────┤
│       uC/OS-II        │                          │
│  （硬體不相依程式碼） │  uC/OS-II Configuration  │
│  OS_CORE.C  uCOS_II.C │   (Application Specific) │
│  OS_MBOX.C  uCOS_II.H │                          │
│  OS_MEM.C             │                          │
│  OS_Q.C               │      OS_CFG.H            │
│  OS_SEM.C             │      INCOLUDES.H         │
│  OS_TASK.C            │                          │
│  OS_TIME.C            │                          │
├──────────────────────┴──────────────────────────┤
│               uC/OS-II Port                      │
│           （硬體相依程式碼）                      │
│              OS_CPU.H                            │
│              OS_CPU_A.ASM                        │
│              OS_CPU_C.C                          │
├──────────────────────────────────────────────────┤
│             軟體 (Software)                       │
├ ─ ─ ─ ─ ─ ─ ─ ─ ─ ─ ─ ─ ─ ─ ─ ─ ─ ─ ─ ─ ─ ─ ─ ─ ┤
│             硬體 (Hardware)                       │
├───────────────────────────┬──────────────────────┤
│    STM32F207  CPU         │       Timer          │
└───────────────────────────┴──────────────────────┘
```

圖 6.1 uC/OS-II 之軟體架構

碼」主要是硬體周邊元件相對應之驅動程式，而 RTOS 所提供之 Semaphore、Mail box、Message Queue、Timer、記憶體管理與 Task 管理排程則主要是實現於「硬體不相依程式碼」。使用者根據系統需求所撰寫之多工應用程式主要是在 Application 區。

Micriume/PBB/Applications/Projects/PTK-STM32F207/EWARM-V6/OS-uCOS-II/ 目錄下，提供不同周邊介面之多工應用程式，接下來，將針對 PTK 平台上不同的周邊於 uC/OS-II 環境下之應用範例加以說明。

6.1　LED／按鍵／七段顯示

OS_uCOS-II 目錄下之 base_counting_sem 主要是介紹如何利用 ISR 經由 Semaphore 觸發 Task 之同步範例，程式架構如圖 6.2 所示。利用 Key0 產生外部中斷，由相對應的中斷服務副程式 (EXTI0_IRQHandler()) 去 Toggle LED1，同時 post 一個 semaphore「*p_sem*」觸發 App_TaskStart() 執行；而 App_TaskStart() 每次 pend 到 Semaphore 後即 Toggle LED0、將 counter 值加 1（代表被觸發幾次，

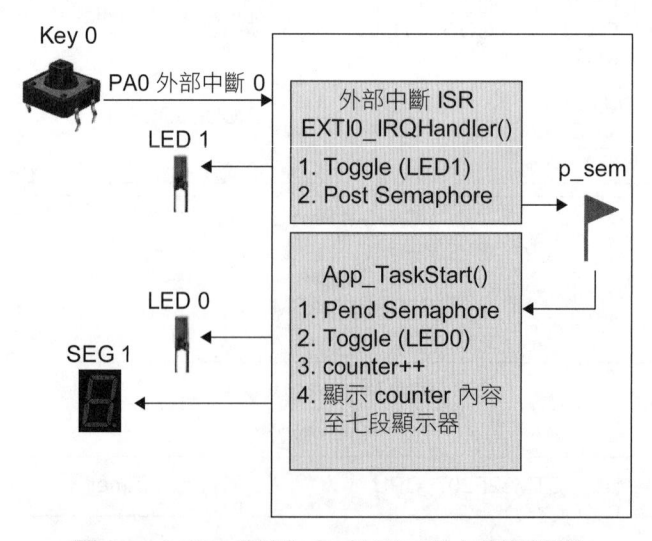

圖 6.2　LED／按鍵／七段顯示器之應用範例

每按一次 Key0 即觸發一次）、並將 counter 值顯示至七段顯示器上。List 6.1 為 base_counting_sem 範例之部分程式碼。

EXTI0_IRQHandler()

    (1) 每次被執行，即 Toggle LED1;

    (2) Post semaphore「*p_sem*」給 App_TaskStart()

App_TaskStart()

    (1) 將 counter 變數值顯示於七段顯示器。

    (2) 等待「*p_sem*」Semaphore。

    (3) 每次被觸發即將 counter 值加 1。

    (4) Toggle LED0。

List 6.1　base_button_irq 範例之部分程式碼

```
static void    EXTI0_IRQHandler (void)
{
        /* Toggle LED1 */
        BSP_LED_Toggle(APP_LED1);                                              (1)

        /* Clear the EXTI line 0 pending bit */
        EXTI_ClearITPendingBit(EXTI_Line0);

        OSSemPost(p_sem);                                                       (2)
}

static void    App_TaskStart (void *p_arg)
{

while (DEF_TRUE) {                    /* Task body, always written as an infinite loop. */
        module_7segment_put_number(APP_SEG1, counter & 0xF);                    (3)
        OSSemPend(p_sem, 100, &err);                                            (4)
        if(err==OS_ERR_NONE)
        {
            counter++;                                                          (5)
        }
        BSP_LED_Toggle(APP_LED0);                                               (6)
    }
}
```

6.2　SD 卡檔案系統

PTK 之 uC/OS-II 環境下是採用 uC/OS 所發展的 uC/FS 檔案系統來管理 SD 卡檔案，uC/FS 模組主要是被設計使用於較小之嵌入式環境，支援所有 FAT 格式，其提供之 API (Application Programming Interface) 介面和標準 POSIX 介面類似，如：fs_fwrite(), fs_fread() 其相關參數與 POSIX 同，接下來將針對較常用的 API 函式加以說明，詳細函式請參考 uC/OS-II 官方網站。

● **開啟檔案**

> FS_FILE *fs_fopen (const char *name_full,
> const char *str_mode);

*namv_full：所欲開啟的檔案名稱，需設定該檔案名稱之絕對位址，如："sd:0:\\test.txt"，表示 SD 卡根目錄下之 test.txt 檔。

*str_mode：要對此檔案作何操作，其值可以是：

"r" 或 "rb"：對所開啟的檔案，以二進位讀取檔案操作。

"w" 或 "wb"：對所開啟的檔案，以二進位寫入檔案操作。

"w+" 或 "r+"：對所開啟的檔案，以二進位做檔案讀或寫之操作。

回傳所開啟檔案之 descriptor。

● **讀取檔案操作**

> cnt = fs_fread(p_buf, /* pointer to buffer */
> 1, /* size of each item */
> 100, /* number of items */
> p_file); /* pointer to file */

p_buf：為記憶體指標，將所讀取的檔案內容，存放於此指標所指之記憶體。

1：代表讀取檔案之基本單位大小，1 表示是「1-byte」。

100：代表所要讀取檔案讀之單位數，100 表示「100 個單位」，由於每個單位為「1-byte」，所以表示要讀取「100-byte」。

p_file：指向所要讀取檔案的 descriptor。

cnt：回傳真正讀取之資料單位數。

● **寫入檔案操作**

```
fs_size_t fs_fwrite (void *p_src,
                    fs_size_t size,
                    fs_size_t nitems,
                    FS_FILE *p_file);
```

p_src：為記憶體指標，將所指向之記憶體內容，寫至目前檔案位置處。

size：代表寫入檔案之基本單位大小，若值為 1 表示是「1-byte」。

nitems：代表要由寫入資料單位數，若其值為 100 表示「100 個單位」，由於每個單位為「1-byte」，所以表示要寫入「100-byte」。

p_file：指向所要讀取檔案的 descriptor。

cnt：回傳真正寫入之資料單位數。

● **移動目前檔案之讀寫位置**

```
int fs_fseek (FS_FILE *p_file,
              long int offset,
              int origin);
```

p_file：指向所欲操作之檔案的 descriptor。

offset：將讀寫位置移至以「origin」為起點 offset 位置。

origin：代表「offset」之參考起點，此值可以為：

　FS_SEEK_SET：以檔案起始點為參考起點，

　FS_SEEK_CUR：以目前的檔案位置為參考起點，

　FS_SEEK_END：以檔案結束位置為參考起點。

● **測試是否檔案結尾**

```
int fs_feof (FS_FILE *p_file);
```

*p_file：指向所要關閉檔案的 descriptor。

回傳一個整數值，此值如下說明。

　0：表示尚未到達檔案結尾，

非 0 值：表示已是檔案結尾。

● **關閉檔案**

```
int fs_fclose (FS_FILE *p_file);
```

*p_file：指向所要關閉檔案的 descriptor。

　　OS_uCOS-II 目錄下之 base_uC-FS 目錄為簡單之 SD 卡操作範例程式，List 6.2 為 base_uC-FS 範例之 App_TaskCreate() 程式碼。

(1) 對檔案系統操作前要先執行此函式，取得所需記憶體及格式基本設定。

(2) 對檔案系統操作前，要先對檔案系統初始化。

(3) 為此範例之檔案操作主要範例程式碼。

List 6.2　base_uC-FS 範例之 App_TaskCreate() 程式碼

```
static void
App_TaskCreate (void)
{
        Mem_Init();                                                     (1)
        App_FS_Init();                                                  (2)
        App_FSTest();                                                   (3)
}
```

　　List 6.3 為 base_uC-FS 範例之 App_FSTest() 程式碼。

(1) 開啟所要寫入的檔案。

(2) 對所開啟的檔案寫入 "Microtime"。

(3) 關閉所開啟之檔案。

(4) 開啟所要讀取之檔案。

(5) 由檔案讀取 sizeof(szBuffer) 位元組資料放於 szBuffer 所指之記憶體空間。

(6) 關閉所開啟之檔案。

List 6.3　base_uC-FS 範例之 App_FSTest() 程式碼

```
static void
App_FSTest (void)
{
        char            szBuffer[256];
```

```
        char              *pFilename;
        FS_FILE           *pFile;
        CPU_SIZE_T        size_wr, size_rd;
        pFilename = "test.txt";
        sprintf(szBuffer, "sd:0:\\%s", pFilename);
        pFile = fs_fopen(szBuffer, "wb");                               (1)
        if (!pFile) {
            //APP_TRACE_INFO(("Can't open file %s    \n",fileName));
            return;
        }
        size_wr = fs_fwrite("Microtime", 1, 9, pFile);                  (2)
        fs_fclose(pFile);                                               (3)
        sprintf(szBuffer, "sd:0:\\%s", pFilename);
        pFile = fs_fopen(szBuffer, "r");                                (4)
        if (!pFile) {
            //APP_TRACE_INFO(("Can't open file %s    \n",fileName));
            return;
        }
        size_rd = fs_fread(szBuffer, 1, sizeof(szBuffer), pFile);       (5)
        szBuffer[size_rd] = 0;
        fs_fclose(pFile);                                               (6)
}
```

6.3　UART 傳輸介面

　　於 uC/OS-II 環境下，關於 UART (RS-232) 傳輸介面之相關 API 函式整理如下，其與 non-OS 環境下之 API 函式類似，主要差別為「當遇到 Blocking 函式，於 uC/OS-II 環境下會做 Context Switch；於 non-OS 環境則會停留在 Blocking 式內，直至等待的事件出現為止」。

　　於 UART 的 API 函式，當要傳送字元時，由於 UART 為「Shared Resource 或稱為 Critical Section」，使用 UART 前需先取得 UART 的使用權 (Pend Semaphore)，取得使用權後才能傳送字元；另傳送一個字元後也會等待字元真正傳送出去（Pend 傳送完成之 Semaphore，此傳送完成之 Semaphore 是由 UART

的 ISR 程式 Post）才會完成傳送字元函式的執行。當呼叫接收字元函式，亦需取得 UART 的使用權，取得使用權後，再去 Pend 接收字元的 Semaphore（由 UART 的 ISR 程式 Post），確保收到字元資料後，才會將所收到的字元回傳給呼叫端，完成接收 UART 字元函式之執行。

- **UART 初始化**

    ```
    int  BSP_Ser_Init (CPU_INT08U  port_no, CPU_INT32U  baud_rate);
    ```

    port_no：所欲使用的 UART 介面編號。

    baud_rate：設定要使用的 UART 介面的傳輸鮑率 (baud rate)。

- **由 UART 接收 (讀取) 一個字元 (character)**

    ```
    CPU_INT08U   BSP_Ser_RdByte (CPU_INT08U  port_no);
    ```

    port_no：指定所要讀取一個字元之 UART 介面編號，此函式會回傳所讀取之字元。此函式為 Blocking 函式，若未取得所指定之 UART 介面使用權前，會被 Context Switch，取得使用權後，若尚未收到字元，亦會被 Context Swtich。

- **由 UART 接收 (讀取) 一個字串 (stream)**

    ```
    void     BSP_Ser_RdStr (CPU_INT08U  port_no,
                            CPU_CHAR   *p_str,
                            CPU_INT16U  len);
    ```

    port_no：指定所要讀取字串之 UART 介面編號。

    *p_str：所接收到的字串要存放之記憶體位址。

    len：要存放字串之記憶體長度。

- **由 UART 傳送 (寫入) 一個字元 (character)**

    ```
    void     BSP_Ser_WrByte (CPU_INT08U  port_no, CPU_INT08U  c);
    ```

    port_no：指定所要傳送字元之 UART 介面編號。

    c：所要傳送之字元。

- **由 UART 傳送 (寫入) 一個字串 (stream)**

    ```
    void     BSP_Ser_WrStr (CPU_INT08U  port_no, CPU_CHAR  *p_str);
    ```

port_no：指定所要傳送字串之 UART 介面編號。

*p_str：存放所要傳送字串的記憶體位址。

len：要存放字串之記憶體長度。

- **以 UART 為顯示介面，由 printf 之格式傳送（寫入）一個字串 (stream)**

  ```
  void      BSP_Ser_Printf (CPU_INT08U  port_no,
                            CPU_CHAR    *format,
                            ...);
  ```

port_no：指定所要傳送字串之 UART 介面編號。

*format：為標準 C 之 printf 之顯示格式。

OS_uCOS-II 目錄下之 base_uart 目錄為簡單之 UART 傳送／接收範例程式，List 6.4 為 base_uart 範例之 App_TaskSecond() 程式碼。

(1) 對 APP_UART1 之 UART 介面初始化，設定其 baud rate 為 115200。

(2) 以 printf 格式，將字串「Hello World!!!」由 APP_UART1 傳送出去。

(3) 由 APP_UART1 接收一個字元。

(4) 由 APP_UART1 傳送一個字元。

List 6.4 base_uart 範例之 App_TaskSecond() 程式碼

```
static void
App_TaskSecond (void *p_arg)
{
        CPU_INT08U ch;
        (void)&p_arg;

        BSP_Ser_Init(APP_UART1, B115200);                          (1)
        BSP_Ser_Printf(APP_UART1, "\nHello World !!!\n");          (2)

        while (DEF_TRUE) {
            ch = BSP_Ser_RdByte(APP_UART1);                        (3)
            BSP_Ser_WrByte(APP_UART1, ch);                         (4)
            if (ch == '\r'){
                BSP_Ser_WrByte(APP_UART1, '\n');
            }
        }
}
```

6.4 搖桿輸入介面

OS_uCOS-II 目錄下之 mems_adc 為讀取搖桿位置之範例程式，PTK 平台具有左右兩個搖桿，目前搖桿位置是經由 ADC 電路以直角座標系（X-軸、Y-軸）來呈現，圖 6.3 為讀取搖桿之應用範例架構，右搖桿 (JOYSTK1) 之 X-軸 (JOYSTK1_X) 與 Y-軸 (JOYSTK1_Y) 位置經由 ADC 轉換，轉換之值利用 DMA2 的 steam3 通道搬至記憶體，當 DMA2 每搬完一次轉換資料後，即會對 CPU 產生中斷，以執行對應之 DMA ISR，DMA ISR 將轉換值由記憶體複製至變數 MEMS1_A1、MEMS2_A1、MEMS2_A2 與 MEMS2_A3，接著呼叫 Call back 函式 (mems_adc_callback())，mems_adc_callback() 函式將變數 MEMS1_A1、MEMS2_A1、MEMS2_A2 與 MEMS2_A2 的內容複製至變數 mems1_a1、mems2_a1、mems2_a2 與 mems2_a3，並 post MEMS_SampleWait Semaphore，以便可以通知 App_ADCSampleTask() 做後續處理。

App_ADCSampleTask() 主要是等待搖桿位置資訊 (Post MEMS_SampleWait) 後，將此搖桿位置資訊經由 RS-232 傳至 PC 顯示。

於此架構中，何時 ADC 會啟動轉換處理？此部分則仰賴 Timer2 定時的觸

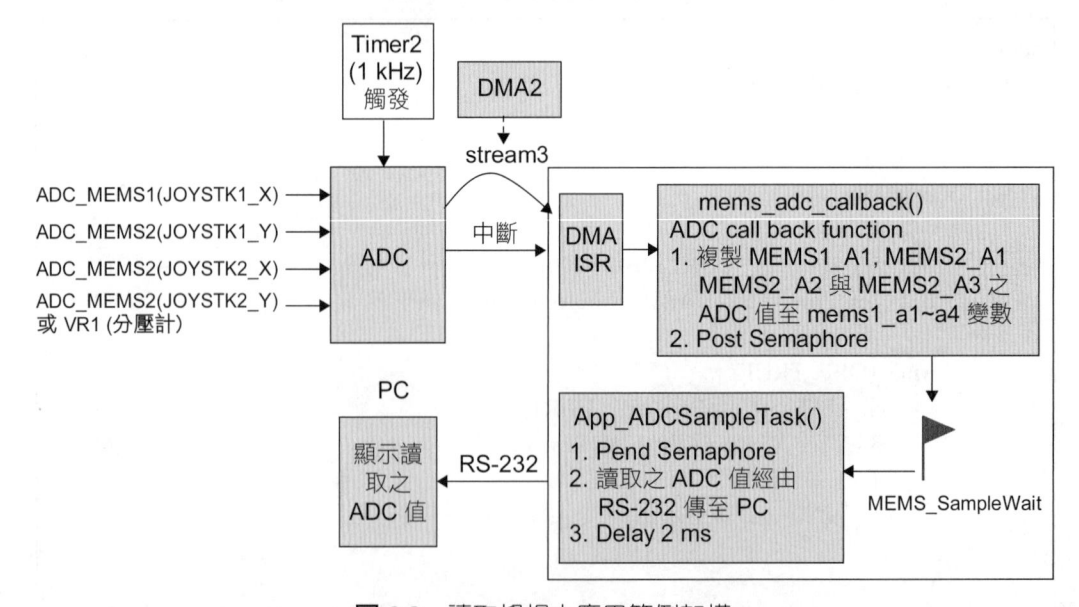

圖 6.3　讀取搖桿之應用範例架構

發 ADC 晶片做轉換處理。List 6.5 為 mems_adc 範例之 mems_adc_callback() 程式碼。

(1) 當 DMAC 完成 ADC 轉換資料搬移後,產生中斷,再由 DMA ISR 呼叫此函式,此函式將右左搖桿位置資訊搬至相對記憶體變數。

(2) Post MEMS_SampleWait Semaphore 以通知 App_ADCSampleTask() 後續執行。

List 6.5 mems_adc 範例之 mems_adc_callback() 程式碼

```
void
mems_adc_callback (uint32_t u32UseData, const uint16_t *pADCVData)
{
    MEMS_INFO_T   *mem_info = (MEMS_INFO_T *)u32UseData;

    module_mems_adc_get_value(APP_ADC_MEMS1_A1, &mem_info->mems1_a1);   (1)
    module_mems_adc_get_value(APP_ADC_MEMS2_A1, &mem_info->mems2_a1);
    module_mems_adc_get_value(APP_ADC_MEMS2_A2, &mem_info->mems2_a2);
    module_mems_adc_get_value(APP_ADC_MEMS2_A3, &mem_info->mems2_a3);
    if (!g_Busy){
        g_Busy = 1;
        BSP_OS_SemPost(BSP_OS_SEM_PTR(MEMS_SampleWait));
            /* Post to the sempahore   */                               (2)
    }
}
```

List 6.6 為 mems_adc 範例之 App_ADCSampleTask() 程式碼。

(1) 對 ADC 做初始化,此部分包含 DMAC 設定與 Timer2 設定。

(2) 設定 ADC 之 Call Back Function,即向 DMA ISR 註冊此函式。

(3) 啟動 ADC 電路,即啟動 Timer2 計時動作,以得到每固定時間即要求 ADC 電路做轉換。

(4) 等待完成 ADC 轉換。

(5) 將 ADC 轉換資料經由 RS-232 回傳至 PC 螢幕。

List 6.6　mems_adc 範例之 App_ADCSampleTask() 程式碼

```
static void
App_ADCSampleTask (void *p_arg)
{
    (void)&p_arg;

    BSP_Ser_Init(APP_UART1, B115200);
    BSP_Ser_Printf(APP_UART1, "\nMEMS ADC testing !!!\n");

    module_mems_adc_init();                                                    (1)
    module_mems_adc_isr_callback_register(mems_adc_callback, (uint32_t)&g_mems_info);  (2)
    module_mems_adc_start();                                                   (3)
    while (DEF_TRUE) {
        g_Busy = 0;
        BSP_OS_SemWait(BSP_OS_SEM_PTR(MEMS_SampleWait), 0);
            /* Wait until a data is received /                                 (4)

        app_show_adc();                                                        (5)
        OSTimeDlyHMSM(0, 0, 0, 2);        // 500Hz.
    }
}
```

List 6.7 為 mems_adc 範例之 app_show_adc() 程式碼。

(1) 將要回傳至 PC 的內容先以字串方式寫至記憶體 sZMsg 位置。

(2) 以 printf 格式將 sZMsg 內容經由 RS-232 回傳至 PC 顯示。

List 6.7　mems_adc 範例之 app_show_adc() 程式碼

```
static void
app_show_adc (void)
{
    char    szMsg[128];

    sprintf(szMsg, "M1_A1=%04X, M2_A1=%04X, M2_A2=%04X, M2_A3=%04X\n",   (1)
            g_mems_info.mems1_a1,
            g_mems_info.mems2_a1,
            g_mems_info.mems2_a2,
            g_mems_info.mems2_a3
            );

    BSP_Ser_Printf(APP_UART1, szMsg);                                    (2)
}
```

另外，由圖 6.4 顯示，ADC 電路的第四個通道輸入訊號除了搖桿外，亦可以是 VR1(分壓計)，此部分是由 PTK 板子的 JP1 Jump 決定。

6.5 分壓計輸入介面

OS_uCOS-II 目錄下之 base_trimmer 為讀取分壓計之電壓值範例程式，此 PTK 平台之 Cortex 晶片內含 ADC 介面具四個通道，分別連接至兩個搖桿與一個分壓計，其中分壓計是與第二個搖桿共用，由 JP1 Jump 決定。

ADC 轉換則由 Timer2 所觸發，預設值是設為 1kHz，即每 1ms 觸發 ADC 電路轉換，轉換值則利用 DMA2 的 steam3 通道搬至記憶體，當 DMA2 每搬完一次轉換資料後，即會對 CPU 產生中斷，DMA ISR 將分壓計轉換值複製至變數 MEMS2_A3。

List 6.8 為 base_trimmer 範例之 App_TaskSecond() 程式碼。

(1) 設定 RS-232 之 baud rate 為 115200。
(2) 對 trimmer 初始化，即設定 Timer2 之計時時間為 1 ms。

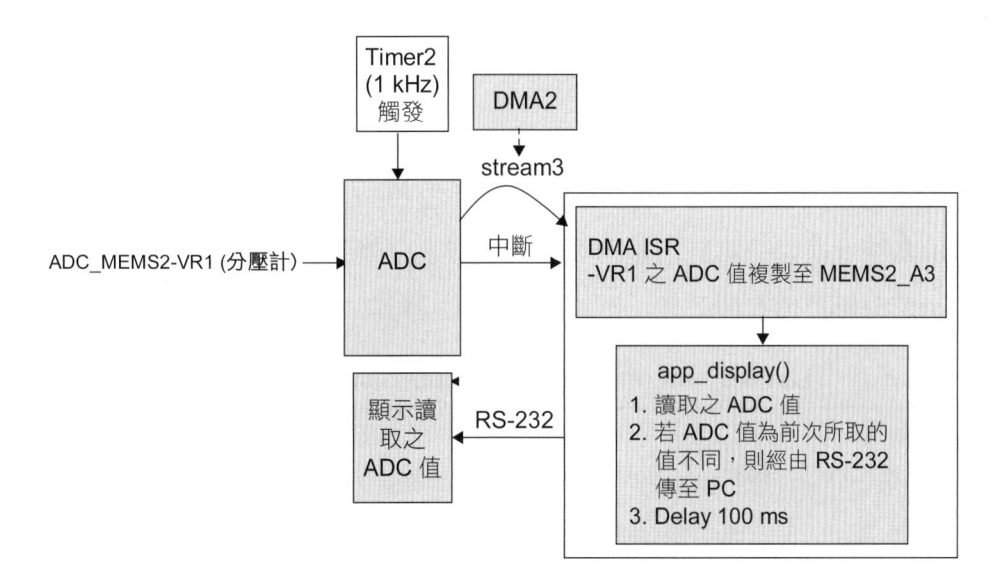

圖 6.4 分壓計之應用範例架構

(3) 啟動 ADC 電路，即啟動 Timer2 計時動作，以得到每 1 ms 時間對 ADC 電路要求做轉換。

(4) 執行 app_display() 副程式。

List 6.8　mems_adc 範例之 App_TaskSecond() 程式碼

```
static void
App_TaskSecond (void *p_arg)
{
        (void)&p_arg;

        BSP_Ser_Init(APP_UART1, B115200);                              (1)
        BSP_Ser_Printf(APP_UART1, "\nTrimmer testing !!!\n");

        module_trimmer_init(APP_VR1);                                  (2)
        module_trimmer_start(APP_VR1);                                 (3)
        while (1){
            app_display(APP_UART1);                                    (4)
            OSTimeDly(100);
        }
}
```

List 6.9 為 base_trimmer 範例之 app_display() 程式碼。

(1) 取得分壓計之電壓值。

(2) 分壓計之最高值為 3.3v，而此 ADC 之量化位元為 12-bit，將取得之 ADC 值轉化為電壓值，解析度為 1 mv。

(3) 取得轉換電壓之伏特值。

(4) 取得轉換電壓之 mv 值，調整解析度之 100 mv。

(5) 判斷此次之分壓計值是否與前次讀取之分壓計值相同。

(6) 若分壓計值有所改變，則經由 RS-232 將其顯示至 PC。

List 6.9　mems_adc 範例之 app_display() 程式碼

```
static void
app_display (CPU_INT08U dev_no)
{
static    uint32_t    pre_v=~0, pre_mv=~0;
```

```
            uint32_t    v=0,mv=0, vr_value;
            if (module_trimmer_get_value(APP_VR1, &vr_value) != EPBB_TRIMMER_OK){     (1)
                return ;
            }
            vr_value = vr_value *3300/0xFFF;                                          (2)
            v = (vr_value)/1000;                                                      (3)
            mv = (vr_value%1000)/100;                                                 (4)
            if (v != pre_v ||                                                         (5)
                mv != pre_mv
               ){
                BSP_Ser_Printf(dev_no, "VR1 = %d.%d V    \n", v, mv);                 (6)
                pre_v = v; pre_mv = mv;
            }
        }
```

6.6 麥克風與喇叭

OS_uCOS-II 目錄下之 per_audio 範例主要整合 SD 卡、喇叭與麥克風，以提供錄音與播放聲音之功能。圖 6.5 為此範例程式架構，在 Reset 後，利用

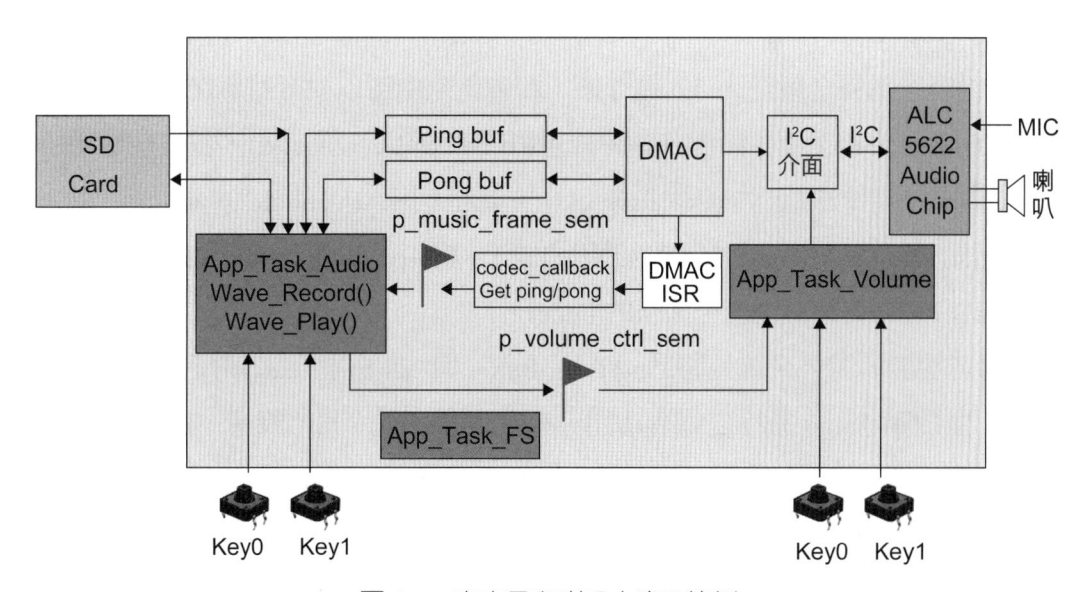

圖 6.5 麥克風與喇叭之應用範例

「Key1」決定系統是進入「錄音模式」或「音訊播放模式」。

- **「錄音模式」**：進入錄音模式後，藉由「Key0」決定何時開始錄音及錄音時間，當開始錄音後，Audio 晶片由 MIC（麥克風）取得音訊，經由 ADC，將數位的「WAV」格式音訊檔寫至 SD 卡。
- **「音訊播放模式」**：由 SD 卡讀取「WAV」格式音訊檔傳至 Audio 晶片播放，並藉由「Key0」與「Key1」決定音訊播放的大小聲。

不管是錄音（由 audio 晶片產生音訊資料寫至 SD 卡）或是音訊播放（由 SD 卡讀取 WAV 檔後傳至 audio 晶片播放），皆會碰到系統與 audio 晶片兩邊速度不同步的問題，為了解決此兩邊速度不同步之問題，宣告兩個記憶體區塊：Ping Buffer 與 Pong Buffer，提供系統與 audio 晶片間資料搬移的緩衝橋樑，而系統與 audio 晶片之資料搬移則靠 DMAC (Direct Memory Access Controller) 自動搬移。

播放 WAV 音樂而言，系統先由 SD 卡讀取音訊，將 Ping/Pong Buffer 內容填滿後，向 Audio 晶片註冊，以設定 Ping/Pong Buffer 與 call-back function (codec_callback()) 給 DMAC，同時啟動 audio 晶片開始播放音訊，並藉由 p_volume_ctrl_sem 通知 App_Task_Volume（做 Task 同步 Task）可以利用「Key0」與「Key1」調整音訊播放的音量。一旦 Audio 晶片開始播放音樂，DMAC 即不停的由 Ping buffer 或 Pong buffer 將音訊經由 I^2C 搬至 Audio 晶片，當 DMAC 將某 Buffer 內容音訊完全搬至 Audio 晶片後，即會產生中斷以執行對應之中斷服務副程式 (DMAC ISR)，而中斷服務副程式會再呼叫 codec_callback()，並告知是哪一個 buffer 內容已被搬空；codec_ballback() 主要是利用 semaphore (p_music_frame_sem) 通知 App_Task_Audio（做 ISR 同步 Task），讓 App_Task_Audio 知道，可再由 SD 卡讀取音訊資料寫至已被搬空的 buffer。

錄音功能而言，系統先將 Ping/Pong Buffer 與 call-back function 註冊至 Audio 晶片，並啟動 Audio 晶片之錄音功能，一旦 Audio 晶片開始錄音，DMAC 會自動將所錄的音訊資料經由 I^2C 搬至 Ping buffer 或 Pong buffer，一旦某一 buffer 填滿錄音之音訊後，DMAC 會產生中斷，執行 DMAC ISR，再由 DMAC ISR 呼叫 call-back function，利用 call-back function 去 post p_music_frame_sem 通知 App_

Task_Audio（做 ISR 同步 Task）。當 App_Task_Audio 取得 semaphore 後即知要將填寫之 buffer 錄音內容寫至 SD 卡。

WAV 檔為微軟開發的一種無壓縮、最常見且被使用的數位音訊格式，其符合 RIFF (Resource Interchange File Format) 規範，WAV 檔案內容主要分兩部分：WAV 檔頭 (header) 與 WAV 資料 (Data)。WAV 資料（音訊流）大部分是 PCM (Pulse Code Modulation) 數位音訊，藉由 WAV 檔頭告知音訊流之量化位元數 (quantization bits)、取樣頻率 (Sample rate)、聲道數等資訊，即 WAV 檔之音訊流容量 (bytes) = 取樣頻率 × 量化位元數 × 聲道數 × 時間 ÷ 8。

圖 6.6 為 WAV 音訊格式，其由三部分所組成，如圖 6.6(a) 所示，分別為 RIFF 區，其 ID 為「RIFF」、Format 格式區，其 ID 為「fmt」與 Data 資料區，其 ID 為「data」。圖 6.6(b) 為各區之細部定義，說明如下：

RIFF 區

4-byte ID = "RIFF"，表示此 WAV 檔是以 RIFF 格式為標準。

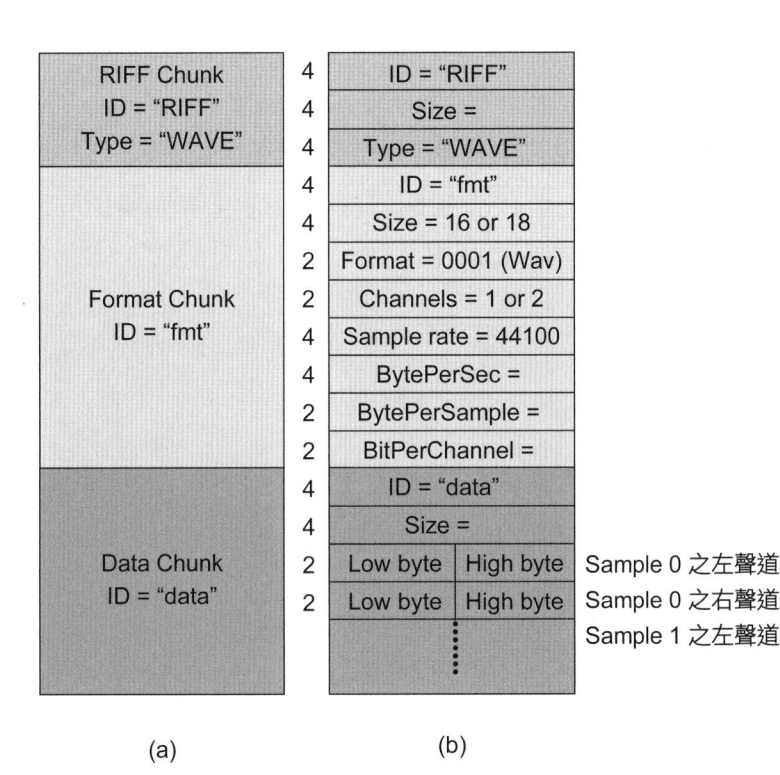

圖 6.6 WAV 音訊檔之格式

4-byte Size：其值為整個 WAV 檔之大小減去 4-byte ID 與 4-byte Size。

4-byte Type = "WAVE"，表示為 WAV 資料格式。

Format 格式區

4-byte ID = "fmt"，表示此為 format 格式區。

4-byte Size = 16 或 18：代表 format 格式區之長度，正常值為 16，若有 2-byte option 欄時，則其值為 18。

2-byte Format = 0001，表示為 WAV 格式。

2-byte Channel = 1 或 2，表示為單聲道之音訊或雙聲道之音訊。

4-byte Sample Rate，此值為數位音訊之取樣頻率，如：44100 代表是以 44100 取樣速度去捉取類比音訊。

4-byte BytePerSec：此值代表每秒所產生之音訊資料量 (byte)，其計算方法如下：

$$BytePerSec = 取樣頻率 \times 量化位元數 \times 聲道數 \div 8$$

2-byte BytePerSample，此值代表每次取樣產生多少位元組 (Byte)，其計算方法如下：

$$BytePerSample = 量化位元數 \times 聲道數 \div 8$$

2-byte BitPerChannel，此值代表每個取樣每個通道產生多少位元數之資料量，一般此值為 8-bit 或 16-bit。

Data 資料區

4-byte ID = "data"，表示此為 data 資料區。

4-byte Size = 表示音訊資料之長度。

List 6.10 為 per_audio 範例之錄音音檔的 WAV 檔頭，其取樣率為 8 kHz、兩個 channel（左右聲道）、量化位元為 16-bit。

List 6.10 per_audio 範例之錄音檔的 WAV 檔頭

```
ST_PCM_HEADER           st_pcm_header;

uint8_t pcm_header[]={
    'R', 'I', 'F', 'F',              //[0x00] "RIFF"
    0x00, 0x00, 0x00, 0x00,          //[0x04] 4+24+[8+M*Nc*Ns+(0/1)] = 36+(4*Ns)
    'W', 'A', 'V', 'E',              //[0x08] "WAVE"
        'f', 'm', 't', ' ',          //[0x0C] "fmt "
        0x10, 0x00, 0x00, 0x00,      //[0x10] Chunk-Size
            0x01, 0x00,              //[0x14] WAVE_FORMAT_PCM
            0x02, 0x00,              //[0x16] Nc        = 2 Channels
//          0x44, 0xAC, 0x00, 0x00,  //[0x18] F         = 44100Hz (0xAC44)
//          0x10, 0xB1, 0x02, 0x00,  //[0x1c] F*M*Nc = 44100*2*2=176400 (0x2B110)
            0x40, 0x1F, 0x00, 0x00,  //[0x18] F         = 8000Hz (0x1F40)
            0x00, 0x7D, 0x00, 0x00,  //[0x1c] F*M*Nc = 8000*2*2=32000 (0x007D)
            0x04, 0x00,              //[0x20] M*Nc     = 2Bytes * 2Channel = 4
            0x10, 0x00,              //[0x22] 8*M      = 8 * 2 = 16 (0x10)
    'd', 'a', 't', 'a',              //[0x24] "data"
    0x00, 0x00, 0x00, 0x00           //[0x28] M*Nc*Ns= 2*2*Ns = 4*Ns
    //....
};
```

List 6.11 為 per_audio 範例程式之 App_Task_Audio() 程式碼。

(1) 開機後先判斷「Key1」是否有被按下，若有按下則進入錄音模式，否則，即進入音訊播放模式。

(2) 執行錄音之功能，錄音之儲存檔案名稱為「pcm_w.wav」。

(3) 錄音後，即執行音訊播放。

(4) 進入音訊播放模式，播放之音訊檔名為「pcm_r.wav」。

List 6.11 per_audio 範例之 App_Task_Audio() 程式碼

```
static void
App_Task_Audio (void *p_arg)
{
        (void)&p_arg;

        module_gui_text_printf_line(0, "Audio Demo.\n");
        if (module_button_get_state(APP_KEY1) == EPBB_KEY_PRESSED) {            (1)
            //Recording Mode
```

```
                Wave_Record ("pcm_w.wav");                              (2)
                while(1) {
                    Wave_Play ("pcm_w.wav");                            (3)
                    OSTimeDly(2000);
                }
            }
            else {
                //Playing Mode
                while(1) {
                    Wave_Play ("pcm_r.wav");                            (4)
                    OSTimeDly(2000);
                }
            }
        }
```

List 6.12 為 per_audio 範例程式之 Wave_Record() 程式碼。

(1) 由 SD 卡開啟所要錄音的檔案。

(2) 將 WAV 檔頭（List 6.2 之內容）寫至 SD 卡之錄音檔案。

(3) 向 Audio 晶片與 DMAC 註冊設定以下訊息：1. 設定錄音之取樣率為 8kHz；2. 設定資料搬移之緩衝暫存器為 Ping/Pong Buffer；3. 設定 Ping/Pong Buffer 之長度；4. 註冊 DMAC 中斷之 call back function 為「codec_callback()」。

(4) 判斷「Key0」是否按下，若按下則開始錄音。

(5) 設定 Audio 晶片開始錄音，此時 Audio 晶片即會用 8 kHz 之取樣率、雙聲道、每個聲道量化位元數為 16-bit 做 DAC，所產生的錄音音訊藉由 DMAC 依序搬至 Ping Buffer 與 Pong Buffer 內，當填滿 Ping Buffer 或 Pong Buffer 時，DMAC 即會產生中斷，執行 DMAC 之 ISR 程式。

(6) 判斷「Key0」是否持續按著，若持續按著則繼續錄音。

(7) 等待「p_music_frame_sem」Semaphore，其是由 codec_callback() 函式所產生，當 DMAC 由填滿整一個記憶體緩衝區時，即會產生中斷，由 DMAC 的 ISR 程式呼叫 codec_callback()。

(8) 將 Buffer 內 (Ping 或 Pong Buffer) 填滿之錄音資料，寫至 SD 卡之檔案，

由於 Buffer 宣告是 16-bit 的陣列，所以將 PCM_FRAME_LEN<<1(乘 2)。

(9) 統計錄音之音訊資料長度。

(10) 當放掉「Key0」則設定 Audio 晶片，結束錄音。

(11) 調整 WAV 檔頭之音訊長度 (st_pcm_header.num_bytes_pcm) 與檔案長度 (st_pcm_header.ck_size_pcm)，並將此修正後的 WAV 檔頭更新至 SD 卡檔案。

List 6.12 per_audio 範例程式之 Wave_Record() 程式碼

```
static void
Wave_Record (char *pFilename)
{
        char            szBuffer[64];
        FS_FILE         *pFile;
        FS_ERR          err;

        UINT            writeReturnBytes;
        uint32_t        pcm_byte_count=0;

        play_mode = 0;

        module_gui_clear(GUI_BLACK);
        module_gui_text_string("Recording\n");
        sprintf(szBuffer, "sd:0:\\%s", pFilename);                              (1)
        pFile = fs_fopen(szBuffer, "wb");
        if (!pFile) {
            while (DEF_TRUE) {
                BSP_LED_Toggle(APP_LED0);
                OSTimeDly(200);
            }
        }
        else {
            //Set PCM header
            memcpy(&st_pcm_header, pcm_header, sizeof(pcm_header));             (2)
            fs_fwrite(&st_pcm_header,  1, sizeof(st_pcm_header), pFile);
            p_pcm_ping_buf = &pcm_buffer[0];
            p_pcm_pong_buf = &pcm_buffer[PCM_FRAME_LEN];
```

```c
        //Run the CODEC
        module_audio_record_enable(EPBB_AUDI/O_FRAME_RATE_8000,          (3)
                        (char*)p_pcm_ping_buf,
                        (char*)p_pcm_pong_buf,
                        PCM_FRAME_LEN,
                        codec_callback);

        module_gui_text_string("Stop Recording when released KEY0\n");
        while (module_button_get_state(APP_KEY0) != EPBB_KEY_PRESSED);   (4)
        BSP_LED_On(APP_LED1);

        module_audio_record_run();                                       (5)

        while (module_button_get_state(APP_KEY0) == EPBB_KEY_PRESSED) {  (6)
            BSP_OS_SemWait(p_music_frame_sem, 0);                        (7)
            writeReturnBytes = fs_fwrite(p_pcm_empty_buf, 1, P
                CM_FRAME_LEN<<1, pFile);                                 (8)
            pcm_byte_count += writeReturnBytes;                          (9)
        }

        module_audio_record_disable();                                   (10)

        //PCM fixup
        st_pcm_header.num_bytes_pcm = pcm_byte_count;
        st_pcm_header.ck_size_pcm    = pcm_byte_count + 36;
        fs_fseek(pFile, 0, FS_SEEK_SET);
        fs_fwrite(&st_pcm_header,   1, sizeof(st_pcm_header), pFile);    (11)
        fs_fclose(pFile);

        BSP_LED_Off(APP_LED1);
    }
}
```

List 6.13 為 per_audio 範例程式之 Wave_Play() 程式碼。

(1) 由 SD 卡開啟開啟 WAV 音訊案。

(2) 由音訊檔讀取 WAV 檔頭。

(3) 由檔頭中確認所開啟的檔案是否為 WAV 檔。

(4) 調整所開啟檔案之讀取位置 (跳至音訊資料的啟始位置)。

(5) 設定 Ping Buffer 與 Pong Buffer 之記憶體空間。

(6) 由 SD 卡讀取音訊資料,將 Ping Buffer 與 Pong Buffer 填滿。

(7) 向 Audio 晶片與 DMAC 註冊設定以下訊息:1. 設定要播放音訊之取樣率;2. 資料搬移之緩衝暫存器為 Ping/Pong Buffer;3. 告知 Ping/Pong Buffer 之長度;4. 註冊 DMAC 中斷之 call back function 為「codec_callback()」。

(8) 設定音訊播放之音量大小。

(9) Post「p_volume_ctrl_sem」Semaphore 給 App_Task_Volume(),通知音訊已要準備開始播放,其可以藉由「Key0」與「Key1」調整音訊播放的大小聲。

(10) 啟動 Audio 晶片開始播放音訊,此時 DMAC 即依序將 Ping Buffer 與 Pong Buffer 內的音訊搬至 Audio 晶片做音訊播放,當 DMAC 將 Ping Buffer 或 Pong Buffer 內容皆搬至 Audio 晶片時,DMAC 會產生中斷訊號,以執行 DMAC 之 ISR 程式。

(11) 等待「p_music_frame_sem」Semaphore,其是由 codec_callback() 函式所產生,當 DMAC 每搬完一個記憶體緩衝區時,即會產生中斷,由 DMAC 的 ISR 程式呼叫 codec_callback()。

(12) 再由 SD 卡讀取音訊資料填寫所空出來的記憶體緩衝區。

(13) 判斷是否已將 SD 卡內之音訊資料皆讀出,若已皆讀出,即結束 Audio 晶片之音訊播放及關檔。

List 6.13　per_audio 範例程式之 Wave_Play() 程式碼

```
static void
Wave_Play (char *pFilename)
{
        char        szBuffer[64];
        FS_FILE     *pFile;
        FS_ERR      err;
        UINT        readReturnBytes;
        uint32_t    pcm_byte_count=0;
        UINT        FrameBytes;
        play_mode = 1;
        module_gui_clear(GUI_BLACK);
```

```c
        sprintf(szBuffer, "sd:0:\\%s", pFilename);
        module_gui_text_string("Playing %s\n", szBuffer);
        pFile = fs_fopen(szBuffer, "rb");                                        (1)
        if (!pFile) {
            module_gui_text_printf("%s not open\n", szBuffer);
            while (DEF_TRUE) {
                BSP_LED_Toggle(APP_LED0);
                OSTimeDly(200);
            }
        }
        else {
            //Get music trunk st_pcm_header
            fs_fseek(pFile, 0, FS_SEEK_SET);
            readReturnBytes = fs_fread(&st_pcm_header, 1, sizeof(st_pcm_header), pFile); (2)
            //Check PCM Format
            if ((strncmp((const char*)st_pcm_header.riff, "RIFF", 4)!=0) ||      (3)
                (strncmp((const char*)st_pcm_header.wavefmt, "WAVEfmt ", 8)!=0) ||
                (st_pcm_header.wave_fmt != 0x0001) ) {
                while (DEF_TRUE) {
                    BSP_LED_Toggle(APP_LED0);
                    OSTimeDly(200);
                }
            }
            fs_fseek(pFile, 0x30, FS_SEEK_SET); //Skip to PCM data               (4)
            //Fill pcm buffer
            p_pcm_ping_buf = &pcm_buffer[0];                                     (5)
            p_pcm_pong_buf = &pcm_buffer[PCM_FRAME_LEN];
            FrameBytes = PCM_FRAME_LEN <<1;
            readReturnBytes = fs_fread(p_pcm_ping_buf, 1, FrameBytes, pFile);    (6)
            readReturnBytes = fs_fread(p_pcm_pong_buf, 1, FrameBytes, pFile);
            //Run the CODEC
            module_audio_play_enable(st_pcm_header.frame_rate,                   (7)
                            (char*)p_pcm_ping_buf,
                            (char*)p_pcm_pong_buf,
                            PCM_FRAME_LEN,
                            codec_callback);
            module_audio_set_vol_main(80);                                       (8)
            module_audio_set_vol_lineout(vol);
            module_audio_set_vol_speaker(vol);
            //module_audio_set_vol_microphone(90);

            BSP_OS_SemPost(p_volume_ctrl_sem);                                   (9)
```

```
                module_audio_play_run();                                    (10)

                module_gui_text_string("Volume + when Press KEY0\n");
                module_gui_text_string("Volume - when Press KEY1\n");
                while (DEF_TRUE){
                    BSP_OS_SemWait(p_music_frame_sem, 0);                   (11)
                    readReturnBytes = fs_fread(p_pcm_empty_buf, 1, FrameBytes, pFile);  (12)
                    pcm_byte_count += readReturnBytes;
                    if (pcm_byte_count > (st_pcm_header.num_bytes_pcm - 0x1000)){  (13)
                        module_audio_play_disable();
                        fs_fseek(pFile, 0x30, FS_SEEK_SET);
                        pcm_byte_count = 0;
                        fs_fclose(pFile);
                        return;
                    }
                }
            }
        }
```

List 6.14 為 per_audio 範例程式之 codec_callback() 程式碼

(1) 決定 DMAC 已完成 Ping Buffer 或 Pong Buffer 之資料搬移，並將其設定至指標變數「p_pcm_empty_buf」。

(2) Post「p_music_frame_sem」Semaphore 給 Wave_Record() 函式 或 Wave_Play() 函式。

List 6.14 per_audio 範例程式之 codec_callback() 程式碼

```
void
codec_callback (uint8_t pingBufFinish)
{
        p_pcm_empty_buf = (pingBufFinish) ? p_pcm_ping_buf : p_pcm_pong_buf;    (1)
        BSP_OS_SemPost(p_music_frame_sem);                                       (2)
}
```

List 6.15 為 per_audio 範例程式之 App_Task_Volume() 程式碼。

(1) 等待「p_volume_ctrl_sem」Semaphore，此 Semaphore 是由 Wave_Play() 函式 Post。

(2) 判斷「Key0」是否被按下，若被按下則將 Audio 晶片之音訊播放音量調

小。

(3) 判斷「Key1」是否被按下，若被按下則將 Audio 晶片之音訊播放音量調大。

List 6.15 per_audio 範例程式之 App_Task_Volume() 程式碼

```
static void
App_Task_Volume (void *p_arg)
{
        (void)&p_arg;

        BSP_OS_SemWait(p_volume_ctrl_sem, 0);                                    (1)

        module_gui_text_printf_line(4, "Volume = %02d", vol);
        module_audio_set_vol_lineout(vol);
        module_audio_set_vol_speaker(vol);
        while (DEF_TRUE) {
            OSTimeDlyHMSM(0, 0, 0, 200);
            if(play_mode == 1) {
                if(module_button_get_state(APP_KEY0) == EPBB_KEY_PRESSED) { (2)
                    //module_audio_play_resume();
                    if(vol>(0+VOL_STEP)) {
                        vol-=VOL_STEP;
                        BSP_LED_Toggle(APP_LED0);
                        module_audio_set_vol_lineout(vol);
                        module_audio_set_vol_speaker(vol);
                        module_gui_text_printf_line(4, "Volume = %02d", vol);
                    }
                }
                if(module_button_get_state(APP_KEY1) == EPBB_KEY_PRESSED) { (3)
                    //module_audio_play_pause();
                    if(vol<(99-VOL_STEP)) {
                        vol+=VOL_STEP;
                        BSP_LED_Toggle(APP_LED1);
                        module_audio_set_vol_lineout(vol);
                        module_audio_set_vol_speaker(vol);
                        module_gui_text_printf_line(4, "Volume = %02d", vol);
                    }
                }
                module_7segment_put_number(APP_SEG1, vol/10);
            }
        }
}
```

6.7 紅外線之發射與接收

紅外線為不可見光特性，普遍應用於電視、冷氣等家電設備之遙控器，於 OS_uCOS-II 目錄下之 base_ir 範例是以 NEC 紅外線協定為主，介紹如何利用紅外線發射器與接收器產生 NEC 紅外線訊框 (frame)。於第 3 章有 NEC 紅外線協定之細部介紹，今將相關重點摘錄於下。

NEC 紅外線協定是以 38 kHz 50% duty cycle 的載波以減少相關的訊號干擾，採用 PPM 位元編碼，其位元「0」「1」之編碼方式如圖 6.7 所示。

位元「1」：mark 時間為 560 μs，此段時間是以 38 kHz 載波信號送出；space 時間為 1.69 ms，此段時間不送出任何信號。

位元「0」：：mark 時間為 560 μs，以 38 kHz 載波信號送出；space 時間為 560 μs，不送出任何信號。

於 NEC 紅外線協定，每次要送一控制訊號 (Data) 即需以圖 6.8 之訊框格式送出，需先產生前導碼（Leader code：9 ms 的 mark 與 4.5 ms 的 space），接著是 16-bit 之位址 (address) 或是 8-bit 用戶碼 (Custom code) 與 8-bit 反相用戶碼 (/Custom code)， 接著是 8-bit 資料碼 (Data code) 與 8-bit 反相資料碼 (/Data code)，最後是結束碼 (0.56 ms mark)。

圖 6.9 為 base_ir 紅外線發射接收範例程式之架構圖，首先，紅外線發射

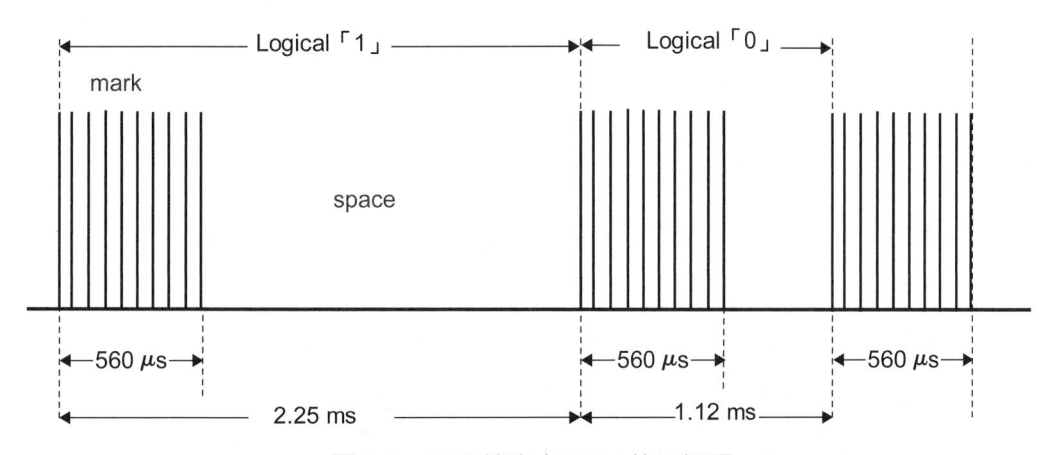

圖 6.7 NEC 協定之 PPM 位元編碼

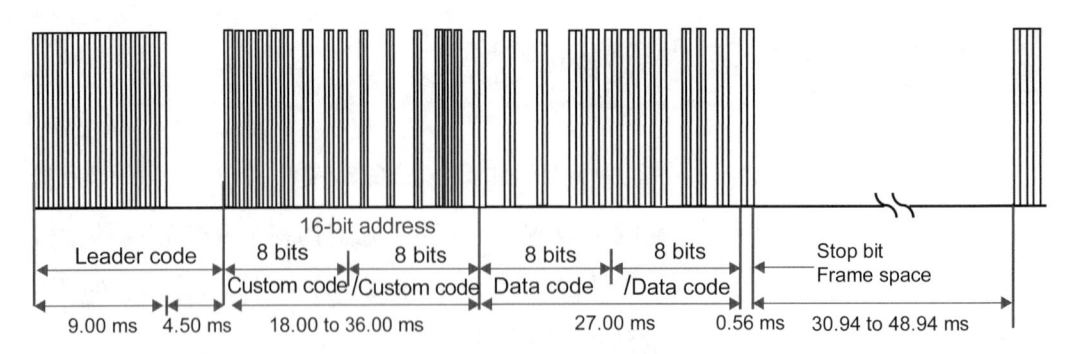

圖 6.8 NEC 紅外線通訊格式

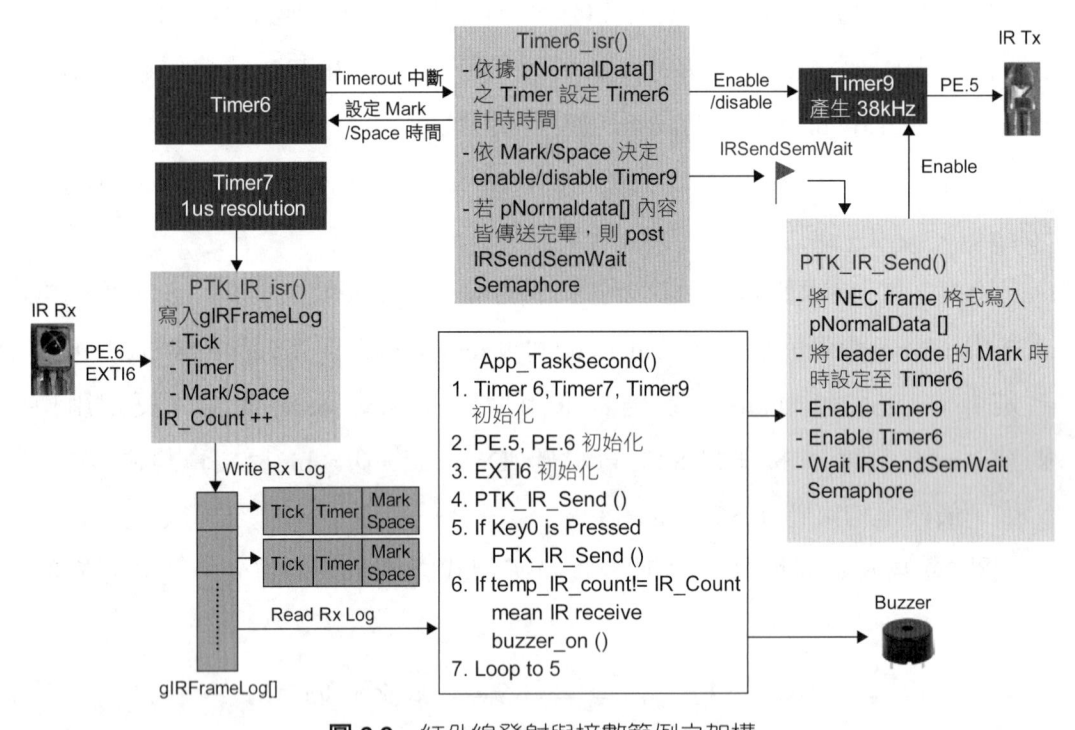

圖 6.9 紅外線發射與接數範例之架構

器 (IR Tx) 是接到 PE.5 接腳，紅外線接收器 (IR Rx) 則是接到 PE.6 接腳，並將 PE.6 設為外部中斷 6 (EXTI6)，其觸發方式設為正負緣觸發 (Rising/Falling Edge Trigger)。

本範例程式使用到三個 Timer，分別為 Timer6、Timer7 與 Timer9。

Timer6：為傳送紅外線訊框之 Mark/Space 時間之計時器。

Timer7：設定為 1 MHz Clock 之計時器，即計時之解析度為 1 μs。

Timer9：設定為產生 38kHz 之載波訊號，並將其輸出接至 PE.5，即當此 Timer Enable 時，即產生 Mark 訊號輸出；當此 Timer Disable 時，即產生 Space 訊號輸出。

由於 IR Rx 是接到 PE.6，並設為正／負緣觸發之外部中斷，所以只要有接收到紅外線訊號，即會產生外部中斷，執行 PTK_IR_isr() 中斷服務副程式，此中斷服務副程式會將收到訊號的時間 (讀取 Timer6)、是 Mark（正緣觸發）或 Space(負緣觸發) 與 Mark 或 Space 的時間，記錄於 gIRFrameLog[] 之 Log 檔。我們可去解析此 Log 檔即知所收到 NEC 訊框之內容，List 6.16 為 gIRFrameLog 之資料結構。

List 6.16 gIRFrameLog[] 之資料結構

```
typedef struct ir_frame_log_st
{
    IR_TAG_T      TagBuf[IR_BUFFER_LEN_MAX];
    uint16_t    put_idx, get_idx;
    uint8_t     first;
}IR_FRAME_LOG_T;

typedef struct ir_tag_st
{
    uint32_t    Tick;       // 收到 IR Mark/Space Symbol 的時間（單位 1μs）
    uint32_t    Timer;      // 與前一 Symbol 之間隔時間（單位 1μs）
    uint8_t     Mark_Space; // 所收到的 IR Symbol 為 Mark 或 Space
} IR_TAG_T  ;
```

List 6.17 為 base_ir 範例程式之 App_TaskSecond() 程式碼，說明如下：

(1) 設定 PE.5 為輸出埠（接至 IR Tx）、PE.6 為輸入埠（接至 IR Rx），並設定其與外部中斷接在一起，其觸發條件為「正／負緣觸發」。

(2) 設定 Timer7 為計時器，其輸入頻率為 1 MHz (解析度為 1 μs)。

(3) 設定 Timer9 為計時器，其會產生 38 kHz 50% Duty Cycle 之輸出頻率，並將其輸出頻率接至 PE.5。

(4) 將 Timer6 設為計時器，其輸入頻率 1 MHz，並設定 Timeout 時會產生中斷，其對應的中斷服務副程式為「Timer6_isr」。

(5) 送出一個 NEC IR 訊框，其 16-bit 位址為 0，8-bit 資料為 10，其中 NEC IR 訊框結構是以結構 nec_ir_protocol 表示，宣告於 List 6.12。

(6) 設定 PE.6 之外部中斷的中斷服務副程式為「PTK_IR_isr」。

(7) 致使 PE.6 之外部中斷。

(8) 判斷「Key0」是否有被按下。

(9) 解決按鍵彈跳問題 (將於後說明)。

(10) 再確認「Key0」是否有被按下。

(11) 送出一個 NEC IR 訊框，其 16-bit 位址為 0，8-bit 資料為變數 data 內容。

(12) 判斷「Key0」是否已放掉。

(13) 若尚未放掉，則等待 30 ms 後再判斷一次，直至按鍵放掉為止。

(14) 判斷 IR Rx 是否有收到 NEC 的 Symbol，若有收到，temp_IR_count != IR_count 的內容會不同。

(15) 若 IR Rx 有收到 NEC 的 Symbol，則讓 Buzzer 響 100 ms。

List 6.17 base_ir 範例程式之 App_TaskSecond() 程式碼

```
static void
App_TaskSecond (void *p_arg)
{
        int            sem_err;
        char           temp_IR_count=0;
        unsigned char ir_data;
        (void)&p_arg;
        module_7segment_init();
        module_button_init();
        board_buzzer_init();
        MT_PTK_IR_LowLevel_Init();                              (1)
        VK_SEM_CREATE(&(IRSendSemWait),
                      (VK_SEM_VAL_TYPE)0,
                      (char *) "IR Tx sem",
                      &sem_err
                     );
        // config timer for IR
        gIRFrameLog.first = 1;
        TIM7_Config();                                          (2)
```

```
            TIM9_Config();                                          (3)
            TIM6_Config();                                          (4)
            ir_data = 10;
            PTK_IR_Send(&nec_ir_protocol, 0, ir_data);              (5)
            IR_EXTI_Config();
            BSP_IntVectSet(BSP_INT_ID_EXTI9_5, PTK_IR_isr);         (6)
            BSP_IntEn(BSP_INT_ID_EXTI9_5);                          (7)
            IR_count = 0;
            while(1) {
              //module_7segment_put_number(APP_SEG1, IR_count&0x0f);
              if (module_button_get_state(APP_KEY0) == EPBB_KEY_PRESSED){  (8)
                OSTimeDly(30);                                      (9)
                if (module_button_get_state(APP_KEY0) == EPBB_KEY_PRESSED){ (10)
                  PTK_IR_Send(&nec_ir_protocol, 0, ++ir_data);      (11)
                  while (module_button_get_state(APP_KEY0) == EPBB_KEY_PRESSED){ (12)
                    OSTimeDly(30);                                  (13)
                  }
                }
              }
              if(temp_IR_count != IR_count) {                       (14)
                temp_IR_count = IR_count;
                module_buzzer_on();                                 (15)
                OSTimeDly(100);
                module_buzzer_off();
              }
              OSTimeDly(50);
            }
          }
```

一般機械式按鍵的結構，其按鍵時皆有開關接點彈跳 (contact bounce) 問題。即字鍵在接觸或放鬆之際，由於開關接觸的跳動現象；它們會先跳動一短暫的時間，然後才會穩定在閉合或打開狀態，圖 6.10 為一個典型開關接點彈跳之例子。一般而言，開關在接觸與放鬆之間的彈跳現象會持續 5~15 ms，即為圖 6.10 中之 T1 與 T2 時間。由於正常人的按鍵速度，即按下鍵到放開鍵的時間（T3 時間）最快不會小於 40ms，即圖 6.10 中之 T3 < 40 ms，為了讓微控制器避免讀到錯誤的按鍵值而產生誤動作，最好能在按鍵穩定的號狀態下進行按鍵資料的讀取，將可避免按鍵讀取錯誤，此程式技巧即稱為「去彈跳」(Debounce)。

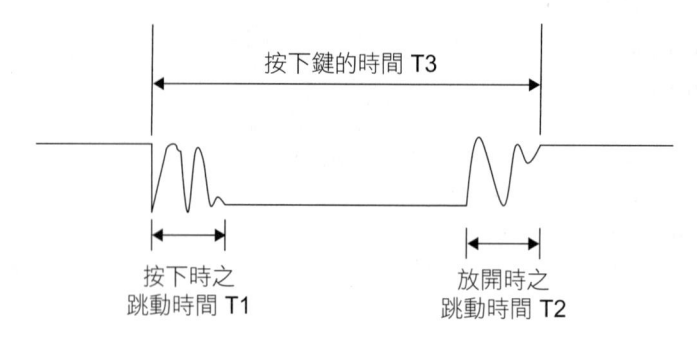

圖 6.10　鍵盤按鍵彈跳現象

　List 6.18 為 base_ir 範例程式之 PTK_IR_Send () 程式碼。

(1) pActiveIR 為指向 ir_protocol_st 之結構指標，而 List 6.19 為 ir_protocol_st 結構之宣告，其中，IR_BIT_TIMING_T 結構則於 List 6.20 宣告，變數 Timer 代表 Mark 或 Space 之時間 (單位為 μs)，變數 Mark_Space 代表是 Mark Symbol 或 Space Symbol；List 6.21 為 NEC IR 訊框之宣告，List 6.22 為 nec_ir_bit_hi_timing 與 nec_ir_bit_low_timing 之定義，List 6.23 為 nec_ir_normal_bit_data 之宣告，主要是存放 Leader code 之 mark 與 space 之 timing、16-bit address 中每個 bit 之 mark 與 space 之 timing、8-bit data 與 8-bit /data 中每個 bit 之 mark 與 space 之 timing 與結束碼之 Mark Timing，而最後之 Empty 是程式內部使用。而 pfnFrameFormatted (pActiveIR, address, data) 主要是將產生以「address」「data」為內容之 NEC IR 訊框之時序資訊存放於 nec_ir_normal_bit_data[] 之陣列格式中。

(2) 取得 nec_ir_normal_bit_data[] 陣列之第 1 列資料 (Leader code 之 Mark 時序資訊)。

(3) 將 Leader code 之 Mark 時序資訊設定給 Timer6 計時器。

(4) 若此時要產生之時序為 Mark 則致能 Timer9 產生 38 kHz 之載波。

(5) 致能 Timer6 開始計時。

(6) 若 Timer6 計時 Timeout，會產生中斷以執行 Timer6_isr()，Timer6_isr 會將 nec_ir_normal_bit_data[] 陣列剩餘的資料傳送出去後，再 Post「IRSendSemWait」Semaphore，通知 PTK_IR_Send()，表示已完成此

NEC IR 訊框傳送。

List 6.18 base_ir 範例程式之 PTK_IR_Send () 程式碼

```
static void
PTK_IR_Send (struct ir_protocol_st *pIR, unsigned char address, unsigned char data)
{
        int       sem_err;
        pActiveIR = pIR;
        // IR frame formatted timing
        pActiveIR->pfnFrameFormatted(pActiveIR, address, data);                (1)
        pActiveIR->pCurrentBit = &pIR->pNormalData[0];                         (2)
        // set Mark/Space timing
        TIM_SetAutoreload(TIM6, pActiveIR->pCurrentBit->Timer);                (3)
        // Output Carrier  when current Mark
        if (pActiveIR->pCurrentBit->Mark_Space){
            TIM_Cmd(TIM9, ENABLE);          }                                  (4)
        // Start Timer for Bit Timing
        TIM_Cmd(TIM6, ENABLE);                                                 (5)
        // Wait Complete
        VK_SEM_LOCK(BSP_OS_SEM_PTR(IRSendSemWait),                             (6)
                    0,
                    &sem_err,
                    0);
        // Stop Carrier and Tick
        TIM_Cmd(TIM9, DISABLE);
        TIM_Cmd(TIM6, DISABLE);
}
```

List 6.19 ir_protocol_st 結構宣告

```
typedef struct ir_protocol_st
{                                          指向記錄資料「1」之 Symbol 結構記憶體
   const IR_BIT_TIMIMG_T  *pBitHi;         指向記錄資料「0」之 Symbol 結構記憶體
   const IR_BIT_TIMIMG_T  *pBitLow;        指向記錄一個 Frame 結構之記憶體
   IR_BIT_TIMIMG_T  *pNormalData;   // 0 : Low, 1 : Hi, 0xFF : Empty
   IR_BIT_FORMATTED  *pfnFrameFormatted;
   // private
   IR_BIT_TIMIMG_T  *pCurrentBit;          此函式會將所欲傳送之位址、資料
} IR_PROTOCOL_T;                           轉換至 Frame 結構
```

List 6.20 ir_protocol_st 結構宣告

```
typedef struct ir_bit_timing_st
{
    unsigned int   Timer;
    unsigned char  Mark_Space;
} IR_BIT_TIMIMG_T;
```

List 6.21 NEC IR Protocol 訊框結構宣告

```
static struct ir_protocol_st nec_ir_protocol =
{
    nec_ir_hi_bit_timing ,
    nec_ir_low_bit_timing ,
    nec_ir_normal_bit_data ,
    nec_ir_frame_formatted
};
```

List 6.22 nec_ir_bit_hi_timing 與 nec_ir_bit_low_timing 之定義

```
static const IR_BIT_TIMIMG_T nec_ir_hi_bit_timing[] =
{
    { NEC_BIT_MARK,   IR_MARK  },
    { NEC_ONE_SPACE,  IR_SPACE },
    {       0,        IR_SPACE }     // Empty
};
```

```
static const IR_BIT_TIMIMG_T nec_ir_low_bit_timing[] =
{
    { NEC_BIT_MARK,   IR_MARK  },
    { NEC_ZERO_SPACE, IR_SPACE },
    {       0,        IR_SPACE }     // Empty
};
```

Logical「1」
560μs
2.25ms

Logical「0」
560μs
1.12ms

List6.23 nec_ir_normal_bit_data 之宣告

```
static IR_BIT_TIMIMG_T nec_ir_normal_bit_data[((1+8+8+8+8)*2)+1+1] ; //leader_code + customer(address) + data + Empty
```

CHAPTER 7

整合應用範例

本章將以幾個整合應用範例，進一步說明於 uC/OS-II RTOS 環境下，於 PTK 平台撰寫多工程式以整合相關周邊應用。

7.1 中斷觸發

圖 7.1 為目錄 <Driver>:\...\PTK\ePBB\Applications\Projects\PTK-STM32F 207\EWARM-V6\Case_Study\Book_001 INT 之中斷觸發應用範例，由圖中

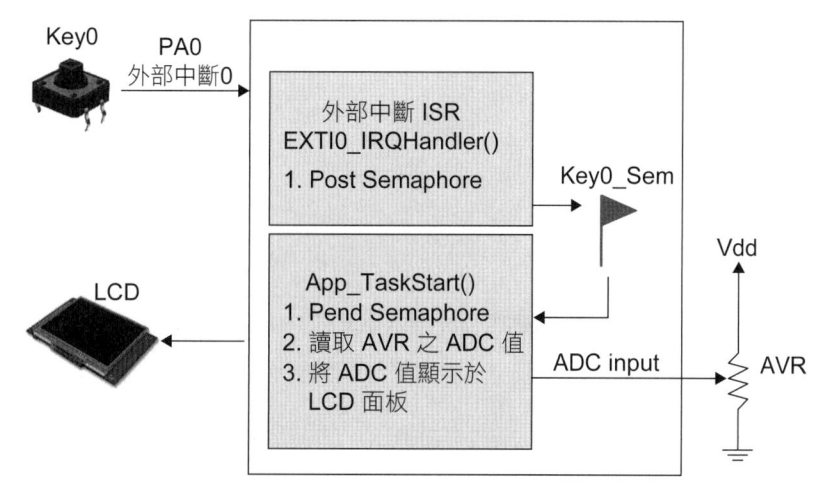

圖 7.1 按鍵中斷讀取 AVR 電壓值

243

知，「Key0」按下後會產生「外部中斷 0」之中斷，其對應之中斷服務副程式(ISR)，此 ISR 產生「Key0_Sem」Semaphore 以觸發「App_TaskStart()」Task。

「App_TaskStart()」Task 平常是在等待「Key0_Sem」Semaphore，一旦取得 Semaphore 後，即讀取「AVR」電壓值，並將其值顯示於 LCD 面板。List 7.1 為 App_TaskStart() 之程式碼。

(1) 對 LCD 面板初始化。

(2) 設定「Key0」之 PA0 與外部中斷 0 之輸入接在一起，即按「Key0」就產生「外部中斷 0」之中斷，此部分程式可參考前面說明。

(3) 對 AVR 做初始化，由於電壓值是藉由 ADC 取得，所以此初始化是設定 ADC 多久會做一次 ADC 轉換。

(4) 啟動 AVR 之電壓讀取，即啟動 ADC 轉換，ADC 啟動後即以固定頻率做 ADC 轉換，轉換值是藉由 DMA 搬到 local 記憶體。

(5) 等待「Key0_Sem」Semaphore（由外部中斷 0 之 ISR 程式觸發）。

(6) 取得 AVR 之電壓值（至 local 記憶體取得 ADC 轉換值）。

(7) ADC 轉換值為 12-bit，顯示此 12-bit 轉換值。

(8) 由於 AVR 最高電壓值為 3.3v，將 12-bit 轉換值轉換為對應之電壓值並顯示於 LCD 面板上。

List 7.1　中斷觸發範例之 App_TaskStart() 程式碼

```
static void
App_TaskStart (void *p_arg)
{
        uint32_t VR_value;
        CPU_INT08U    os_err;
        (void)p_arg;
        CPU_INT32U    cnts;
        BSP_Init();                              /* Initialize BSP functions.    */
        CPU_Init();                              /* Initialize CPU Services.     */
        cnts = BSP_CPU_ClkFreq() / (CPU_INT32U)OS_TICKS_PER_SEC;
        OS_CPU_SysTickInit(cnts);                /* Initialize the SysTick.      */
```

```c
#if (OS_TASK_STAT_EN > 0)
        OSStatInit();                                   /* Determine CPU capacity.   */
#endif

#if ((APP_PROBE_COM_EN == DEF_ENABLED) || \
    (APP_OS_PROBE_EN   == DEF_ENABLED))
        App_InitProbe();
#endif

        //initial GUI
        module_gui_init();                                                      (1)
        module_gui_set_color(GUI_WHITE, GUI_BLACK);
        module_gui_text_printf_line(0, "Example 1: Semaphore & Interrupt");
        module_gui_text_printf_line(2, "Module : AVR + Key0-IRQ");
        module_gui_text_printf_line(4, "Task : Sense AVR then Print ");
        module_gui_text_printf_line(6, "Handler : Catch Key0-IRQ");

        //initial Interrupt key0
        EXTILine0_Config();                                                     (2)
        //initial ADC
        module_trimmer_init(APP_VR1);                                           (3)
        module_trimmer_start(APP_VR1);                                          (4)
        //Create Semaphore
        Key0_Sem = OSSemCreate(0);                                              (5)

        VR_value=0;
        while (DEF_TRUE) {              /* Task body, always written as an infinite loop. */
            OSSemPend(Key0_Sem, 0, NULL);                                       (6)
            module_trimmer_get_value(APP_VR1,&VR_value);                        (7)
            //VR_value is between 0~4096
            module_gui_text_printf_line(5, "AVR(Raw Data)=   %04d",VR_value);
            VR_value = VR_value * 3300 / 4095;                                  (8)
            module_gui_text_printf_line(6, "AVR(Voltage) = %01d.%3d V",
                VR_value/1000,VR_value%1000);
        }
}
```

7.2　3D 飛機模擬控制

圖 7.2 為本範例之架構圖，透過 PTK 學習板上之三軸感測器 (LIS3DH)，感測 XYZ 軸之變量，並將這些感測變量值經由 RS-232 送至 PC 端，PC 端則有一 3D 之直升機模擬程式，其由 RS-232 所讀取三軸感測器之 XYZ 軸變量，控制 3D 飛機模擬飛行。

List 7.2 為目錄 <Driver>:\...\PTK\ePBB\Applications\Projects\PTK-STM32F 207\EWARM-V6\Case_Study\Book_002 之範例程式程式碼。

EXTI0_IRQHandler()

(1) LIS3DH 三軸感測器是利用 I^{2}C 與 Cortex CPU 溝通，此程式碼主要是對所對應之 I^{2}C 介面做相關設定。

(2) 設定 XYZ 軸感測變量之上／下臨界值，若感測變量超過此臨界值時，則以臨界值表示之。

(3) XYZ 軸感測變量藉由 RS-232 傳給 PC 以控制 3D 飛機模擬器，在此設定對應之 RS-232 相關參數：baud rate: 115200、8-bit 資料、1-bit 結束位元、沒有同位元檢查。

(4) 經由 I^{2}C 讀取 XYZ 軸感測變量。

(5) 將此感測變量轉化為角度。

(6) 顯示 XYZ 軸感測變量角度，其中 Acc3_data_UART[0] 代表 X - 軸之變化角度；Acc3_data_UART[1] 代表 Y - 軸之變化角度；Acc3_data_UART[2] 代表 Z - 軸之變化角度。

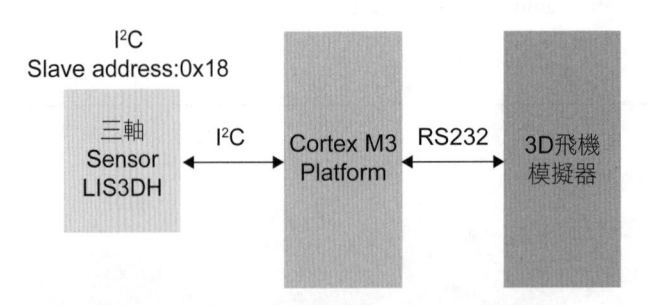

圖 7.2　三軸感測器控制 3D 飛機模擬器

(7) 將 XYZ 軸感測變量角度經由 RS-232 傳給 PC,在傳送三軸變量角度前先傳送「128」,代表準備要傳送三軸變量角度。

(8) 將三軸變量角度經由 RS-232 傳給 PC。

List 7.2　飛機模擬控制範例程式之 App_TaskStart() 程式碼

```
static void
App_TaskStart (void *p_arg)
{
        (void)p_arg;
        CPU_INT32U    cnts;
        uint8_t       i2c_no = APP_I2C4;
        int           err;
        BSP_Init();                              /* Initialize BSP functions.   */
        CPU_Init();                              /* Initialize CPU Services.    */
        cnts = BSP_CPU_ClkFreq() / (CPU_INT32U)OS_TICKS_PER_SEC;
        OS_CPU_SysTickInit(cnts);                /* Initialize the SysTick.     */

#if (OS_TASK_STAT_EN > 0)
        OSStatInit();                            /* Determine CPU capacity.     */
#endif

#if ((APP_PROBE_COM_EN == DEF_ENABLED) || \
     (APP_OS_PROBE_EN   == DEF_ENABLED))
        App_InitProbe();
#endif

        //3Acc initial

        err = module_i2c_init(i2c_no,                                        (1)
                              I2C_ADDRESS_7BIT,
                              100000);
        if (app_mems_3axes_lis3dh_config(i2c_no) != EPBB_SENSOR_OK){
            gMemsInfo._3AxisAcc.Exist = 0;
        }
        else{
            gMemsInfo._3AxisAcc.Exist = 1;
        }


        gMemsInfo._3AxisAcc.X_LowThresHold =
            convert_g_to_hex(_3DACC_X_LOW_THRESHOLD)                         (2)
```

```c
        gMemsInfo._3AxisAcc.X_HighThresHold =
            convert_g_to_hex(_3DACC_X_HIGH_THRESHOLD);
        gMemsInfo._3AxisAcc.Y_LowThresHold =
            convert_g_to_hex(_3DACC_Y_LOW_THRESHOLD);
        gMemsInfo._3AxisAcc.Y_HighThresHold =
            convert_g_to_hex(_3DACC_Y_HIGH_THRESHOLD);

        //Gui initial
        module_gui_init();
        module_gui_set_color(GUI_WHITE, GUI_BLACK);
        module_gui_text_printf_line(0, "Example 3: Apache Control");
        module_gui_text_printf_line(2, "Module : 3Acc & Uart");
        module_gui_text_printf_line(4, "Task : Read 3Acc then Send to PC");

        //Uart initial
        p_uart_info = module_uart_init(APP_UART1,(B115200 | CS8 | CSTOP_1 |
            PAR_NONE));                                                 (3)

        while (DEF_TRUE) {            Task body, always written as an infinite loop.   */

            if(gMemsInfo._3AxisAcc.Exist){
                app_sensor_update(i2c_no);                              (4)
                Acc3_Convert_UART();                                    (5)
                module_gui_text_printf_line (6,"3Acc data : ");
                module_gui_text_printf_line (7,"    x : %03d    ",Acc3_data_UART[0]); (6)
                module_gui_text_printf_line (8,"    y : %03d    ",Acc3_data_UART[1]);
                module_gui_text_printf_line (9,"    z : %03d    ",Acc3_data_UART[2]);

                //send protocol 0:128,1:x,2:y,3:z    128 never is a 3acc value,so we use it
                become start byte module_uart_put_char(p_uart_info,128); (7)
                module_uart_put_char(p_uart_info,Acc3_data_UART[0]);    (8)
                module_uart_put_char(p_uart_info,Acc3_data_UART[1]);
                module_uart_put_char(p_uart_info,Acc3_data_UART[2]);
            }
            BSP_LED_Toggle(APP_LED1);
            OSTimeDlyHMSM(0, 0, 0, 100);
        }
    }
```

圖 7.3 為 LIS3DH 三軸感測器回傳值與角度之對應關係，由圖知當旋轉角度介於 0~90 度間，其對應的感測值為 0~16384，旋轉角度介於 90~180 度間，則對應的感測值為 16384~0，當旋轉角度介於 0~270 度間，其對應的感測值為 65535~49151，旋轉角度介於 270~180 度間，則對應的感測值為 49151~65535。要注意的是 49151 其實是 16384 取 1 的補數 (即負數)，而 65535 則為 0 取 1 的補數。即所有感測值是介於 0~16384 與 0~16384 之 1 的補數。

本範例程式是以感測值 0~16000 為範圍，當 16000 代表 90 度，感測值為 0 時代表 0 度，若感測值為 X 則其對應的角度為 X × 90/16000 = X × 0.005625。

List 7.3 飛機模擬控制範例程式之 Acc3_Convert_UART() 程式碼，其主要目的是將感測值轉換為角度。

(1) 依三軸感測器判斷是 0~90 度或 0~270 度 (或稱 0~−90 度)，只要感測值大於 30000 即是 0~−90 度之間。
(2) 感測值是在 0~−90 度之間，計算感測值與 65535 間之 offset。
(3) 若 offset 大於 16000，則以 16000 計算。
(4) 計算其對應角度。
(5) 將對應角度以 1 的補數表示之 (即表示為 0~−90 度)。
(6) 表感測值是 0~90 度間。
(7) 若感測值大於 16000，則以 16000 計算。

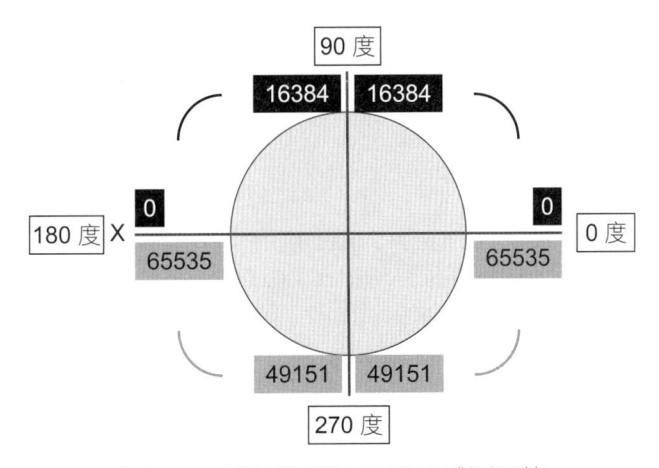

圖 7.3　三軸感測器 LIS3DH 感測回傳

(8) 計算其對應角度。

List 7.3 飛機模擬控制範例程式之 Acc3_Convert_UART() 程式碼

```
static   void
Acc3_Convert_UART(void)
{
   int temp;

      //X
      if(gMemsInfo._3AxisAcc.Value[0] > 30000){                    (1)
         temp = 65536 - gMemsInfo._3AxisAcc.Value[0];              (2)
         if(temp > 16000) temp = 16000;                            (3)
         temp = temp *0.005625;                                    (4)
         temp = ~temp;                                             (5)
      }
      else{
         temp = gMemsInfo._3AxisAcc.Value[0];                      (6)
         if(temp > 16000) temp = 16000;                            (7)
         temp = temp *0.005625;                                    (8)
      }
      Acc3_data_UART[0] = temp;
      //Y
      if(gMemsInfo._3AxisAcc.Value[1] > 30000){
         temp = 65536 - gMemsInfo._3AxisAcc.Value[1];
         if(temp > 16000) temp = 16000;
         temp = temp *0.005625;
          temp = ~temp;
      }
      else{
         temp = gMemsInfo._3AxisAcc.Value[1];
         if(temp > 16000) temp = 16000;
         temp = temp *0.005625;
      }
      Acc3_data_UART[1] = temp;
      //Z
      if(gMemsInfo._3AxisAcc.Value[2] > 30000){
         temp = 65536 - gMemsInfo._3AxisAcc.Value[2];
         if(temp > 16000) temp = 16000;
         temp = temp *0.005625;
          temp = ~temp;
      }
      else{
```

```
            temp = gMemsInfo._3AxisAcc.Value[2];
            if(temp > 16000) temp = 16000;
            temp = temp *0.005625;
        }
        Acc3_data_UART[2] = temp;
}
```

當 PC 端執行 Apache.exe 後會出現如圖 7.4 之畫面,詢問要使用哪一個 COM port 與 Cortex M3 板子連接,使用者可藉由裝置管理員,如圖 7.5 所示,瞭解 PC 目前可用的 COM port 是哪一個,設定其 baud rate 為 115200、8-bit 資料、1-bit 結束位元,無同位元檢查。圖 7.6 為經由 COM port 與 Cortex-M3 板子連線後之執行畫面。

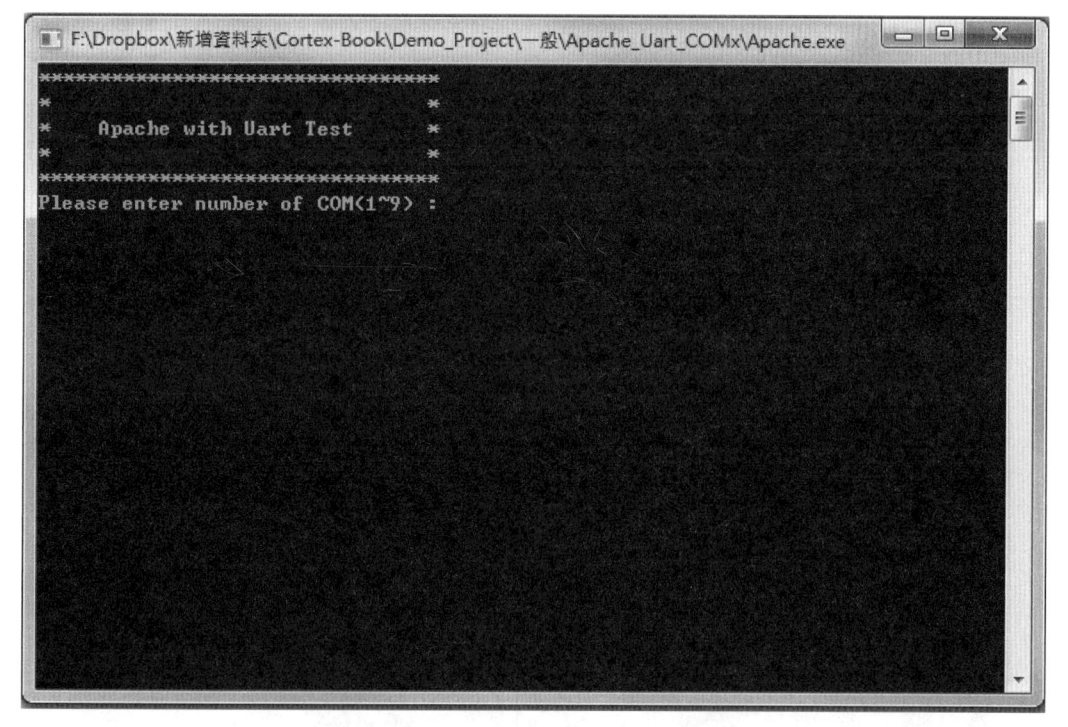

圖 7.4 三軸感測器 LIS3DH 感測回傳

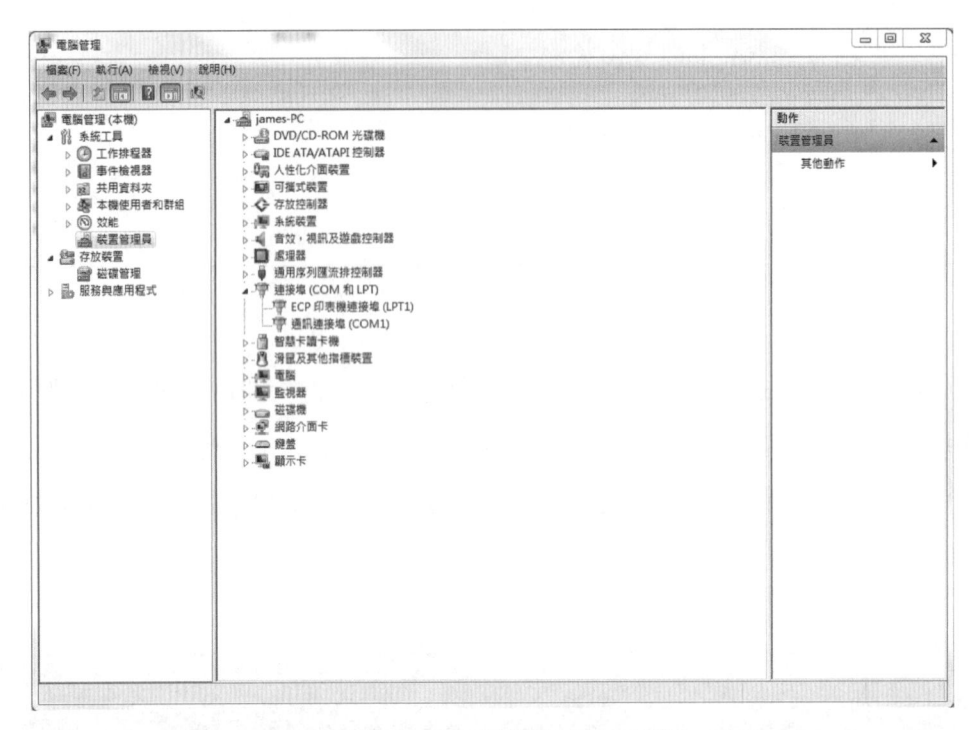

圖 7.5 可以透過裝置管理員觀看目前可用哪些 COM port

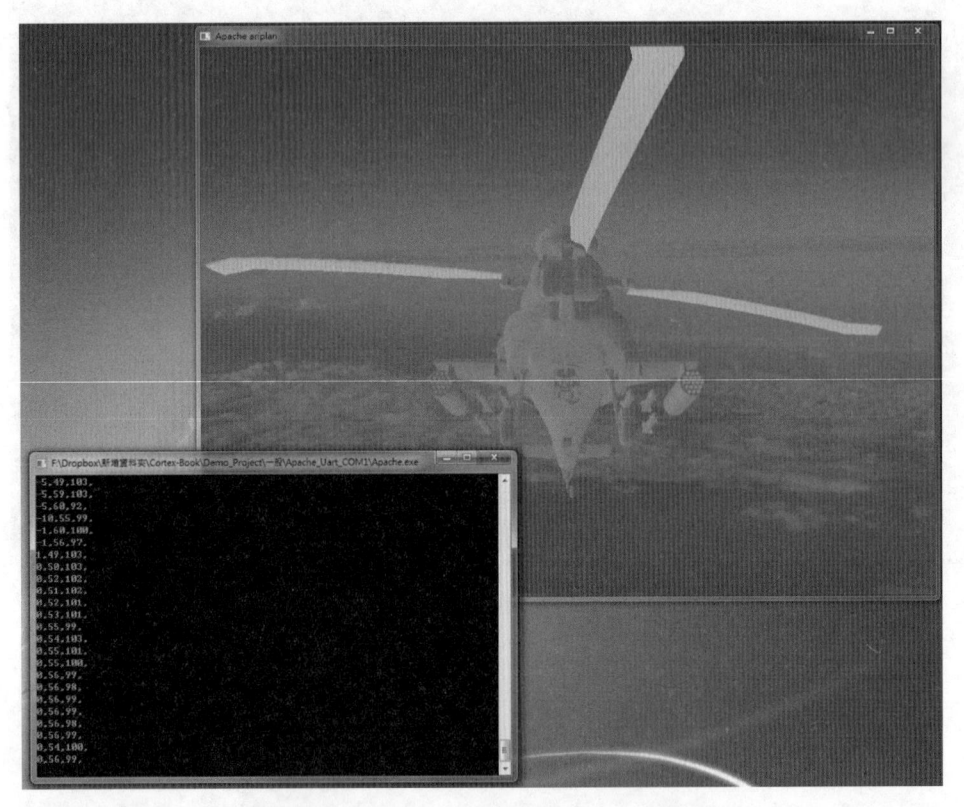

圖 7.6 與 Cortex-M3 連線後之 3D 飛行器

7.3 訊息佇列：Multi-source Display

圖 7.7 是藉由 multi-source 顯示來驗證記憶體管理與 Message Queue 之功能，由圖中知，有三個外部信號源：AVR 電壓感測、溫度感測與外部按鍵 Key0。分別有三個 Task 來讀取其值，若這三個 Task 所讀取的感測值有超過所設定之臨界值，則向記憶體管理器要一塊記憶體，填入錯誤訊息，將此錯誤訊息 post 至 Message Queue，而 App_TaskStart() 則去 Pend Message Queue，將 Message 顯示於 LCD 螢幕上，並將 Message 之記憶體還給記憶體管理器。

此範例程式之程式碼放於目錄 <Driver>:\...\PTK\ePBB\Applications\Projects\PTK-STM32F207\EWARM-V6\Case_Study\Book_003，其中 App_TaskAVR() 程式碼顯示於 List 7.4。

(1) AVR 電壓值是藉由 ADC 轉換取得，此為 AVR 初始化設定，主要是設定其 ADC 之轉換率。

(2) 啟動 ADC 轉換，ADC 啟動後，即依 (1) 所設定之轉換率，定期做 ADC 轉換，轉換之結果以 DMA 方式搬至內部記憶體。

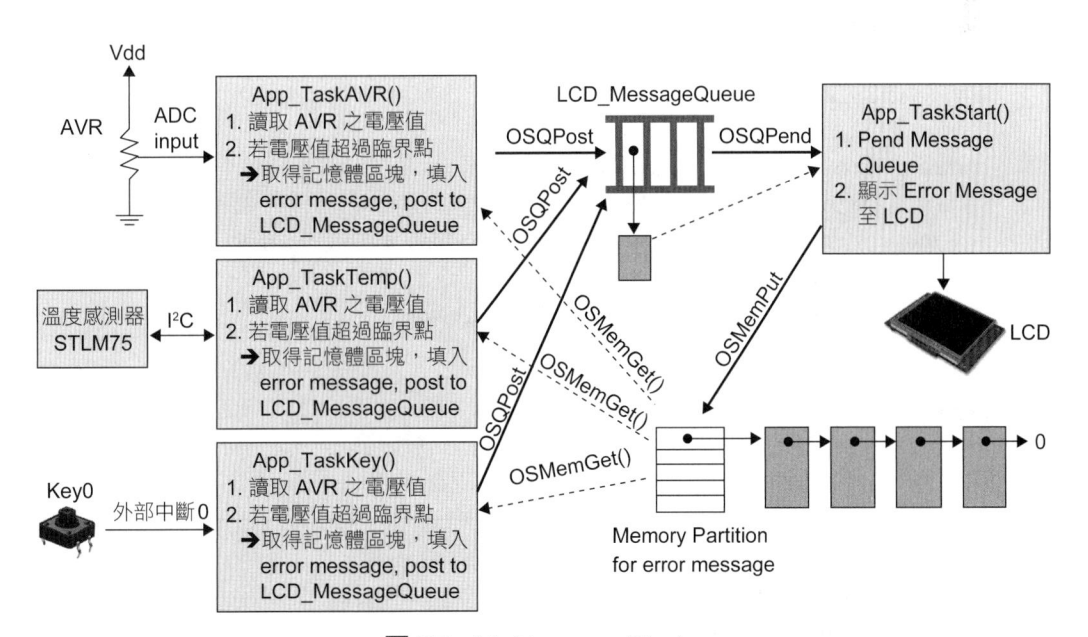

圖 7.7 Multi-source Display

(3) 取得 AVR 電壓之 ADC 轉換值。

(4) 因 AVR 之最高電壓為 3.3v，而 ADC 轉換之量化位元數為 12-bit，此行程式主要是將所取得之 ADC 值轉換為相對之電壓值。

(5) 判斷轉換後之電壓值是否大於臨界值。

(6) 若 AVR 電壓大於臨界值，則向記憶體管理器要一塊記憶體。

(7) 將 error message 寫至記憶體。

(8) 將 error message 之記憶體位址 Post 至 message queue。

List 7.4 Multi-source Display 範例程式之 App_TaskAVR() 程式碼

```
//AVR Detect Task
static    void
App_TaskAVR        (void *p_arg)
{
  uint32_t VR_value;
  INT8U err;
  INT8U *message_box;
  //initial AVR ADC
  module_trimmer_init(APP_VR1);                                    (1)
  module_trimmer_start(APP_VR1);                                   (2)
  while(DEF_TRUE)
  {
    module_trimmer_get_value(APP_VR1,&VR_value);                   (3)
    VR_value = VR_value * 3300 / 4095;                             (4)
    if(VR_value > 3000) //voltage too high warning                 (5)
    {
      message_box = OSMemGet(Mem_Message, &err);                   (6)
      if(err != OS_ERR_MEM_NO_FREE_BLKS){
        memcpy(message_box, "Warning: Voltage is too high",sizeof("Warning: Voltage
           is too high"));                                         (7)
        err = OSQPost(LCD_MessageQueue, message_box);              (8)
      }
    }
    OSTimeDly(500);
  }
}
```

List 7.5 為對應之 App_TaskTemp() 程式碼。

(1) 對溫度感測器初始化。

(2) 溫度感測器是藉由 I²C 介面將感測值回傳至 CPU，此行程式碼是對其 I²C 介面做初始化設定。

(3) 取得感測溫度值。

(4) 判斷感測之溫度值是否大於臨界值。

(5) 若感測之溫度值大於臨界值，則向記憶體管理器要一塊記憶體。

(6) 將 error message 寫至記憶體。

(7) 將 error message 之記憶體位址 Post 至 message queue。

List 7.5 Multi-source Display 範例程式之 App_TaskTemp() 程式碼

```
static    void
App_TaskTemp         (void *p_arg)
{
  INT8U err;
  INT8U *message_box;
  int16_t   cur_temp = 0;
  //initial temperature sensor
  Temp_Sensor_Config();                                               (1)
  module_stlm75_cfg_set(i2c_no, &stlm75_cfg);                         (2)
  while(DEF_TRUE){
    if(module_stlm75_temp_get(i2c_no, (uint8_t)STLM75_TEMP_UNIT_CELSIUS,
       &cur_temp) != EPBB_SENSOR_OK)                                  (3)
    {
      if(cur_temp > 40) //too hot warning                             (4)
      {
        message_box = OSMemGet(Mem_Message, &err);                    (5)
        if(err != OS_ERR_MEM_NO_FREE_BLKS){
          memcpy(message_box, "Warning: Device is too hot",sizeof("Warning: Device
             is too hot"));                                            (6)
          err = OSQPost(LCD_MessageQueue, message_box);                (7)
        }
      }
    }
    OSTimeDly(500);
  }
}
```

List 7.6 為對應之 App_TaskKey() 程式碼。

(1) 判斷「Key0」是否有被按下。

(2) 若按鍵「Key0」有被按下，則向記憶體管理器要一塊記憶體。

(3) 將 error message 寫至記憶體。

(4) 將 error message 之記憶體位址 Post 至 message queue。

List 7.6 Multi-source Display 範例程式之 App_TaskKey() 程式碼

```
static  void
App_TaskKey            (void *p_arg)
{
  INT8U err;
  INT8U *message_box;
  while(DEF_TRUE){
    if (module_button_get_state(APP_KEY0) == EPBB_KEY_PRESSED){           (1)
        message_box = OSMemGet(Mem_Message, &err);                        (2)
        if(err != OS_ERR_MEM_NO_FREE_BLKS){
           memcpy(message_box, "Attention: Key0 has Pressed",sizeof("Attention: Key0
               has Pressed"));                                            (3)
           err = OSQPost(LCD_MessageQueue, message_box);                  (4)
        }
    }
    if (module_button_get_state(APP_KEY1) == EPBB_KEY_PRESSED){
        message_box = OSMemGet(Mem_Message, &err);
        if(err != OS_ERR_MEM_NO_FREE_BLKS){
           memcpy(message_box, "Attention: Key1 has Pressed",sizeof("Attention: Key1
               has Pressed"));
           err = OSQPost(LCD_MessageQueue, message_box);
        }
    }
    OSTimeDly(100);
  }
}
```

List 7.7 為對應之 App_TaskKey() 程式碼。

(1) 建立一個記憶體管理器，此管理器名稱為「Mem_Message」。

(2) 建立一個 Message Queue，其 Queue 之長度為 10 個單位。

(3) 對 LCD 面板做相關顯示設定。

(4) Pend Message Queue，等待其他 Task 將異常 Message 傳遞過來顯示。

List 7.7 Multi-source Display 範例程式之 App_TaskKey() 程式碼

```
//Create Mem Management
        Mem_Message = OSMemCreate(Mem_Message_Storage, 10, 40, &err1);        (1)
        //Create Mailbox
        LCD_MessageQueue = OSQCreate(&MsgTbl[0], 10);                          (2)
        //initial LCD
        module_gui_init();                                                     (3)
        module_gui_set_color(GUI_WHITE, GUI_BLACK);
        module_gui_text_printf_line(0, "Example 4: Mem Management & MailBox");
        module_gui_text_printf_line(2, "Module:AVR + Temp Sensor + Button");
        module_gui_text_printf_line(4, "Total Use 4 Tasks");
        module_gui_text_printf_line(6, "    Task1: LCD Control (Show Message)");
        module_gui_text_printf_line(8, "    Task2: Temp Sensor Control");
        module_gui_text_printf_line(10, "    Task3: AVR(ADC) Control");
        module_gui_text_printf_line(12, "    Task4: Button Monitor");

        while (DEF_TRUE) {        /* Task body, always written as an infinite loop.  */
            msg_buf = OSQPend(LCD_MessageQueue,0,NULL);                        (4)
            module_gui_text_clear_line(20);
            module_gui_text_clear_line(19);
            module_gui_text_clear_line(18);
            module_gui_text_clear_line(17);

            if(count>=4)                                                       (5)
            {
                OSMemPut(Mem_Message, msg_list[3]);
                msg_list[3] = msg_list[2];
                msg_list[2] = msg_list[1];
                msg_list[1] = msg_list[0];
                msg_list[0] = msg_buf;
                for(int i=0; i<4; i++)                                         (6)
                    module_gui_text_printf_line(20-i, "%04d:%s",count-i,msg_list[i]);
            }
            else
            {
                msg_list[3] = msg_list[2];
                msg_list[2] = msg_list[1];
                msg_list[1] = msg_list[0];
                msg_list[0] = msg_buf;
                for(int i=0; i<=count; i++){
                    module_gui_text_printf_line(20-i, "%04d:%s",count-i,msg_list[i]);
                }
```

```
            }
            if(count<9999)
                    count++;
            else
                    count=0;
        }
}
```

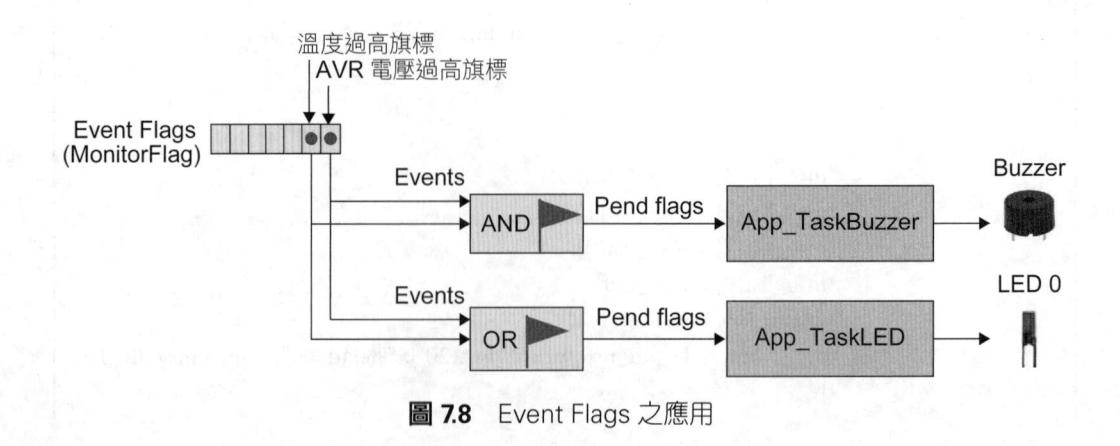

7.4　Event Flags 應用：AVR 電壓與溫度監控

　　本範例主要是介紹 Event Flags 之應用，以顯示 multi-event 之觸發方式，圖 7.8 為本範例之示意圖，此處之 multi-event 主要有兩事件：溫度過高事件與 AVR 電壓過高事件，藉由 Event Flags，當兩事件皆發生（AND 事件）時，觸發 App_TaskBuzzer() 產生 Buzzer 聲響；當兩事件有任一事件發生時（OR 事件），則觸發 App_TaskLED 閃爍 LED0。圖 7.9 為此範例程式之架構圖。

　　此 Event Flags 應用主要有三個 Tasks：

- **App_TaskStart()**：定期地經由 I^{2}C 讀取溫度感測器與 DMA 之 ADC 資料搬移，取得 AVR 之 ADC 值，判斷是否有超過臨界值，若有異常情況，則藉由 Flags 將事件通知 App_TaskLED() 與 APP_TaskBuzzer()，AVR 異常是以 Flags 之

圖 7.8　Event Flags 之應用

第七章　整合應用範例

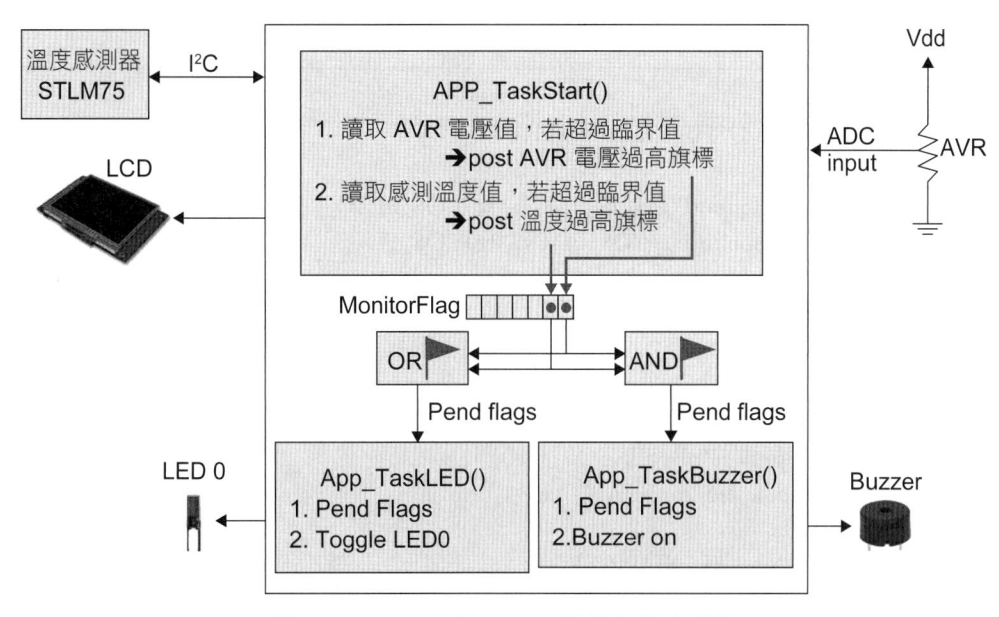

圖 7.9　Flags 應用：AVR 電壓與溫度監控

「Bit0」表示；溫度異常是以 Flags 之「Bit1」表示。

- **App_TaskLED()**：以「OR」方式 Pend Flags 之「Bit0」與「Bit1」，即「Bit0」或「Bit1」有任一位元被設為「1」即會觸發此 Task。
- **APP_TaskBuzzer()**：以「AND」方式 Pend Flags 之「Bit0」與「Bit1」，即「Bit0」皆「Bit1」皆要被設為「1」才會觸發此 Task。

此範例程式之程式碼放於目錄 <Driver>:\...\PTK\ePBB\Applications\Projects\PTK-STM32F207\EWARM-V6\Case_Study\Book_004，其中 App_TaskStart() 部分程式碼顯示於 List 7.8。

(1) 宣告一個 Event Flags，其初始值設為「0x03」，即此 Flags 之「Bit0」與「Bit1」皆設為「1」。

(2) 將 Flags 之「Bit0」設為為「0」。

(3) 將 Flags 之「Bit1」設為為「0」。

(4) 讀取溫度感測值。

(5) 若溫度感測值大於臨界值，則將 Flags 之「Bit1」設為「1」。

(6) 讀取 AVR 之 ADC 值。

(7) 若 AVR 之 ADC 值大於臨界值，則將 Flags 之「Bit0」設為「1」。

List 7.8 Event Flags 範例之 App_TaskStart() 部分程式碼

```
//Create Flag
MonitorFlag = OSFlagCreate(0x03,NULL);                                    (1)
//Clear Flag
OSFlagPost(MonitorFlag,(OS_FLAGS)0x01,OS_FLAG_CLR,NULL);                  (2)
OSFlagPost(MonitorFlag,(OS_FLAGS)0x02,OS_FLAG_CLR,NULL);                  (3)


while (DEF_TRUE) {          /* Task body, always written as an infinite loop.    */
    //LED1 will blink if sensor error
    if (module_stlm75_temp_get(i2c_no, (uint8_t)STLM75_TEMP_UNIT_CELSIUS, &cur_temp) != EPBB_SENSOR_OK){    (4)
        module_led_toggle(APP_LED1);
    }else{
        module_led_off(APP_LED1);
    }

    //Detect temperature value
    if(cur_temp > temp_threshold){
        OSFlagPost(MonitorFlag,                                           (5)
                   (OS_FLAGS)0x02,
                   OS_FLAG_SET,
                   NULL);
    }else{
        OSFlagPost(MonitorFlag,
                   (OS_FLAGS)0x02,
                   OS_FLAG_CLR,
                   NULL);
    }

    //Detect AVR value
    module_trimmer_get_value(APP_VR1,&VR_value);                          (6)
    if(VR_value > AVR_threshold){
        OSFlagPost(MonitorFlag,                                           (7)
                   (OS_FLAGS)0x01,
                   OS_FLAG_SET,
                   NULL);
    }else{
        OSFlagPost(MonitorFlag,
                   (OS_FLAGS)0x01,
                   OS_FLAG_CLR,
                   NULL);
```

```
                }
                module_gui_text_printf_line(16, "    AVR(ADC) : %04d",VR_value);
                module_gui_text_printf_line(17, "Temperature : %04d",cur_temp);
                OSTimeDly(100);
        }
}
```

List 7.9 為 App_TaskBuzzer()Task 之程式碼。

(1) 以「AND」方式 Pend Event Flags 之「Bit0」與「Bit1」。

(2) 若 Event Flags 之「Bit0」與「Bit1」皆為「1」則讓 Buzzer 發出聲響。

List 7.9　Event Flags 範例之 TaskBuzzer() 程式碼

```
static   void
App_TaskBuzzer        (void *p_arg)
{
  while(DEF_TRUE){
    module_buzzer_off();
    OSFlagPend(MonitorFlag,                                    (1)
          (OS_FLAGS)0x03,
          OS_FLAG_WAIT_SET_ALL,
          0,
          NULL);
    module_buzzer_on();                                        (2)
    OSTimeDly(200);
  }
}
```

List 7.10 為 App_TaskLED()Task 之程式碼。

(1) 以「OR」方式 Pend Event Flags 之「Bit0」與「Bit1」。

(2) 若 Event Flags 之「Bit0」與「Bit1」有任一個位元為「1」則點亮 LED0。

List 7.10　Event Flags 範例之 App_TaskLED() 程式碼

```
static    void
App_TaskLED           (void *p_arg)
{
   while(DEF_TRUE){
     //Clear LED
     module_led_off(APP_LED0);
     OSTimeDly(100);

     //Pending Flag,wait here until any flags set
     OSFlagPend(MonitorFlag,                                  (1)
               (OS_FLAGS)0x03,
               OS_FLAG_WAIT_SET_ANY,
               0,
               NULL);

     //Blink LED
     module_led_toggle(APP_LED0);                             (2)
     OSTimeDly(200);
   }
}
```

7.5　音訊串流

　　圖 7-10 為以 RS-232 為通訊介面之音訊串流示意圖，本範例擬以兩台 Cortex 平台做即時之音訊串流，即由一台 Cortex 麥克風講話，將其數位音訊經由 RS-232 傳至另一台 Cortex 之喇叭播出。

　　圖 7-11 為音訊串流範例程式架構圖，當 ALC5622 Audio Chip 開始錄音時，即以 8 kHz sample rate，雙聲道，每一聲道 16-bit 規格做 ADC 音訊轉換，其產生之數位音訊速率為：

$$8000 \times 2 \times 16\text{-bit} = 256000 \text{ bps}$$

而 RS-232 之 baud rate 為 115200，每次傳送有 1-bit 啟始位元、8-bit 資料與 1-bit 結束位元，故 RS-232 資料傳輸速率為：

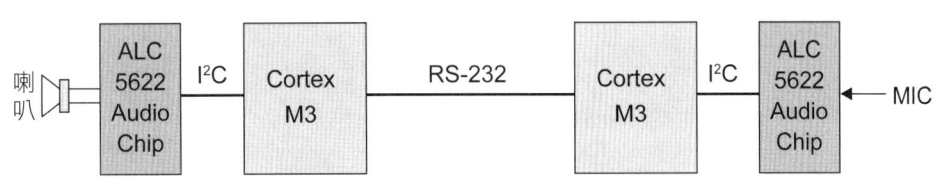

圖 7.10 RS-232 音訊串流示意圖

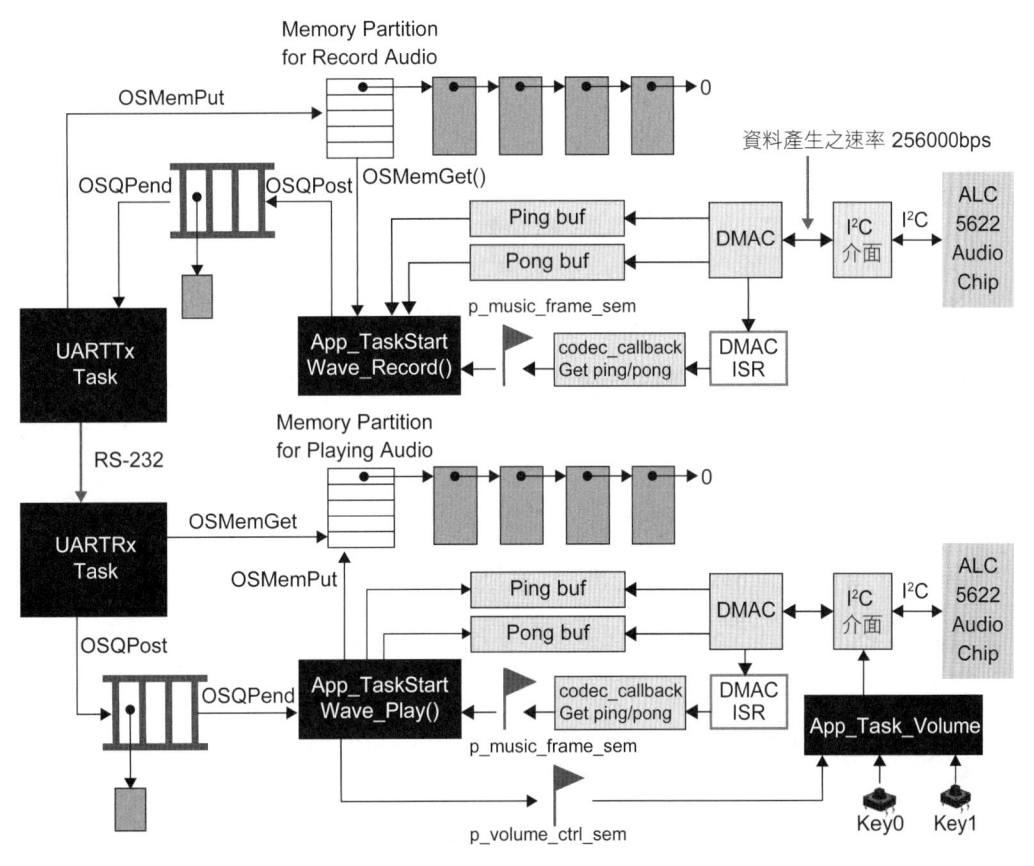

圖 7.11 音訊串流範例程式架構圖

$$115200 \times 8/10 = 92160 \text{ bps}$$

由上述之分析可發現 RS-232 資料傳輸速率遠小於數位音訊產生之速率，圖 7-12 為聲道 16-bit 數位音訊資料格式，為了解決此資料產生速率與傳送速率之巨大差距，我們擬只傳送左聲道之「High-byte」數位音訊，即左聲道之「Low-byte」與右聲道皆不傳送，如此數位音訊的資料量可以縮減至所產生之資料量的 1/4，即：

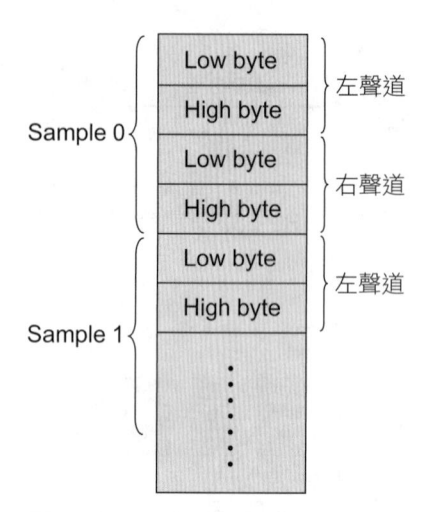

圖 7.12　RS-232 音訊串流示意圖

$$256000 \times 1/4 = 64000 \text{ bps}$$

此值已小於 RS-232 之資料傳輸速率，可以滿足音訊串流之要求。

圖 7.11 所示之音訊串流於傳送端主要有兩個 Tasks：

- **Wave_Record Task**：當啟動 Audio 晶片錄音功能時，DMAC 即將錄音之數位音訊自動搬至 Ping/Pong Buffer，有別於第 6 章之 6.6 節麥克風與喇叭範例，此處之 Wave_Record Task 主要是將 Ping/Pong Buffer 內之數位音訊傳送給 UARTTx Task 來傳送。

- **UARTTx Task**：將數位音訊以 RS-232 介面傳送至接收端。

由於 Wave_Record Task 所產生之數位音訊速率與 UARTTx Task 的資料傳送速率仍不匹配／同步，為了吸收此兩端速率不匹配／同步問題，我們設計了四個記憶體區塊當緩衝區，由 uC/OS-II 之記憶體管理器來管理。當 DMAC 將所產生之數位音訊搬至 Ping/Pong Buffer 時，Wave_Record Task 即向記憶體管理器要一塊 Buffer，並將 Ping/Pong Buffer 的內容複製至 Buffer，並藉由 Message Queue 將 Buffer 位址傳送給 UARTTx Task，要求 UARTTx Task 將此 Buffer 的內容經由 RS-232 傳送出去。當 RS-232 將 Buffer 內容傳送出去後，再將 Buffer 歸還給記憶體管理器。

接收端之行為則和傳送端類似，其主要有兩個 Tasks 所組成：

- **UARTRx Task**：向記憶體管理器要求 Buffer，暫存由 RS-232 所收到的數位音訊資料，當 Buffer 填滿後，則利用 Queue 將 Buffer 位址傳給 Wave_Play Task。
- **Wave_Play Task**：主要是由 Queue 取得儲放接收數位音訊之 Buffer 位址，將其內容複製至 Ping/Pong Buffer，以播放所接收到的音訊。

此音訊串流範例程式之程式碼放於目錄 <Driver>:\...\PTK\ePBB\Applications\Projects\PTK-STM32F207\EWARM-V6\Case_Study\Book_005，其中 Wave_record_Task() 程式碼顯示於 List 7.12。

(1) 設定 Ping/Pong Buffer 之記憶體位址。

(2) 向 Audio 晶片與 DMAC 註冊以設定下列訊息：1. 錄音之取樣率為 8 kHz；2. Ping/Pong Buffer 為錄音音訊資料搬移緩衝區；3. 設定 Ping/Pong Buffer 之長度；4. 註冊 DMAC 中斷之 call back function 為「codec_callback()」。

(3) 當「Key0」按下後即開始錄音。

(4) 設定 Audio 晶片開始錄音，此時 Audio 晶片即會用 8 kHz 之取樣率、雙聲道、每個聲道量化位元數為 16-bit 做 DAC，所產生的錄音音訊藉由 DMAC 依序搬至 Ping Buffer 與 Pong Buffer 內，當填滿 Ping Buffer 或 Pong Buffer 時，DMAC 即會產生中斷，執行 DMAC 之 ISR 程式。

(5) 等待「p_music_frame_sem」Semaphore，當 DMAC 填滿整 Ping Buffer 或 Pong Buffer 時，即會藉由中斷執行 codec_callback() 產生此 Semaphore。

(6) 向記憶體管理器要一記憶體。

(7) 將錄音音訊資料搬至此記憶體。

(8) 藉由 Message Queue 將記憶體位址傳給 UARTTx Task()。

List 7.12 音訊串流範例之 Wave_record_Task() 程式碼

```
static void
Wave_record_Task (void *p_arg)
{
```

```
            INT8U *TxBuf;
            INT8U err;

            module_gui_text_string("Press Key0 for Recording\n");

            p_pcm_ping_buf = &pcm_buffer[0];                                    (1)
            p_pcm_pong_buf = &pcm_buffer[PCM_FRAME_LEN];

               //Run the CODEC
            module_audio_record_enable(EPBB_AUDI/O_FRAME_RATE_8000,             (2)
                                (char*)p_pcm_ping_buf,
                                (char*)p_pcm_pong_buf,
                                PCM_FRAME_LEN,
                                codec_callback);

            while (module_button_get_state(APP_KEY0) != EPBB_KEY_PRESSED);      (3)
            BSP_LED_On(APP_LED1);
            module_audio_record_run();                                          (4)

            while (1) {
                    BSP_OS_SemWait(p_music_frame_sem, 0);                       (5)
                    TxBuf = OSMemGet(MemBuffer, &err);                          (6)
                    if(err != OS_ERR_MEM_NO_FREE_BLKS){
                            memcpy(TxBuf, p_pcm_empty_buf, 1536);               (7)
                            err = OSQPost(TxQueue, TxBuf);                      (8)
                    }else
                            module_gui_text_string("Tx Stream Buffer Empty\n");
            }
}
```

List 7.13 為 TaskUARTTx() 程式碼。

(1) 由 Message Queue 中取得存於數位音訊資料之記憶體位址。

(2) 將數位音訊的左聲道 High-byte 藉由 RS-232 依序傳送出去。

(3) 當記憶體內的數位音訊資料皆傳送出去後，即將記憶體歸還給記憶體管理器。

List 7.13 TaskUARTTx() 程式碼

```
static void
App_TaskUARTTx(void *p_arg)
{
  char *TxBuf;
  int x=1,y=0,c;   //xy 為 lcd 座標

  while(1){
        TxBuf = OSQPend(TxQueue,0,NULL);                         (1)

        for(c=0;c<PCM_FRAME_LEN*2;c+=4){
              BSP_Ser_WrByte(APP_UART1,*(TxBuf+c+1));            (2)
        }
        OSMemPut(MemBuffer, TxBuf);                              (3)

   }
}
```

List 7.14 為 TaskUARTRx() 程式碼。

(1) 向記憶體管理器要一塊記憶體。

(2) 將由 RS-232 所收到的音訊資料（左聲道之 High-byte）存至記憶體中，而左聲道與右聲道之 Low-byte 內容皆存「0」，右聲道之 High-byte 內容則與左聲道 High-byte 內容同。

(3) 當數位音訊資料存滿整個記憶體後即將記憶位址以 message queue 方式送給 Audio play task。

List 7.14 TaskUARTRx() 程式碼

```
static void
App_TaskUARTRx(void *p_arg)
{
  char *RxBuf;
  int i;
  INT8U err;
    module_gui_text_printf_line(4, "UART Rx/n");
  while(1){

    RxBuf = OSMemGet(MemBuffer, &err);                           (1)
    for(i=0;i<PCM_FRAME_LEN*2;i+=4) {                            (2)
```

```
                            *(RxBuf+i) = 0;
              *(RxBuf+i+1) = BSP_Ser_RdByte(APP_UART1);
                            *(RxBuf+i+2) = 0;
                            *(RxBuf+i+3) = *(RxBuf+i+1);
        }
    err = OSQPost(RxQueue, RxBuf);                                    (3)
  }
}
```

List 7.15 為 TaskUARTRx() 程式碼。

(1) 設定 Ping Buffer 與 Pong Buffer 之記憶體緩衝區位址。

(2) 由 Message Queue 取得接收到的數位音訊資料記憶體位址。

(3) 將所收到的數位音訊複製至 Ping Buffer。

(4) 將記憶體歸還給記憶體管理器管理。

(5) 再由 Message Queue 取得其他數位音訊資料記憶體位址。

(6) 將所收到的數位音訊複製至 Pong Buffer。

(7) 再將此記憶體歸還給記憶體管理器管理。

(8) 向 Audio 晶片與 DMAC 註冊設定以下訊息：1. 播放音訊之取樣率；2. 資料搬移之緩衝暫存器為 Ping/Pong Buffer；3. 告知 Ping/Pong Buffer 之長度；4. 註冊 DMAC 中斷之 call back function 為「codec_callback()」。

(9) Post「p_volume_ctrl_sem」Semaphore 給 App_Task_Volume()，通知音訊已要準備開始播放，其可以藉由「Key0」與「Key1」調整音訊播放的大小聲。

(10) 再由 Message Queue 取得其他數位音訊資料記憶體位址，到目前為止，當未正式啟動音訊播放之前，我們已 buffer 三塊數位音訊資料 (1536 × 3)，避免音訊開始播放後，可能之 buffer underflow 問題。

(11) 啟動 Audio 晶片開始播放音訊，此時 DMAC 即依序將 Ping Buffer 與 Pong Buffer 內的音訊搬至 Audio 晶片做音訊播放，當 DMAC 將 Ping Buffer 或 Pong Buffer 內容皆搬至 Audio 晶片時，DMAC 會產生中斷訊號，以執行 DMAC 之 ISR 程式。

(12) 等待「p_music_frame_sem」Semaphore，尤其是由 codec_callback() 函式所產生，當 DMAC 每搬完一個記憶體緩衝區時，即會產生中斷，由 DMAC 的 ISR 程式呼叫 codec_callback()。

(13) 將記憶體內的數位音訊複製至 Ping Buffer 或 Pong Buffer。

(14) 再將此記憶體歸還給記憶體管理器管理。

(15) 再由 Message Queue 取得其他數位音訊資料記憶體位址。

List 7.15 Audio_play_Task() 程式碼

```
static void
Audio_play_Task (void *p_arg)
{
        char *RxBuf;

        play_mode = 1;

        module_gui_text_string("Audio Stream Playing\n");

            //Fill pcm buffer
        p_pcm_ping_buf = &pcm_buffer[0];                              (1)
        p_pcm_pong_buf = &pcm_buffer[PCM_FRAME_LEN];

          RxBuf = OSQPend(RxQueue,0,NULL);                            (2)

        memcpy(p_pcm_ping_buf, RxBuf, 1536);                          (3)
        OSMemPut(MemBuffer, RxBuf);                                   (4)

        RxBuf = OSQPend(RxQueue,0,NULL);                              (5)
        memcpy(p_pcm_pong_buf, RxBuf, 1536);                          (6)
        OSMemPut(MemBuffer, RxBuf);                                   (7)

                //Run the CODEC
        module_audio_play_enable(EPBB_AUDI/O_FRAME_RATE_8000,         (8)
                (char*)p_pcm_ping_buf,
                (char*)p_pcm_pong_buf,
                 PCM_FRAME_LEN,
                 codec_callback);
```

```
            module_audio_set_vol_main(80);
            module_audio_set_vol_lineout(vol);
            module_audio_set_vol_speaker(vol);

            BSP_OS_SemPost(p_volume_ctrl_sem);                              (9)

             RxBuf = OSQPend(RxQueue,0,NULL);                               (10)

            module_audio_play_run();                                        (11)
            module_gui_text_string("Volume + when Press KEY0\n");
            module_gui_text_string("Volume - when Press KEY1\n");

                while (DEF_TRUE){
                            BSP_OS_SemWait(p_music_frame_sem, 0);           (12)
                            memcpy(p_pcm_empty_buf, RxBuf, 1536);           (13)
                            OSMemPut(MemBuffer, RxBuf);                     (14)
                            RxBuf = OSQPend(RxQueue,0,NULL);                (15)
                    }
    }
```

索　引

MISO　Master Input, Slave Output　73
MOSI　Master Output, Slave Input　73
SCLK　Serial Clock　72
SS#　Slave Select　73

四劃
中斷　Interrupt　54

五劃
主要堆疊指標暫存器　Main Stack Pointer, MSP　13
用戶碼　Custom code　83

六劃
光感測器　lightsensor　113
多工程式架構　Multi-task programming　144
多項式產生器　Generator Polynomial, G(x)　88
汎紐曼架構　von Neumann architecture　1

七劃
串列傳輸　Serial Transmission　65
位址匯流排　address bus　4

八劃
並列傳輸　Parallel Transmission　65

九劃
前導碼　Leader code　83
哈佛架構　Harvard architecture　1
看門狗　Watchdog　62

十劃
特殊處理模式　Handler Mode　11
脈波位置調變　Pulse Position Modulation, PPM　82
脈波寬度調變　Pulse Width Modulation, PWM　49, 63, 82

十一劃

副程式　Interrupt service routine, ISR　8
執行緒模式　Thread Mode　11
控制匯流排　control bus　4

十二劃

單工程式架構　Single-task programming　144
單指令多重資料　Single Instruction Multiple Data, SIMD　6
循環執行　Cyclic executive　145
智財權　Intellectual Property, IP　5
程序堆疊指標暫存器　Process Stack Pointer, PSP　13

十三劃

匯流排　bus　4
微控制器　Micro-controller　1
微處理器　Microprocessor　1
搖桿　joystick　109
溫度感測　tempersture sensor　116
資料匯流排　data bus　4

十四劃

管線　pipeline　8
精簡指令集電腦　Reduced Instructions Set Computer，簡稱 RISC　2

十五劃

增加版　enhanced　6
數位信號處理　Digital Signal Processing, DSP　6
複雜指令集電腦　Complex Instructions Set Computer，簡稱 CISC　2
輪詢　Polling　54